AF827815

Methodik zur Automatisierung der additiven Prozesskette mit Pulverbettverfahren

Methodology for the Automation of Additive Process Chains with Powder Bed Technologies

Von der Fakultät für Maschinenwesen
der Rheinisch-Westfälischen Technischen Hochschule Aachen
zur Erlangung des akademischen Grades eines
Doktors der Ingenieurwissenschaften
genehmigte Dissertation

vorgelegt von

Rainer Horstkotte

Berichter/in:

Univ.-Prof. Dr.-Ing. Thomas Bergs
Univ.-Prof. Dr.-Ing. Dipl.-Wirt.-Ing. Johannes Henrich Schleifenbaum

Tag der mündlichen Prüfung: 16. Oktober 2024

Diese Dissertation ist auf den Internetseiten der Universitätsbibliothek online verfügbar.

INNOVATIONS IN
MANUFACTURING TECHNOLOGY

Rainer Horstkotte

Methodik zur Automatisierung der additiven Prozesskette mit Pulverbettverfahren

Herausgeber:
Prof. Dr.-Ing. T. Bergs

Band 1/2025

MTI | RWTH AACHEN UNIVERSITY

Fraunhofer
IPT

Bibliografische Information der Deutschen Nationalbibliothek
Die Deutsche Nationalbibliothek verzeichnet diese Publikation in der Deutschen Nationalbibliografie; detaillierte bibliografische Daten sind im Internet über https://portal.dnb.de abrufbar.

Rainer Horstkotte:

Methodik zur Automatisierung der additiven Prozesskette mit Pulverbettverfahren

1. Auflage, 2025

Gedruckt auf holz- und säurefreiem Papier, 100% chlorfrei gebleicht.

Copyright Apprimus Verlag, Aachen, 2025
Wissenschaftsverlag des Instituts für Industriekommunikation und Fachmedien
an der RWTH Aachen
Steinbachstr. 25, 52074 Aachen, Deutschland
Internet: www.apprimus-verlag.de, E-Mail: info@apprimus-verlag.de

Alle Rechte, auch das des auszugsweisen Nachdruckes, der auszugsweisen oder vollständigen Wiedergabe, der Speicherung in Datenverarbeitungsanlagen und der Übersetzung, vorbehalten.

Druck: CPI Druckdienstleistungen GmbH
Ferdinand-Jühlke-Straße 7 I 99095 Erfurt I Deutschland

ISBN 978-3-98555-258-0

D 82 (Diss. RWTH Aachen University, 2024)

Vorwort und Danksagung

Preamble and Acknowledgment

Die vorliegende Dissertation entstand während meiner Tätigkeit am Fraunhofer-Institut für Produktionstechnologie IPT, die eine bereichernde Kombination aus Industrie- und Forschungsprojekten darstellt.

Mein besonderer Dank für die Möglichkeit und Betreuung meiner Promotion gilt Prof. Thomas Bergs, Inhaber des Lehrstuhls für Fertigungstechnologie am Manufacturing Technology Institute MTI der Rheinisch-Westfälischen Technischen Hochschule (RWTH) Aachen und Direktoriumsmitglied sowie Leiter des Bereichs Prozesstechnologie des Fraunhofer IPT. Das von ihm geschaffene hervorragende und gleichermaßen herausfordernde Umfeld am Institut mit seinem stetigen Praxisbezug hat wesentlich zum Gelingen der Arbeit beigetragen. Zudem bedanke ich mich bei Prof. Johannes Henrich Schleifenbaum als Lehrstuhlinhaber für Digital Additive Production DAP für die Übernahme des Koreferats. Ebenso danke ich Prof. Christian Hopman für die Übernahme des Prüfungsvorsitzes und Prof. Katharina Schmitz für die Übernahme des Beisitzes.

Weiterer Dank gilt dem Konsortium des Forschungsprojekts IDEA für den intensiven Austausch zur Automatisierung der additiven Prozesskette. Hervorheben möchte ich an dieser Stelle Markus Langer von der toolcraft AG für die sehr gute Zusammenarbeit und die Bereitschaft, ein ausführliches Fallbeispiel für die Validierung bereitzustellen.

Bei Dr. Sascha Gierlings und Dr. Marcel Prümmer möchte ich mich für die stets hervorragende Zusammenarbeit und für die Erstkorrektur der Dissertation bedanken. Allen (ehemaligen) Kollegen am Fraunhofer IPT, dem MTI sowie dem WZL der RWTH Aachen danke ich für das freundliche und einzigartige Arbeitsumfeld, sodass die gemeinsamen Projekte und Aktivitäten außerhalb des Arbeitsalltags stets in bester Erinnerung für mich bleiben. Insbesondere gilt dies für meine Kollegen aus der Technologieorganisation Prof. Arntz, Lars Johannsen, Dr. Moritz Wollbrink, Marcel Wilms, Oliver Henrichs, Sebastian Weber, Christian Lürken und Tammo Dannen sowie Karin Kopp vom WZL, für die Kollegen aus der Lasermaterialbearbeitung Dr. Maximilian Wegener, Stefan Gräfe, Kai Winands und Dr. Mario Pothen, für die Kollegen aus dem Bereich der Turbomaschinen sowie Brennstoffzellenfertigung Daniel Heinen, Dr. Martin Seimann und Patrick Sperling, Jan Sommer sowie Max Meerkamp vom MTI und schließlich Adrian Birlinger von der MTU Aero Engines AG. Großer Dank gilt meinen studentischen Hilfskräften und Abschlussarbeitern, die mich während meiner Arbeit am Institut unterstützt haben. Besonders hervorheben für ihren unermüdlichen Einsatz möchte ich an dieser Stelle Tim Heller, Florian Heinrich und Kevin Sander.

Schließlich möchte ich mich herzlichst bei meinen Eltern und meiner Familie für die bedingungslose Unterstützung und die unbeschwerte Ermöglichung des Bildungswegs bedanken. Meiner Verlobten Sarah danke ich von Herzen für ihren fortwährenden Zuspruch, das entgegengebrachte Verständnis und den Verzicht auf die gemeinsame Zeit!

Aachen, im Oktober 2024 Rainer Horstkotte

Inhaltsübersicht
Outline

Inhaltsverzeichnis

Table of contents

Formelzeichen und Abkürzungen

Symbols and Abbreviations

Hinweis: Die folgend angeführten Formelzeichen und Abkürzungen beziehen sich auf den Hauptteil der Dissertation. Zur besseren Lesbarkeit sind die im Rahmen des mathematischen Optimierungsmodells verwendeten Formelzeichen und Abkürzungen im Anhang unmittelbar gelistet und definiert.

Große und kleine Buchstaben

a	-	Matrizenwert
A	-	Paarvergleichsmatrix mit Fuzzy-Werten
a_S^{MA}	-	Faktor für Schichtsystem
a_L	-	Untere Grenze des Fuzzy-Matrixwerts
a_M	-	Mittelpunkt des Fuzzy-Matrixwerts
A_t	Euro	Auszahlungen der Periode t
a_U	-	Obere Grenze des Fuzzy-Matrixwerts
B	-	Bewertungsmatrix
B_i	-	Unabhängige Bewertung für Kriterium i
$b_{i,j}$	-	Einflussfaktor auf Zielgröße i des Sub-Tasks j
CCI	-	Zentraler Konsistenz Index
δ^l	-	Unterer additiver Grenzwert
δ^u	-	Oberer additiver Grenzwert
$\tilde{E}$	-	Eigenschaftswert
$(\tilde{E})$	-	Eigenschaftsmatrix
ε^l	-	Unterer multiplikativer Grenzwert
ε^u	-	Oberer multiplikativer Grenzwert
E_t	Euro	Einzahlungen der Periode t
F^+	-	Additive Fuzzifizierungsfunktion
$F^\times$	-	Multiplikative Fuzzifizierungsfunktion
G_i	-	Gewichtungsfaktor der Technologie i
i	%	Kalkulationszinsfuß
i	-	Als Index für Verweis auf spezifische Matrizenwerte
j	-	Als Index für Verweis auf spezifische Matrizenwerte

k	-	Als Index für Verweis auf spezifische Matrizenwerte
k	-	Anzahl der Technologien in der additiven Prozesskette
K	Euro	Kapitalwert
$kLOA_i$	-	Kognitive Automatisierungsstufe der Technologie i
$kLOA_{x,abführen}$	-	Kognitive Automatisierungsstufe der Technologie x für den Sub-Task Abführen
$kLOA_{x, entspannen}$	-	Kognitive Automatisierungsstufe der Technologie x für den Sub-Task Entspannen
$kLOA_{x, fördern}$	-	Kognitive Automatisierungsstufe der Technologie x für den Sub-Task Fördern
$kLOA_{x, spannen}$	-	Kognitive Automatisierungsstufe der Technologie x für den Sub-Task Spannen
$kLOA_{x, umspannen}$	-	Kognitive Automatisierungsstufe der Technologie x für den Sub-Task Umspannen
$kLOA_{x, zuführen}$	-	Kognitive Automatisierungsstufe der Technologie x für den Sub-Task Zuführen
$kLOA_{ziel}$	-	Zielwert für kognitive Automatisierungsstufe
l	-	Untere Grenze der Fuzzy-Zahl
l_{max}	-	Obere Grenze des Normierungsbereichs der Fuzzy-Zahl
l_{min}	-	Untere Grenze des Normierungsbereichs der Fuzzy-Zahl
LOA	-	Automatisierungsstufe
LOA_x	-	Automatisierungsstufe der Technologie x
$LOA_{x,j}$	-	Automatisierungsstufe der Technologie x für Sub-Task j
m	-	Anzahl der Zielgrößen
m	-	Mittelpunkt der Fuzzy-Zahl
max	-	Index für Verweis auf Maximalwert
m_{b_j}	-	Losgröße für Bauteil j
min	-	Index für Verweis auf Minimalwert
$mLOA_i$	-	Mechanisierte Automatisierungsstufe der Technologie i
$mLOA_{x,abführen}$	-	Mechanisierte Automatisierungsstufe der Technologie x für den Sub-Task Abführen
$mLOA_{x, entspannen}$	-	Mechanisierte Automatisierungsstufe der Technologie x für den Sub-Task Entspannen

$mLOA_{x,\ fördern}$	-	Mechanisierte Automatisierungsstufe der Technologie x für den Sub-Task Fördern
$mLOA_{x,\ spannen}$	-	Mechanisierte Automatisierungsstufe der Technologie x für den Sub-Task Spannen
$mLOA_{x,\ umspannen}$	-	Mechanisierte Automatisierungsstufe der Technologie x für den Sub-Task Umspannen
$mLOA_{x,\ zuführen}$	-	Mechanisierte Automatisierungsstufe der Technologie x für den Sub-Task Zuführen
$mLOA_{ziel}$	-	Zielwert für mechanisierte Automatisierungsstufe
n	-	Anzahl der Sub-Tasks einer Technologie
n	-	Anzahl der Kriterien
$\tilde{N}$	-	Normierte Fuzzy-Zahl
$n_{Auf,\ ges}$	-	Anzahl der Aufträge
$n_{Bel,ges}$	-	Anzahl der gesamten für Belegung geplanten Werkstücke
$n_F^{AS_i}$	-	Anzahl benötigter Fertigungsmittel für Arbeitssystem i
$n_{F_\Delta}^{AS_i}$	-	Anzahl unterschiedlicher Fertigungsmittel in Arbeitssystem i
$n_{F_k}^{AS_i}$	-	Anzahl der Fertigungsmittel in Arbeitssystem i
$n_{FTE}^{AS_i}$	-	Anzahl benötigter FTE für Arbeitssystem i
$\tilde{N}_{Ges}$	-	Gesamtnutzwertvektor
norm	-	Index für Verweis auf Normierung
$n_S^{AS_i}$	-	Anzahl der Schichten für Arbeitssystem i
S_b	-	Bewerteter Schwerpunkt
$S_{i,abs}$	-	Summierte absolute Bewertung für Kriterium i
$S_{i,rel}$	-	Summierte relative Bewertung für Kriterium i
SV	-	Verrechnungswert für jeweilige Kriteriumsgruppe
SV_{contra}	-	Verrechnungswert für negative Kriterien
SV_{pro}	-	Verrechnungswert für positive Kriterien
$t_a^{FTE_i}$	s	Arbeitszeit für FTE i
$t_{Auf,b_j}^{AS_i}$	s	Auftragszeit für Bauteil j an Arbeitssystem i

$t^{F_k}_{BA,\, b_j}$	s	Wartezeiten für Bauteil j für Fertigungsmittel k
$t^{F_k}_{Bel}$	s	Belegungszeit von Fertigungsmittel k
$t^{F_k}_{BH,\, b_j}$	s	Zeit für Haupttätigkeiten für Bauteil j für Fertigungsmittel k
$t^{F_k}_{BN,\, b_j}$	s	Zeit für Nebentätigkeiten für Bauteil j für Fertigungsmittel k
$t^{AS_i}_{MA,\, b_j}$	s	Wartezeiten für Bauteil j an Arbeitssystem i
$t^{AS_i}_{MAR,\, b_j}$	s	Rüstspezifische Wartezeiten für Bauteil j an Arbeitssystem i
$t^{AS_i}_{MH,\, b_j}$	s	Zeit für Haupttätigkeiten für Bauteil j an Arbeitssystem i
$t^{AS_i}_{MHR,\, b_j}$	s	Zeit für Hauptrüsttätigkeiten für Bauteil j an Arbeitssystem i
$t^{AS_i}_{MN,\, b_j}$	s	Zeit für Nebentätigkeiten für Bauteil j an Arbeitssystem i
$t^{AS_i}_{MNR,\, b_j}$	s	Zeit für Nebenrüsttätigkeiten für Bauteil j an Arbeitssystem i
$t^{F_k}_{pn}$	s	Betrieblich geplante Nutzungszeit für Fertigungsmittel k
$t^{AS_i}_{r,\, b_j}$	s	Gesamtrüstzeit für Bauteil j an Arbeitssystem
$t^{AS_i}_{S}$	s	Schichtlänge abzüglich Pausen für Arbeitssystem i
$t^{AS_i}_{z,\, b_j}$	s	Zykluszeit für Bauteil j an Arbeitssystem i
$t^{F_k}_{z,\, b_j}$	s	Zykluszeit für Bauteil j für Fertigungsmittel k
u	-	Obere Grenze der Fuzzy-Zahl
$u_{i,j}$	-	Bewertungsgröße für Kriterium i gegenüber Kriterium j
w	-	Spaltenvektor
w	-	Gewichtungsvektor für Paarvergleichsmatrix
w_L	-	Untere Grenze des Fuzzy-Gewichtungsvektors
w_M	-	Mittelpunkt des Fuzzy-Gewichtungsvektors
w_U	-	Obere Grenze des Fuzzy-Gewichtungsvektors
$w_{x,j}$	-	Gewichtungsfaktor der Technologie x für Sub-Task j
$w_{y,i}$	-	Gewichtungsfaktor für Zielgröße i
z	-	Zielgrößen

z_{er}	s	Erholungsbedingter Verteilzeitschlüssel
z_p	s	Persönlicher Verteilzeitschlüssel
z_s	s	Sachlicher Verteilzeitschlüssel

Abkürzungen

3D	Dreidimensional
AHP	Analytic Hierarchy Process
AM	Additive Manufacturing
ASTM	American Society for Testing and Materials
BAZ	Bearbeitungszentrum
BJT	Binder Jetting Technology - Freistrahl-Bindemittelauftrag
bspw.	beispielsweise
CAD	Computer Aided Design
CAE	Computer Aided Engineering
CAM	Computer Aided Manufacturing
CAP	Computer Aided Planning
CAQ	Computer Aided Quality
CAX	Computer Aided System
CCI	Centric Consistency Index - Zentrischer Konsistenzindex
CFD	Computer Fluid Dynamics
CNC	Computer Numerical Control
CT	Computertomografie
DED	Directed Energy Deposition - Materialauftrag mit gerichteter Energie
DIN	Deutsche Institut für Normung
EBM	Electron Beam Melting - Elektronenstrahlschmelzen
EKUV	Eliminieren, Kombinieren, Umstellen, Vereinfachen
EN	Englisch
ER-Modell	Entity-Relationship-Modell
ERP	Enterprise-Ressource-Planning
etc.	et cetera
FAHP	Fuzzy Analytic Hierarchy Process

FFS	Flexibles Fertigungssystem
FFZ	Flexible Fertigungszelle
FiFo	First-in-First-out
FTE	Full-Time-Equivalent
FTS	Fahrerloses Transportsystem
GCI	Geometric Consistency Index - Geometrischer Konsistenzindex
ggf.	gegebenenfalls
HIP	Heiß-Isostatisches Pressen
HMHV	High Mix High Volume
HMLV	High Mix Low Volume
HTA	Hierarchical Task Analysis
ID	Identifikationsnummer
IDEA	Forschungsprojekt "Industrialisierung von Digitalem Engineering und Additiver Fertigung"
ISO	International Organization for Standardization
KMG	Koordinatenmessgerät
KSS	Kühlschmierstoff
LED	Light-emitting diode
LMHV	Low Mix High Volume
LMLV	Low Mix Low Volume
LOA	Level of Automation
LPBF	Laser Powder Bed Fusion - Pulverbettbasiertes Schmelzen mit Laser
MES	Manufacturing Execution System
MEX	Material extrusion - Materialextrusion
MH	Haupttätigkeit
MJT	Material Jetting - Freistrahl-Materialauftrag
MOST	Maynard Operation Sequence Technique
MTM	Methods-Time-Measurement
NC	Numerical Control
NH	Nebentätigkeit
NPS	Nullpunktspannsystem

OEE	Overall-Equipment-Effectiveness
PBF	Powderbed Fusion - Pulverbettbasiertes Schmelzen
PSA	Persönliche Schutzausrüstung
SHL	Sheet Lamination - Schichtlaminierung
SLS	Selective Laser Sintering - Selektives Lasersintern
SQL	Structured Query Language
STL	Surface Tessellation Language
SvZ	Systeme vorbestimmter Zeit
TCP	Tool Center Point
TMU	Time Measurement Unit
u. a.	unter anderem
USD	US-Dollar
UV	Ultraviolett
VDI	Verein Deutscher Ingenieure e.V.
VDMA	Verband Deutscher Maschinen- und Anlagenbauer e.V.
vgl.	vergleiche
VPP	Vat polymerisation - Badbasierte Photopolymerisation
WF	Work-Factor
WZM	Werkzeugmaschine
z. B.	zum Beispiel

Kurzzusammenfassung

Abstract

Die additive Fertigung etabliert sich in der Industrie zunehmend als leistungsfähige Technologie zur Herstellung von komplexen Produkten. Insbesondere pulverbettbasierte Fertigungsverfahren wie das Laser Powder Bed Fusion (LPBF) haben eine hohe industrielle Relevanz. Die mechanischen Eigenschaften der additiv hergestellten Werkstücke sind vergleichbar mit konventionellen Fertigungsverfahren, jedoch sind zusätzliche Prozessschritte zur Weiterbearbeitung erforderlich. Nach derzeitigem Stand der Technik sind der additive Bauprozess selbst sowie die Weiterbearbeitungsprozesse überwiegend automatisiert, jedoch weisen insbesondere die nicht-wertschöpfenden Tätigkeiten einen hohen manuellen Arbeitsanteil auf.

Im Rahmen dieser Dissertation wurde eine Methodik zur Automatisierung der additiven Prozesskette entwickelt, die sowohl fertigungstechnologische als auch ökonomische Zielgrößen adressiert. Basierend auf den Anforderungen aus Forschung und Industrie besteht die Methodik aus vier konsekutiven Phasen. Ziel der ersten Phase ist die Bildung einer Datengrundlage, indem verfügbare Informationen über Bauteilportfolio, Prozesskette und vorhandene Fertigungsmittel sowie Peripheriesysteme systematisch erfasst und Automatisierungsgrade bestimmt werden. Mit einem mathematischen Optimierungsmodell werden in der Generierungsphase verschiedene Automatisierungskonzepte algorithmusbasiert generiert und folgend fertigungstechnologisch spezifiziert. Die dritte Phase der Methodik stellt die Detaillierungsphase dar, die der Quantifizierung von fertigungstechnologischen und ökonomischen Kennzahlen dient. Anhand einer Materialflusssimulation können für verschiedene Konzepte resultierende Durchlaufzeiten sowie weitere Kennzahlen zur Prädiktion der Produktionskapazitäten ermittelt werden. Die Auswahlphase dient schließlich der finalen Determination des Automatisierungskonzepts anhand von individuellen Zielkriterien.

Die in der Dissertation entwickelte Methodik zur Automatisierung der additiven Prozesskette mit Pulverbettverfahren ist somit der erste ganzheitliche Ansatz zur technologieübergreifenden Generierung und Evaluierung von Automatisierungskonzepten. Eine Anwendbarkeit ist insbesondere durch die prototypischen Softwareumsetzungen in hohem Maße gegeben. Unternehmen mit einer additiven Prozesskette werden befähigt, anforderungsgerechte Automatisierungskonzepte zu entwickeln, hinsichtlich Kennzahlen zu detaillieren und schließlich das optimale Konzept auszuwählen.

Abstract

Kurzzusammenfassung

Additive manufacturing is gaining acceptance in industry as a powerful technology for producing complex products. In particular, powder bed-based manufacturing processes such as Laser Powder Bed Fusion (LPBF) are highly relevant to industry. The mechanical properties of additively manufactured parts are comparable to those of conventional manufacturing processes, but additional process steps are required for further processing. According to the current state, the additive manufacturing process itself and the further processing steps are largely automated. However, the non-value-adding activities in particular require a high proportion of manual work.

Within the scope of this dissertation, a methodology for the automation of the additive process chain was developed, which addresses both manufacturing technology and economic objectives. Based on requirements from research and industry, the methodology consists of four consecutive phases. The goal of the first phase is to create a data base by systematically gathering available information about the component portfolio, the process chain, and the existing production equipment and peripheral systems, and to determine the degree of automation. In the generation phase, a mathematical optimization model is used to generate various automation concepts based on algorithms, which are then specified in terms of production technology. The third phase of the methodology is the detailing phase, which is used to quantify manufacturing and economic key performance indicators. A material flow simulation is used to determine the resulting lead times and other indicators for predicting production capacity for different concepts. Finally, the selection phase is used for the final determination of the automation concept based on individual target criteria.

The methodology developed in this dissertation for the automation of the additive process chain with powder bed processes is the first holistic approach for the cross-technology generation and evaluation of automation concepts. Its applicability is particularly high due to the prototypical software implementations. Companies with an additive process chain are enabled to develop automation concepts according to their requirements, to detail them in terms of key performance indicators and finally to select the optimal concept.

1 Einleitung
Introduction

Im ersten Kapitel dieser Dissertation wird zunächst die Ausgangssituation der additiven Fertigung sowie der Automatisierung beschrieben. Anschließend wird die Zielsetzung der Arbeit definiert und der Forschungsansatz mit abgeleiteter Forschungshypothese erläutert. Das Kapitel schließt mit der Beschreibung des Aufbaus der Arbeit ab.

1.1 Ausgangssituation und Motivation
Initial situation and motivation

In der heutigen globalisierten Wirtschaft werden die am Markt partizipierenden Unternehmen kontinuierlich mit technologischen und wirtschaftlichen Herausforderungen konfrontiert. Neben dem erhöhten Kostendruck aufgrund des globalisierten Wettbewerbs haben Kunden zunehmend höhere Qualitätsansprüche bei möglichst schnellen Lieferzeiten [BOOS17b, S. 8]. Zum langfristigen Erhalt der Wettbewerbsfähigkeit eines Unternehmens sind daher regelmäßige Innovationen unerlässlich [BMWI19, S. 6]. Insbesondere in den letzten Jahren konnte sich die additive Fertigung als eine Schlüsseltechnologie bei der Herstellung von komplexen Bauteilen etablieren und somit einen signifikanten Beitrag zum Ausbau der technologischen Leistungsfähigkeit produzierender Unternehmen leisten [WOHL22, S. 22-28], [WOHL23a].

Additive Fertigungstechnologien zeichnen sich durch einen schichtweisen Materialauftrag aus. Hierdurch wird die Fertigung von komplexen Bauteilen bei einem hohen Individualisierungsgrad ermöglicht [KLOC15, S. 163], [ZEYN17, S. 115]. Des Weiteren ist eine erweiterte Funktionsintegration bei Bauteilen möglich [BMBF19, S. 4]. Ein weiterer Vorteil der additiven Fertigung ist die Unabhängigkeit der Herstellungskosten von der gefertigten Losgröße, da keine Werkzeuge oder Vorrichtungen benötigt werden. Konturnahe Kühlkanäle, Leichtbau- sowie bionische Strukturen sind somit typische Anwendungsfälle der additiven Fertigung [WOHL22, S. 33-37].

Über die letzten 30 Jahre verzeichnete der weltweite Umsatz aller additiv hergestellten Produkte und Dienstleistungen eine durchschnittliche jährliche Wachstumsrate von 26,7 % [WOHL20, S. 91] mit einem absoluten Umsatz in Höhe von 18 Mrd. USD (vgl. Abbildung 1-1) [WOHL23b]. Auch in der nahen Zukunft wird von einem Fortschreiten der bisherigen Wachstumsentwicklung ausgegangen, sodass eine Prognose für das Jahr 2024 den Umsatz mit additiven Produkten und Dienstleistungen auf 40,8 Mrd. USD beziffert 2024 [ILIC21]. Die globalen Entwicklungszahlen des additiven Marktes gelten dabei in analogerweise für den deutschen Markt [BMBF19, S. 4].

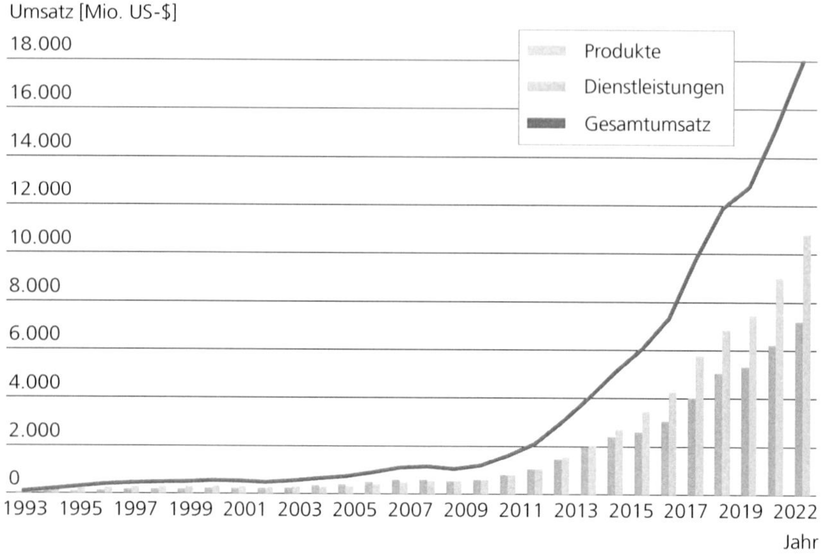

Abbildung 1-1: Umsatzentwicklung der additiven Fertigung i. A. a. WOHLERS [WOHL22, S. 128] [WOHL23b]
Revenue development of additive manufacturing according to WOHLERS

Eine additive Fertigungstechnologie mit hoher industrieller Relevanz ist das pulverbettbasierte Laserstrahlschmelzen (nachfolgend Laser Powder Bed Fusion bzw. LPBF genannt) [WOLL20, S. 108]. Bei dieser Technologie wird Metallpulver schichtweise mittels Laser aufgeschmolzen, sodass die erstarrte Metallschmelze den entsprechenden Querschnitt des Bauteils abbildet. Schicht für Schicht wird das Bauteil somit zu einem Volumenkörper aufgebaut [GEBH16, S. 164 ff.], [WOHL22, S. 83f.]. Die so hergestellten Bauteile weisen eine Dichte von nahezu 100 % auf, wobei vergleichbare mechanische Werkstückeigenschaften wie bei der konventionellen Bauteilherstellung erzielt werden. Wie ein großer Anteil der additiven Fertigungsverfahren bedarf LPBF einer umfangreichen Weiterbearbeitung mittels konventioneller Fertigungsverfahren [BMBF19, S. 4], [WOHL21, S. 5], [BASS22, S. 6]. Dies lässt sich mit der Entfernung von Stützstrukturen, der Reduzierung von Oberflächenrauheiten, induzierten Eigenspannungen und Formabweichungen begründen [VDI15, S. 22 ff.]. Während der additive Bauprozess und Weiterbearbeitungsprozesse wie die Zerspanung größtenteils automatisiert sind, weisen insbesondere die Prozessschritte der Stützstrukturentfernung, der Bauteilsäuberung sowie der allgemeinen Handhabung hohe manuelle Arbeitsanteile auf [ZEYN17, S. 83 ff.], [MÖHR18, S. 15 ff.], [BMBF19, S. 26]. Eine Automatisierung der additiven Prozesskette ist somit ein signifikanter Faktor für die Steigerung der Produktivität, die Senkung der Herstellungskosten und damit für den Anstieg der technologischen Leistungsfähigkeit eines Unternehmens [HESS00, S. 2], [WOHL20, S. 189], [HORS21a, S. 97]. Die Automatisierung der additiven Prozesskette zur Reduzierung der Durchlaufzeit und

Stückkosten wird als wesentliche Herausforderung in mehreren Studien benannt [MÖHR17], [BASS22, S. 16], [WOHL22, S. 243-246].

1.2 Zielsetzung

Objective

Im folgenden Unterkapitel wird die Zielsetzung dieser Arbeit erläutert. Im weiteren Verlauf der Dissertation findet nach Beleuchtung der theoretischen Grundlagen (Kapitel 2) und existierender relevanter Ansätze (Kapitel 3) eine Konkretisierung der Zielsetzung durch die Formulierung der Forschungsfragen statt. Diese leiten sich aus dem Handlungsbedarf der Theorie sowie der Praxis ab.

Die Fertigungstechnologie LPBF besitzt großes Potenzial, Unternehmen zu einer höheren technologischen Leistungsfähigkeit zu befähigen. Hierfür ist jedoch erforderlich, dass industrielle Lösungen für die derzeitigen Herausforderungen in Form der vergleichsweise geringen Produktivität, hohen Kosten, fehlenden Standards sowie der Automatisierung erarbeitet werden [BASS22, S. 16], [WOHL22, S. 243-246]. Aus den genannten Herausforderungen kann das übergeordnete Ziel dieser Arbeit wie folgt definiert werden:

Das übergeordnete Ziel dieser Arbeit ist die Industrialisierung der additiven Prozesskette mit Pulverbettverfahren zur Steigerung der Produktivität.

In diesem Kontext ist die Automatisierung der additiven Prozesskette von großer Bedeutung. Entsprechende Automatisierungslösungen reduzieren die Durchlaufzeit und erhöhen die Produktivität, sodass geringere Herstellkosten resultieren [FAVR04, S. 4 ff.], [BMBF19, S. 26]. Wie bereits bei der Ausgangssituation beschrieben, erfordern mit LPBF hergestellte Bauteile eine umfangreiche Weiterbearbeitung, um den qualitativen Kundenanforderungen zu entsprechen. Die Weiterbearbeitung lässt sich dabei in einzelne Prozessschritte gliedern: Direkt nach der additiven Fertigung erfolgt die Entfernung von überschüssigem Pulver, gefolgt von einer Wärmebehandlung. Anschließend werden die additiven Bauteile von der Bauplatte getrennt, sodass Stützstrukturen entfernt werden können. Abschließend wird die Zielgeometrie mittels subtraktiver Verfahren erzielt und eine Oberflächenbearbeitung zur Realisierung geringer Oberflächenrauheiten durchgeführt. Die Vielzahl an Prozessschritten zeigt, dass eine ganzheitliche Betrachtung der additiven Prozesskette erforderlich ist, um die fertigungstechnologischen Restriktionen vollumfänglich zu berücksichtigen. Insbesondere die Berücksichtigung nicht-wertschöpfender Prozessschritte wie die Handhabung von Bauteilen ist essenziell, um eine durchgängige Automatisierung über verschiedene Fertigungsverfahren hinweg zu ermöglichen.

Im Bereich der konventionellen Fertigung – bspw. in der Automobilindustrie – existieren bereits Automatisierungskonzepte und -vorgehensweisen zur ganzheitlichen Automatisierung von Prozessketten. Zudem verdeutlicht das Beispiel des Werkzeugbaus, dass Automatisierungslösungen auch im Umfeld einer variantenreichen Fertigung von komplexen Bauteilen bei kleiner Losgröße erfolgreich eingesetzt werden können [BOOS17a]. Eine Adaption dieser Lösungen für die additive Prozesskette ist jedoch aufgrund der notwendigen Berücksichtigung von bspw. Pulverhandhabung, Stützstrukturen und Formabweichungen nicht trivial. Daher ist ein ganzheitlicher methodischer Ansatz für die additive Prozesskette erforderlich [BMBF14, S. 10], [BASS22, S. 16]. Einerseits müssen hierfür die additiven Bauteile und anderseits die jeweiligen Fertigungsverfahren entsprechend ihrer Eigenschaften berücksichtigt werden. Zudem ist die Betrachtung von ökonomischen sowie individuellen Restriktionen erforderlich.

Das konkrete Ziel dieser Arbeit ist ein ganzheitlicher Ansatz zur Entwicklung von Automatisierungskonzepten für die additive Prozesskette mit Pulverbettverfahren unter Berücksichtigung von fertigungstechnischen, ökonomischen und unternehmensindividuellen Restriktionen.

Sowohl die übergeordnete als auch die konkrete Zielsetzung werden in den folgenden zwei Kapiteln konkretisiert. Insbesondere die Ableitung des Handlungsbedarfs aus der Praxis (vgl. Kapitel 2.5) und der Theorie (vgl. Kapitel 3.4) sind in diesem Kontext von Bedeutung.

1.3 Aufbau der Arbeit

Structure of the thesis

Diese Dissertation folgt dem systemtheoretischen Ansatz. Dabei handelt es sich um einen „interdisziplinären Ansatz, der alle Gestaltungs- und Führungsprobleme von produktiven sozialen Systemen darstellt" [ULRI76, S. 308]. Fokus des Ansatzes ist eine Problemstellung aus der Praxis, die aus wissenschaftlicher und praktischer Sicht beleuchtet wird, um Schlussfolgerungen ableiten zu können [ULRI84, S. 31]. Demnach richtet sich der Aufbau dieser Arbeit hinsichtlich der Phasen der angewandten Forschung nach Ulrich. Für weitere Ausführungen zum zugrundeliegenden Forschungsansatz sei an dieser Stelle auf den Anhang verwiesen (siehe Anhang A).

Die erste Phase des Forschungsprozesses widmet sich der empirisch-induktiven und der terminologisch-deskriptiven Aufgabenstellung, in der die Grundlagen zum Forschungsthema erarbeitet werden. Definition und Beschreibung bekannter Wirkzusammenhänge sind somit Bestandteil dieser Phase und ermöglichen die Formulierung einer Forschungshypothese. Im darauffolgenden Abschnitt des Prozesses werden analytisch-induktive Erkenntnisse aus den empirischen Daten gezogen und dann analytisch-deduktiv konkretisiert. Abschließend werden die erworbenen Erkenntnisse mittels empirischer Beobachtungen geprüft. Im Kontext des kritischen Rationalismus handelt es sich hierbei um den Versuch, die aufgestellte Forschungshypothese zu falsifizieren. Der vorgestellte Forschungsprozess wird als Grundlage für die Strukturierung der Arbeit genutzt, die in sieben Kapitel gegliedert ist. In Abbildung 1-2 ist der Zusammenhang zwischen den Phasen der angewandten Forschung nach Ulrich und den Kapiteln dieser Arbeit dargestellt. [ULRI76]

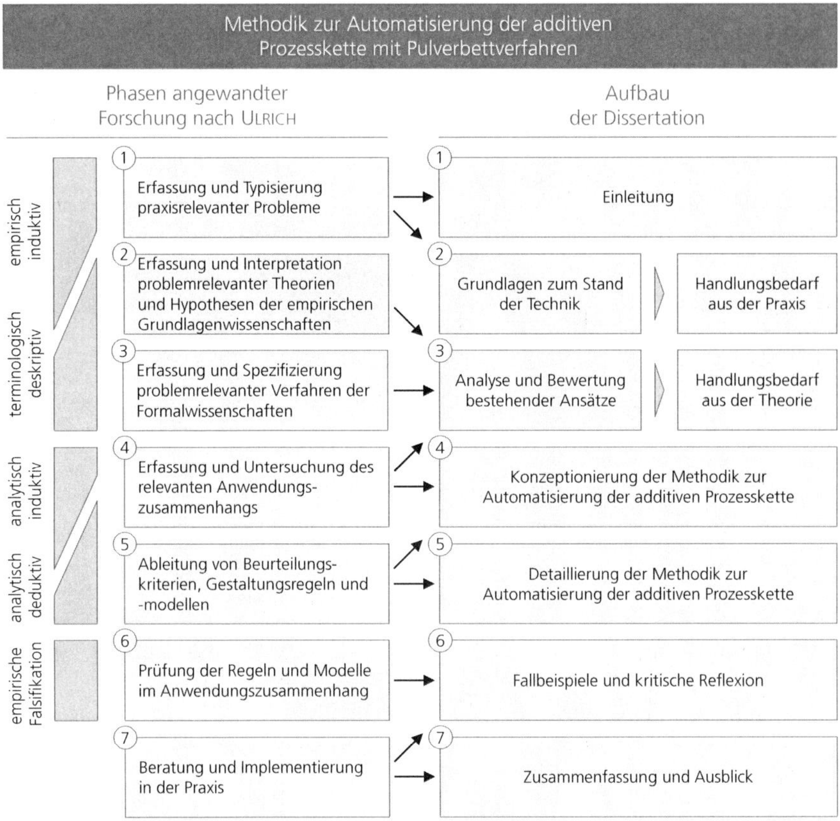

Abbildung 1-2: Aufbau der Arbeit nach den Phasen der angewandten Forschung nach ULRICH [ULRI76]

Structure of the thesis according to according to ULRICH

Im **ersten Kapitel** dieser Dissertation werden die Ausgangssituation und Motivation zur Erstellung dieser Arbeit dargelegt. Darauf aufbauend wird die Zielsetzung der Arbeit beschrieben und der grundlegende Forschungsansatz inklusive der Forschungshypothese beschrieben. Das Kapitel schließt mit der Darlegung des Aufbaus der Arbeit.

Das **zweite Kapitel** thematisiert die relevanten Grundlagen des Gestaltungs- und Betrachtungsbereichs. Zuerst werden notwendige Begrifflichkeiten definiert, um ein einheitliches Verständnis zu schaffen. Zudem werden relevante Grundlagen der additiven Prozesskette vorgestellt und die einzelnen Fertigungsverfahren der Prozesskette – sowohl additiv als auch konventionell – beschrieben. Anschließend erfolgt eine Beschreibung des Stands der Technik zur Automatisierungstechnik.

Hier werden die Grundlagen der Automatisierung vorgestellt und es wird eine Klassifizierung von Automatisierungssystemen vorgenommen. Nach der Beschreibung von Peripherie und Netzwerktechnik der Automatisierung wird das Kapitel mit der Ableitung des Handlungsbedarfs aus der Praxis abgeschlossen.

Im **dritten Kapitel** werden bestehende Ansätze, die zumindest teilweise mit der Zielsetzung der vorliegenden Arbeit übereinstimmen, analysiert. Dazu werden zunächst Anforderungen an eine Methodik zur Automatisierung der additiven Prozesskette definiert. Anschließend werden die entsprechenden Ansätze vorgestellt und hinsichtlich ihrer Eignung zur Erreichung der Zielsetzung dieser Dissertation bewertet. Hieraus leitet sich der Handlungsbedarf aus der Theorie ab, sodass die Forschungshypothese zum Abschluss des Kapitels mit einzelnen Forschungsfragen konkretisiert werden kann.

Die Konzeption einer Methodik zur Automatisierung der additiven Prozesskette erfolgt im **vierten Kapitel**. Eingeführt wird das Kapitel mit der Beschreibung der Grundlagen von Systemen, Modellen und Methoden, gefolgt von der Darlegung des Ordnungsrahmens der Methodik. Anschließend werden die einzelnen Phasen der Methodik vorgestellt.

Im **fünften Kapitel** erfolgt eine Detaillierung der konzeptionierten Methodik. Es werden konkrete Methoden und Modelle entwickelt und eingesetzt, sodass eine praktische Umsetzung nach Vorgabe dieses Kapitels ermöglicht wird.

Das anschließende **sechste Kapitel** dient der Dokumentation der durchgeführten Fallbeispiele und somit zur Validierung der Methodik. Durch die Validierung wird die Eignung der entwickelten Methodik zur Adressierung des erklärten Forschungsziels praxisnah geprüft. Abschließend wird die Validierung kritisch reflektiert.

Im **siebten Kapitel** wird die wissenschaftliche Arbeit zusammengefasst und ein Ausblick auf zukünftige Fragestellungen und Probleme gegeben.

2 Grundlagen des Gestaltungs- und Betrachtungsbereichs

Basics of the design and inspection area

Im folgenden Kapitel erfolgt eine Einführung in die Thematik der Arbeit, indem die theoretischen Grundlagen des Gestaltungs- und Betrachtungsbereichs dargelegt werden. Zunächst werden grundlegende Begriffe in Bezug auf die Thematik definiert. Anschließend wird die additive Prozesskette mit Pulverbettverfahren beschrieben, beginnend mit der Beschreibung der Grundlagen additiver Fertigung. Es folgt eine detailliertere Darstellung von Pulverbettverfahren am Beispiel des Laser Powder Bed Fusion-Verfahrens, um schließlich die ganzheitliche, additive Prozesskette mit den enthaltenen Fertigungsverfahren vorzustellen. Das dritte Unterkapitel vermittelt einen Überblick über den aktuellen Stand der Technik hinsichtlich einer Automatisierung der additiven Prozesskette. Hierfür wird nach einer Beschreibung der Grundlagen eine Klassifizierung von Automatisierungssystemen durchgeführt. Das Unterkapitel schließt mit der Betrachtung von erforderlicher Peripherie für die Automatisierung sowie entsprechender Netzwerktechnologie. Im letzten Unterkapitel erfolgt eine Zusammenfassung des Grundlagenteils und eine Ableitung des Handlungsbedarfs aus der Praxis, um die Herausforderungen für die Automatisierung der additiven Prozesskette zu konkretisieren.

2.1 Systematisches Vorgehen für Literaturrecherche

Systematic procedure for literature review

Für die Beschreibung des Gestaltung- und Betrachtungsbereichs ist ein umfassender Überblick über den aktuellen Kenntnisstand in Industrie und Forschung erforderlich, sodass die theoretischen und praktischen Defizite folgerichtig abgeleitet werden können. Daher orientiert sich die Identifizierung geeigneter Publikationen in dieser Dissertation an dem PRISMA-Verfahren [MOHE09]. Demnach ist zuerst das Ziel zu definieren, für das an dieser Stelle auf die Zielsetzung der Dissertation verwiesen sei (vgl. Kapitel 1.2). Weiterhin ist zur Gewährleistung der Transparenz der Betrachtungsbereich der Literaturrecherche zu beschreiben. Im Rahmen dieser Dissertation werden wissenschaftliche Quellen in Betracht gezogen, die einen Begutachtungsprozess erfolgreich durchlaufen haben. Zudem werden ausschließlich deutsch- und englischsprachige Quellen analysiert. Diese entstammen dabei den folgenden Datenbanken: *Google Scholar*, *Scopus*, *IEEE Xplore* und *ScienceDirect*. Die Suche wird auf die Titel beschränkt, um die Anzahl der unpassenden Ergebnisse zu reduzieren und da nicht alle Datenbanken eine Volltextsuche unterstützen [KOLL22, S. 896]. Für die jeweiligen Suchen wurde folgender boolesche Terminus für den Titel der Publikationen verwendet:

(„Additive Manufacturing" OR „3D Printing" OR "PBF" OR "Powder Bed") AND („Automation" OR „Post-Processing" OR "Process Chain" OR "Process Sequence" OR "Handling")

Letztmalig wurde die Literaturrecherche im März 2023 durchgeführt, wobei 516 Quellen identifiziert wurden. Der Datensatz wurde um 199 Duplikate bereinigt, sodass 336 Quellen hinsichtlich ihrer Eignung untersucht wurden. Gemäß des PRISMA-Ansatzes wurde zunächst eine Auswahl anhand des Titels vorgenommen, sodass weitere 92 Publikationen hinsichtlich ihrer Eignung ausgeschlossen werden konnten, da die Suchbegriffe in einem anderen Kontext verwendet wurden.

Bei den verbleibenden 224 Veröffentlichungen mussten weitere 120 Quellen ausgeschlossen werden, da kein Vollzugriff bestand. Somit wurden 104 Publikationen ganzheitlich analysiert und evaluiert. Anhand der Volltext-Analyse wurden erneut 42 weitere Quellen exkludiert, da bspw. werkstückbezogene Themen des additiven Aufbaus und nicht die Prozesskette oder Automatisierungsansätze thematisiert wurden. Demnach konnte die an PRISMA orientierte Literaturrecherche mit 62 identifizierten Publikationen abgeschlossen werden. Diese werden in den nächsten Kapiteln zur Beschreibung der Grundlagen des Gestaltungs- und Betrachtungsbereichs sowie der Analyse und Bewertung bestehender Ansätze verwendet. Ferner wurden weitere, dem Autor bekannte Publikationen bspw. aus der institutseigenen Bibliothek berücksichtigt.

2.2 Definition grundlegender Begrifflichkeiten

Definition of basic terminology

Das folgende Unterkapitel dient zur Erlangung eines einheitlichen Verständnisses von fachspezifischen Begriffen, die mitunter sehr heterogen verwendet werden. Mittels der Definition entsprechender Begriffe wird ein einheitlicher Betrachtungsrahmen geschaffen sowie ein Lösungsansatz für das von ULRICH beschriebene Kommunikationsproblem bei der Formulierung von wissenschaftlichen Erkenntnissen geschaffen [ULRI76, S. 306].

Die Terminologie in dieser Arbeit unterliegt dem allgemeinen produktionstechnischen Sprachgebrauch. Die Begriffe Produkt, Bauteil und Werkstück werden in der vorliegenden Arbeit abweichend zur DIN 8580 verwendet, sodass folgend eine Definition der entsprechenden Begrifflichkeiten erfolgt [DIN03j], [HEES15, S. 34], [PRÜM20, S. 12]. Der Begriff des Produkts ist hiervon am allgemeingültigsten und wird oftmals in einer marktorientierten Betrachtungsweise verwendet [HEES15, S. 34]. Demnach befriedigt ein Produkt die Bedürfnisse des Konsumenten, erfüllt einen Nutzen und kann als Tauschgegenstand am Markt fungieren [SABI91], [HERR10, S. 264], [PEPE03, S. 1], [PRÜM20, S. 12].

DEFINITION: Ein **Produkt** ist eine am Markt angebotene (Sach-)Leistung, sodass die Bedürfnisse des Kunden befriedigt werden. Ein Produkt stiftet Nutzen und kann als Tauschgegenstand eingesetzt werden.

Nach HEESCHEN liegt für den Begriff des Bauteils sowohl branchenspezifisch als auch allgemeingültig keine eindeutige Definition vor [HEES15, S. 35]. Im Rahmen dieser Arbeit werden Bauteile als Endergebnis der Werkstücktransformation beschrieben und übernehmen innerhalb eines Produktes eine bestimmte Funktion [VAJN18, S. 618]. Die Definition ist somit wie folgt:

DEFINITION: Als **Bauteile** werden nicht teilbare Elemente eines Produktes beschrieben, die eine bestimmte Funktion innerhalb der Produktstruktur übernehmen. Ein Bauteil ist dabei das Endergebnis einer Werkstücktransformation.

Der DUDEN bezeichnet ein Werkstück als einen „Gegenstand, der noch (weiter) handwerklich oder maschinell verarbeitet werden muss" [DUDE24b]. In der DIN 8580 wird das Werkstück als Roh-

bzw. Halbfertigteil beim Durchlaufen der Fertigung weiter konkretisiert [DIN03j, S. 6]. Für die vorliegende Arbeit wird die Definition um die Eingrenzung nach BRINKESMEIER erweitert, der einen starken Bezug eines Werkstücks zum Fertigungsverfahren feststellt [BRIN91, S. 6].

DEFINITION: Der Begriff **Werkstück** bezeichnet einen Gegenstand, der noch (weiter) handwerklich oder maschinell in der Fertigung verarbeitet werden muss und dabei in engem Bezug zum Fertigungsverfahren steht.

Zur vollumfänglichen Abbildung der additiven Prozesskette werden im Rahmen der Arbeit verschiedene Fertigungsverfahren vorgestellt. Da die Begriffe Fertigungsverfahren und Fertigungstechnologie oft synonym verwendet werden, sollen diese im Folgenden beschrieben und definiert werden [NAU12, S. 4]. Das Verständnis des Begriffes Fertigungsverfahren orientiert sich dabei an der DIN 8580, in der Fertigungsverfahren als „Verfahren zur Herstellung von geometrisch bestimmten festen Körpern" sowie als „Verfahren zur Gewinnung erster Formen aus dem formlosen Zustand, zur Veränderung dieser Form sowie zur Veränderung der Stoffeigenschaft" beschrieben werden. [DIN03j, S. 4]

DEFINITION: Als **Fertigungsverfahren** werden alle Verfahren verstanden, die zur Herstellung von geometrisch bestimmten festen Körpern dienen, sowie jene Verfahren, die die Stoffeigenschaften eines solchen Körpers verändern.

Der Begriff der Technologie wird in der wissenschaftlichen Literatur sehr heterogen verwendet, wobei jede Definition einen naturwissenschaftlichen-technischen Zusammenhang beinhaltet [WOLF94, S. 3], [ZAHN95, S. 4], [ALBE05, S. 5], [HEES15, S. 33]. Entsprechend der Auffassung von SPUR wird die Technologie als Lehre der Prozessgestaltung verstanden, die zur Transformation von Gütern in einer Produktionsumgebung eingesetzt wird [SPUR98, S. 83]. Nach HOFMANN ist eine zusätzliche Berücksichtigung der Faktoren Mensch, Maschine und Prozess sinnvoll, sodass die Definition der Fertigungsverfahren, um das Wissen der Anwendung erweitert wird [HOFM65, S. 732], [PRÜM20, S. 13].

DEFINITION: Eine **Fertigungstechnologie** oder eine **Technologie** ist ein Oberbegriff für produktionstechnische Vorgänge, die ebenfalls die Faktoren Mensch, Maschine und Prozess implizieren.

Die Transformation eines Inputs in einen spezifischen Output wird als Prozess bezeichnet [BECK08, S. 7], [SCHD12, S. 1]. Nach der Qualitätsmanagement Norm DIN EN ISO 9000 ist ein Prozess ein „Satz zusammenhängender oder sich gegenseitig beeinflussender Tätigkeiten, der Eingaben zum Erzielen eines vorgesehenen Ergebnisses verwendet" [DIN15, S. 33]. Die Tätigkeiten innerhalb der Prozesse stehen in einem sachlogischen und zeitlichen Zusammenhang. Bei der Transformation werden Ressourcen wie Zeit, Kapital, Arbeitskraft, Sachmittel oder Informationen verwendet. Der entsprechende Input stammt aus einer Quelle und wird an einen Empfänger weitergereicht [CHRI15, S. 40]. Sind sowohl Quelle als auch Empfänger ein Prozess, liegt eine Prozesskette vor [BECK08, S. 8]. Wenn im Rahmen der Prozesskette Fertigungsverfahren Anwendung finden, wird die Prozesskette auch als Fertigungsprozesskette bezeichnet, sodass eine fertigungstechnologische Betrachtung des Wirksystems mit entsprechenden Stellgrößen wie Werkzeug, Werkzeughalter oder Spannsystem ermöglicht wird [WILL08, S. 7].

DEFINITION: Eine **Prozesskette** oder auch **Fertigungsprozesskette** wird in dieser Arbeit als Abfolge von Anwendungen von Fertigungsverfahren definiert, wobei die Transformationsprozesse einem sachlogischen und zeitlichen Zusammenhang unterliegen.

Für eine präzise wissenschaftliche Beschreibung ist eine weitere Detaillierung des allgemeinen Begriffs der Prozesskette erforderlich. Im Folgenden werden daher die Bezeichnungen der Technologiekette sowie die Fertigungsprozess- und Fertigungsfolge voneinander abgegrenzt.

Eine allgemeine Abfolge von wertschöpfenden Transformationen, sogenannten Wertschöpfungsschritten, wird als Wertschöpfungskette bezeichnet [SCHI14, S. 85 ff.], [KOPF18, S. 8]. Nach FALLBÖHMER und TROMMER kann die Wertschöpfungskette konkretisiert werden, wenn die ganzheitliche Beschreibung der Transformation vom Roh- bis zum Bauteil betriebsmittelunabhängig bei ausschließlicher Betrachtung der Technologien erfolgt. [FALL00, S. 12-15], [TROM01, S. 29-33], [WOLL22, S. 9 f.].

DEFINITION: Eine **Technologiekette** beschreibt die Abfolge von wertschöpfenden Transformationen betriebsmittelunabhängig mit Technologien.

Bei zusätzlicher Berücksichtigung von Fertigungsmitteln, auf denen Fertigungstechnologien umgesetzt werden, liegt nach FALLBÖHMER eine Prozessfolge bzw. nach TROMMER eine Fertigungsprozessfolge vor [FALL00, S. 12-15], [TROM01, S. 29-33], [WOLL22, S. 10].

DEFINITION: Als **Fertigungsprozessfolge** bzw. **Prozessfolge** wird die Abfolge von wertschöpfenden Transformationen unter Berücksichtigung von Technologien und Fertigungsmitteln verstanden.

Bei weiterer Detaillierung der Fertigungsprozessfolge in Form von nicht wertschöpfenden „im Materialfluss zur Herstellung des Bauteils notwendigen Transport-, Handhabungs-, Lagerungs- und Prüfschritten" liegt Fertigungsfolge vor [FALL00, S. 12-15], [TROM01, S. 29-33], [WOLL22, S. 10].

DEFINITION: Eine **Fertigungsfolge** beschreibt die Abfolge von wertschöpfenden Transformationen und nicht wertschöpfenden Zwischenschritten in Abhängigkeit der eingesetzten Fertigungstechnologien und eingesetzten Betriebsmittel.

Im Folgenden werden die Begriffe Betriebsmittel und Fertigungsmittel voneinander abgegrenzt, da diese oftmals synonym verwendet. Des Weiteren wird die Bezeichnung Peripherie definiert. Betriebsmittel sind materielle Güter, die zur Leistungserstellung in produzierenden Unternehmen verwendet werden [BLOE14, S. 6], [STEV20], [STEV24]. Nach STEVEN sind Betriebsmittel ein Produktionsfaktor neben der menschlichen Arbeitsleistung [STEV20]. Zudem fungiert der Begriff des Betriebsmittels als Oberbegriff, in dem Fertigungsmittel und Peripheriesysteme subsummiert werden.

DEFINITION: Im Folgenden werden **Betriebsmittel** als materielle Güter zur Leistungserstellung in produzierenden Unternehmen verstanden. Hierin sind Fertigungsmittel und Peripheriesysteme impliziert.

Nach TROMMER ermöglichen Fertigungsmittel die Wertschöpfung, indem direkte Zustandsänderungen mechanischer bzw. chemisch-physikalischer Art bewirkt werden [TROM01, S. 35]. Somit sind Fertigungsmittel Betriebsmittel, die direkt im Prozess der Wertschöpfung eingesetzt werden – bspw. bei der Anwendung von Fertigungstechnologien.

DEFINITION: Ein **Fertigungsmittel** ist direkt am Prozess der Wertschöpfung beteiligt, indem direkte Zustandsänderungen mechanischer bzw. chemisch-physikalischer Art bewirkt werden. [TROM01, S. 35]

Von den Fertigungsmitteln sind die Peripheriesysteme zu differenzieren. Letztere sind mittelbar am Prozess der Wertschöpfung beteiligt und ermöglichen die Umsetzung von Handhabungsvorgängen. Nach WIRTH werden drei Ebenen der Peripheriesysteme unterschieden. Die erste Ebene umfasst die Systeme, von denen eine Fertigungstechnologie direkt abhängig ist. Hierzu gehören bspw. Spann- und Handhabungssysteme. Die zweite Ebene umfasst Peripheriesysteme, von denen der Fertigungsprozess indirekt abhängig ist – bspw. Wartungseinrichtungen und die Versorgung mit Prozessmedien. Die dritte Ebene umfasst Ressourcen organisatorischer und sozialer Art. Aufgrund des fertigungstechnologischen Fokus dieser Arbeit werden Peripheriesysteme im Folgenden auf die erste Ebene beschränkt. [WIRT90, S. 22 ff.]

DEFINITION: Mit **Peripheriesystemen** werden nicht wertschöpfende Zwischenschritte der Fertigungsfolge realisiert. Dabei sind Fertigungstechnologien direkt von den Peripheriesystemen abhängig.

Wenn eine Begrifflichkeit vom wissenschaftlichen Verständnis abweicht oder ein heterogenes Begriffsverständnis vorliegt, finden im weiteren Verlauf der Arbeit zusätzliche Definitionen statt.

2.3 Additive Prozesskette mit Pulverbettverfahren

Additive Manufacturing with powder bed technologies

Im folgenden Unterkapitel erfolgt eine fertigungstechnologische Beschreibung der additiven Prozesskette mit Pulverbettverfahren. Zunächst werden die Grundlagen der additiven Fertigung erläutert und das zugrundeliegende Verfahrensprinzip wird vorgestellt. Anschließend werden die Fertigungsverfahren mit Pulverbett beschrieben, wobei als repräsentative Technologie LPBF fokussiert wird. Das Unterkapitel schließt mit der Betrachtung der ganzheitlichen additiven Prozesskette und einer Vorstellung der entsprechenden Fertigungsverfahren.

2.3.1 Grundlagen der additiven Fertigung

Fundamentals of Additive Manufacturing

Die folgende Darlegung der Grundlagen additiver Fertigung betrachtet zunächst die Terminologie, um ein einheitliches Begriffsverständnis zu schaffen. Anschließend werden allgemeine Eigenschaften thematisiert. Das Unterkapitel schließt mit einer Übersicht über existierende additive Fertigungsverfahren.

2.3.1.1 Terminologie der additiven Fertigung

Terminology of Additive Manufacturing

Im Vergleich zu anderen Technologien ist die additive Fertigung eine vergleichsweise junge Fertigungstechnologie, deren Ursprung 1984 durch das Patent von HULL zum Verfahrensprinzip der Stereolithografie gelegt wurde [HULL84]. Entsprechend der internationalen Norm ISO 52900 ist eine Differenzierung zwischen subtraktiven, formgebenden und additiven Fertigungstechnologien zu treffen [DIN18, S. 6]. Subtraktive Fertigungsverfahren erzeugen „die gewünschte Gestalt […] durch gezieltes Entfernen von Werkstoff" [DIN18, S. 30]. Bei formgebenden Fertigungsverfahren wird „die gewünschte Gestalt […] durch Druckanwendung auf einen Körper aus Rohmaterial erzielt" [DIN18, S. 30]. Die additive Fertigung wird in der Norm beschrieben als „Prozess, der durch Verbinden von Material Bauteile aus 3D-Modelldaten, im Gegensatz zu subtraktiven und umformenden Fertigungsmethoden üblicherweise Schicht für Schicht, herstellt" [DIN18, S. 6]. In der VDI RICHTLINIE 3405 werden additive Fertigungsverfahren mittels des element- bzw. schichtweisen Aufbaus definiert [VDI14, S. 3 f.]. Eine Abgrenzung der additiven Fertigungsverfahren zu anderen Fertigungsverfahren mittels der sechs Hauptgruppen der DIN 8580 ist derzeit nicht eindeutig möglich [DIN03j]. Gemäß einer Entwurfsversion ist eine Zuordnung zur ersten Hauptgruppe, dem Urformen, möglich [DIN20a, S. 11]. Entsprechend der genannten Definitionen kann konstatiert werden, dass grundlegendes Funktionsprinzip der additiven Fertigungsverfahren der schichtweise Aufbau beliebiger Formen ist, sodass geometrisch bestimmte Volumenkörper entstehen [GEBH16, S. 1 f.].

Im wissenschaftlichen und industriellen Umfeld existiert ein heterogenes Begriffsfeld für die additive Fertigung. Fälschlicherweise wird oftmals der Begriff *3D-Druck* als Synonym für die additive Fertigung verwendet, jedoch wird hiermit ein bestimmtes additives Fertigungsverfahren bezeichnet [GIBS10, S. 7], [GEBH16, S. 3]. Des Weiteren wurden in der Vergangenheit die heute nicht mehr gebräuchlichen Bezeichnungen *Generative Fertigung*, *Automated Fabrication* bzw. *Freeform Fabrication* verwendet [GIBS10, S. 6 f.], [FRIT10, S. 105]. Mittels der Begriffe Rapid Manufacturing, Rapid Prototyping und Rapid Tooling ist eine weitere Terminologie vorhanden, deren Fokus jedoch auf der Anwendung und weniger auf der Technologie liegt [VDI14, S. 6], [KLOC15, S. 127], [GEBH16, S. 11-13]. Allgemein wird der Begriff additive Fertigung bzw. die englische Übersetzung Additive Manufacturing (AM) als Oberbegriff für additive Fertigungsverfahren in der Industrie und Forschung verwendet [WOHL22, S. 19].

DEFINITION: **Additive Fertigung** ist der Oberbegriff für Fertigungsverfahren mit element- bzw. schichtweisen Aufbau beliebiger Formen, sodass geometrisch bestimmte Volumenkörper entstehen. [GEBH16, S. 1f.], [WOHL22, S. 19]

2.3.1.2 Eigenschaften der additiven Fertigung

Properties of Additive Manufacturing

Additive Fertigungsverfahren werden in allen Bereichen der Produktion eingesetzt und können entsprechend dem Einsatzbereich differenziert werden [KLOC15, S. 130]. *Rapid Prototyping* bezeichnet die Herstellung von Muster- und Prototypen. Diese additiven Bauteile weisen eine eingeschränkte Funktionalität auf, wobei spezifische Merkmale anforderungsgerecht ausgeprägt sind. Die additive Herstellung von Werkzeugen oder Formeinsätzen wird *Rapid Tooling* genannt. Schließlich beschreibt das *Direct Manufacturing* oder *Rapid Manufacturing* die additive Herstellung von Werkstücken, die alle Merkmale des Endprodukts enthalten. Aufgrund der Verbesserung der technologischen Leistungsfähigkeit additiver Fertigungsverfahren nimmt der Anteil direkt gefertigter additiver Bauteile kontinuierlich zu. [VDI14, S. 4], [GEBH16, S. 10f.], [WOHL22, S. 30]

Alle additiven Fertigungsverfahren vereint das Prinzip des schichtweisen Aufbaus von Werkstücken sowie die Integration in eine Prozesskette. Im ersten Prozessschritt wird ein 3D-Volumenmodell mittels Computer Aided Manufacturing (CAM) Systemen erzeugt. Mittels der Triangulation, der mathematischen Zerlegung in Schichten mit definierter Höhe, wird anschließend ein volumenbasiertes Facettenmodell generiert, sodass jede Schicht geometrisch bestimmt ist. Dieser Prozessschritt wird als Slicing bezeichnet [GEBH16, S. 35], [WOHL22, S. 202 f.]. Auf Basis des digitalen Schichtmodells erstellt das additive Fertigungsmittel Schicht für Schicht einen physischen Volumenkörper, durch kontinuierliches oder iteratives Zuführen und Fügen von Material. Als Fügemechanismen fungieren in der Regel der Stoffschluss bzw. physikalische oder chemische Bindungsmechanismen. Anschließend erfolgt eine Weiterbearbeitung der additiven Werkstücke, um anforderungsgerechte Bauteile herzustellen. Eine schematische Abbildung der generischen Prozesskette für additive Fertigungsverfahren ist in Abbildung 2-1 dargestellt. [VDI14, S. 26], [DIN16b, S. 7-14], [GEBH16, S. 27], [SCHI17], [GIBS21, S. 4-6]

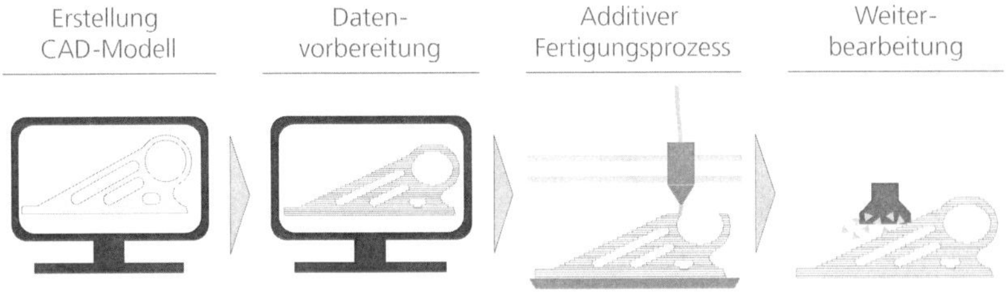

Abbildung 2-1: Generische Prozesskette additiver Fertigungsverfahren

Generic process chain of additive manufacturing processes

Die generische Prozesskette der additiven Fertigung zeigt, dass eine direkte Fertigung komplexer Werkstücke ohne die Verwendung von Formen bzw. Werkzeugen möglich ist. Eine Analyse der

Geometrie bzw. die Planung der Reihenfolge, in der einzelne Geometrieelemente hinzugefügt werden, entfällt [GIBS21, S. 1]. Somit wird die Anzahl der erforderlichen Prozessschritte der additiven Prozesskette und die Durchlaufzeit signifikant reduziert [GIBS21, S. 9]. Zudem wird die Herausforderung der Herstellung komplexer dreidimensionaler Werkstücke auf die Geometrie einzelner zweidimensionaler Ebenen reduziert [GEBH16, S. 15], [WOLL19]. Hinsichtlich der Konstruktionsfreiheit ist nach THOMPSON als Restriktion lediglich die Schichtdicke zu berücksichtigen [THOM16]. Hierdurch wird die Fertigung von bionischen Körpern und Gitterstrukturen für den Leichtbau oder die Integration von innenliegenden Kanälen oder Hinterschnitten ermöglicht [GEBH16, S. 15], [GIBS21, S. 9]. Ferner sind Topologieoptimierungen möglich, sodass mittels der Angabe der Belastungskollektive algorithmusbasierte mechanische Festigkeitsoptimierungen durchgeführt werden können [ZEYN17, S. 27-31]. Zudem ermöglicht die additive Fertigung einen hohen Grad an Individualisierung, sodass kundenindividuelle Produkte bspw. Implantate in der Medizintechnik kostengünstig hergestellt werden können [WOHL22, S. 35]. Hinsichtlich der Fertigungskosten unterscheiden sich additive Fertigungsverfahren signifikant von konventionellen Fertigungsverfahren. Da keine Werkzeuge für den additiven Bauprozess benötigt werden, sind die Stückkosten konstant und unabhängig von der Losgröße und Bauteilkomplexität. Dies führt dazu, dass eine Gewichtsreduktion, die oftmals mit komplexeren Geometrien einhergeht, aufgrund des reduzierten Materialbedarfs zu sinkenden Stückkosten führt [GEBH16, S. 15]. Die angesprochenen Sachverhalte sind in Abbildung 2-2 dargestellt.

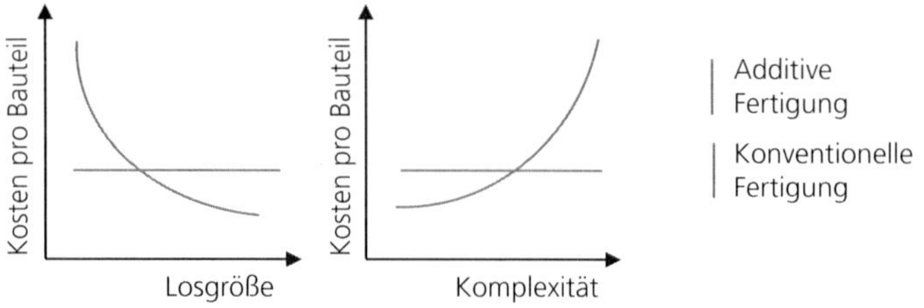

Abbildung 2-2: Stückkostenvergleich der additiven und konventionellen Fertigung nach LACHMAYER [LACH18, S. 3]

Unit cost comparison of additive and conventional manufacturing according to LACHMAYER

2.3.1.3 Klassifikation additiver Fertigungsverfahren

Classification of Additive Manufacturing processes

Analog zur Terminologie der additiven Fertigung existieren verschiedene Ansätze zur Klassifikation additiver Fertigungsverfahren. Die VDI-RICHTLINIE 3405 differenziert die Technologien anhand des Ausgangswerkstoffs [VDI14, S. 8]. Nach KLOCKE ist eine Unterscheidung anhand des Bindungsmechanismus möglich [KLOC15, S. 134] bzw. nach der DIN EN ISO / ASTM 52900 anhand des Verschmelzungszustands [DIN18, S. 32 f.]. Entsprechend der Norm DIN EN ISO 17296-2 kann die Funktionsweise der jeweiligen Fertigungsmittel als Unterscheidungsmerkmal herangezogen werden [DIN16b, S. 7]. Nach GEBHARDT hat sich die Differenzierung anhand des Aggregatzustands des Ausgangswerkstoffs bewährt [GEBH16, S. 47]. Im aktuellen Entwurf einer Aktualisierung der im deutschsprachigen Raum häufig verwendeten DIN 8580 wird erstmals eine Klassifizierung additiver Fertigungsverfahren auf Basis der DIN EN ISO / ASTM 52900 getroffen, weshalb Untergruppen in Abbildung 2-3 dargestellt sind [DIN18, S. 8], [DIN20a, S. 11].

Die Prozesskategorie *Freistrahl-Bindemittelauftrag (BJT)* bezeichnet additive Fertigungsverfahren, bei denen ein flüssiges Bindemittel auf pulverförmigen Werkstoff appliziert wird und somit ein Fügeprozess stattfindet. Beim *Materialauftrag mit gerichteter Energie (DED)* werden Energiequellen in Form von Laser, Elektronenstrahl oder Plasmabogen verwendet, um simultan zum Materialauftrag ein Verschmelzen der Werkstoffe herbeizuführen. Wenn der Werkstoff „gezielt durch eine Düse oder Öffnung aufgetragen" wird, ist eine Zuordnung zur *Materialextrusion (MEX)* zweckmäßig [DIN18, S. 8]. Der *Freistrahl-Materialauftrag (MJT)* werden u.a. Photopolymerharze und Wachse in Tropfenform gezielt aufgetragen. Das *pulverbettbasierte Schmelzen (PBF)* beschreibt Fertigungsverfahren, bei denen gezielt Wärmeenergie in einzelne Bereiche eines Pulverbetts zugeführt und somit der Werkstoff lokal verschmolzen wird. Wenn als Ausgangswerkstoff Materialfolien verbunden werden, die während des Prozesses verbunden werden und somit ein Bauteil geformt wird, lässt sich das Fertigungsverfahren der *Schichtlaminierung (SHL)* zuordnen. Schließlich beschreibt die *badbasierte Photopolymerisation (VPP)* Prozesse, die auf Basis eines flüssigen Photopolymers durch lichtaktivierte Polymerisation Bauteile aushärten. [DIN18, S. 8]

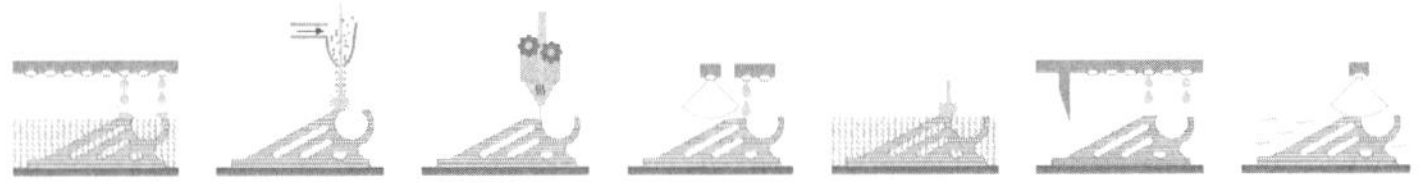

	BJT	DED	MEX	MJT	PBF	SHL	VPP
Bezeichnungen	Freistrahl-Bindemittel-auftrag	Materialauftrag mit gerichteter Energie-einbringung	Material-extrusion	Freistrahl-Material-auftrag	Pulverbett-basiertes Schmelzen	Schicht-laminierung	Badbasierte Photo-polymerisation
Werkstoffe	Kunststoff, VM, Keramik, Sand	Metall	Kunststoff, VM, Metall, Keramik, Sand	Photopolymer, VM, Metall, Keramik	Kunststoff, VM, Metall, Keramik, Sand	VM, Metall	Photopolymer, VM, Metall, Keramik, Sand
Schicht-bindung	Bindemittel	Umschmelzen durch Laser, Elektronen-strahl	Thermischer Auftrag und Material-verfestigung	Material-verfestigung durch UV-Licht	Umschmelzen durch Laser, Elektronen-strahl	Bindemittel, Ultraschall	Material-verfestigung durch Laser, Licht (LED, UV)

Abbildung 2-3: Klassifikation additiver Fertigungsverfahren nach DIN 52900 [DIN18, S. 8]
Classification of additive manufacturing processes according to DIN 52900

Aufgrund des thematischen Fokus dieser Arbeit werden im folgenden Kapitel (vgl. Kapitel 2.3.2) Pulverbettverfahren für metallische Werkstoffe vorgestellt, um ein grundlegendes Verständnis für die im Rahmen dieser Dissertation entwickelten Methodik zu ermöglichen.

2.3.2 Pulverbettverfahren

Powder Bed Fusion

Im Folgenden wird zunächst das Verfahrensprinzip der additiven Fertigungsverfahren mit Pulverbett vorgestellt. Anschließend erfolgt die Beschreibung des laserbasierten Pulverbettverfahrens – auch LBPF genannt – sowie die Abgrenzung zu konventionellen und anderen Urformverfahren.

2.3.2.1 Verfahrensprinzip

Process principle

Beim pulverbettbasierten Schmelzen bzw. bei Pulverbettverfahren wird metallischer, pulverförmiger Werkstoff in Form einer definierten, konturierten festen Pulverschicht in einem Pulverbett bereitgestellt. Mittels der gezielten Einkopplung von Wärmeenergie wird in der jeweiligen Schicht das Pulver lokal aufgeschmolzen, sodass nach Erstarrung der Schmelze ein fester Körper vorliegt. Nachdem eine einzelne Schicht vollständig aufgetragen wurde, wird die Bauplattform, deren Grundfläche als Begrenzung für die Werkstückabmaße gelten, um die entsprechende Schichtdicke herabgesetzt. Eine Beschichtungseinheit fügt eine neue Pulverschicht hinzu. Die beschriebenen Prozessschritte werden iterativ durchgeführt, bis das Werkstück vollständig aufgebaut wurde. Hierfür werden zwei unterschiedliche Energiequellen in Form des Lasers und des Elektronenstrahls verwendet. Das zugrundeliegende und beschriebene Verfahrensprinzip ist in Abbildung 2-5 dargestellt. [GIBS10, S. 112 f.], [VDI14, S. 4], [DIN16b, S. 10 f.], [GEBH16, S. 60 ff.], [WOHL20, S. 60-62]

Abbildung 2-4: Verfahrensprinzip pulverbettbasierter Fertigungsverfahren nach GEBHARDT [GEBH16, S. 165]

Process principle of powder bed based manufacturing processes according to GEBHARDT

Entsprechend den Energiequellen ist eine Abgrenzung der pulverbettbasierten Fertigungstechnologien möglich. Das Elektronenstrahlschmelzen, im Englischen Electron Beam Melting (EBM), wurde an der Chalmers University of Technology in Göteborg, Schweden erforscht und 1993 bzw. 1994 zum Patent angemeldet [LARS94], [GEBH16, S. 222]. Statt einer Inertgas-Atmosphäre liegt hierbei ein Vakuum vor [WOHL20, S. 61]. Das Laserstrahlschmelzen, im Englischen als Laser Powder Bed Fusion (LPBF) bezeichnet, wurde am Fraunhofer-Institut für Lasertechnik ILT in Aachen entwickelt und 1996 patentiert [MEIN96], [GEBH16, S. 65]. Die Inertgas-Atmosphäre dient zur Vermeidung von Oxidationen und in Abhängigkeit des Werkstoffs zur Reduzierung der Explosionsgefahr. Zudem werden im Prozess entstehende Dämpfe über die Inertgasströmung abgeführt, sodass eine negative Beeinflussung der Einkopplung der Wärmeenergie vermieden wird. Ein Vergleich der beiden additiven Fertigungstechnologien zeigt, dass LPBF bei geringeren Investitionskosten in einer höheren Auflösung, also kleinere Werkstückmerkmale, fertigen kann. EBM dagegen weist eine höhere Produktivität bei geringeren induzierten Eigenspannungen auf. Zudem werden weniger Stützstrukturen benötigt. [WOHL20, S. 60], [WOHL22, S. 84 f.]

Des Weiteren ist eine Differenzierung zwischen dem Laserstrahlschmelzen und dem Lasersintern bzw. dem selektiven Lasersintern (SLS) notwendig. SLS ist ein pulverbettbasiertes Fertigungsverfahren, in dem ein Laserstrahl zum Fügen der Pulverpartikel eingesetzt wird. Im Gegensatz zu LPBF oder EBM wird das Pulver nicht vollkommen, sondern oberflächlich aufgeschmolzen, sodass die erforderlichen Haltekräfte mittels wärmebedingter Diffusion erzielt werden. SLS wird heute vornehmlich für Polymer-Werkstoffe genutzt. [KLOC15, S. 131], [WOHL20, S. 60] Aufgrund der signifikant höheren industriellen und wissenschaftlichen Relevanz wird für die Arbeit der Fokus auf LPBF gelegt [ZEYN17, S. 4], [WOHL20, S. 118].

2.3.2.2 Laser Powder Bed Fusion (LPBF)

Laser Powder Bed Fusion (LPBF)

Nach dem Patent von MEINERS bezeichnet das LPBF-Verfahren die Herstellung eines Formkörpers, indem ein pulverförmiger metallischer Werkstoff schichtweise aufgebracht wird und jede Schicht mit einem fokussierten Laserstrahl in einem ausgewählten Querschnittsbereich auf Schmelztemperatur erhitzt wird [MEIN96]. Die Schmelzbadströmung während des Prozesses führt zu vereinzelten Spritzern, die sich nachteilig auf die Werkstückqualität auswirken können [BLIE13, S. 132]. Des Weiteren ist eine Prozessgaszuführung mit Inertgas, bspw. Argon oder Aktivgas in Form von Stickstoff notwendig, um Oxidationen während des Prozesses zu unterbinden sowie zur Reduktion der Brandgefahr durch einen geringen Sauerstoffgehalt von 0,1 bis 3,5 % [MEIN96, S. 5], [WOHL20, S. 61]. Durch die bahnweise Bewegung des Laserstrahls mit einem Spurabstand von ca. dem 0,7-fachen des Laserstrahldurchmessers wird gewährleistet, das sowohl loses Pulver, als auch bereits erstarrtes Material aufschmilzt und zusammen erstarrt, sodass sich eine feste Schicht bildet [ZEYN17, S. 136]. Typische Schichtdicken liegen im Bereich von 20 bis 200 µm [KLOC15, S. 141]. Zur Prozessoptimierung wird jede Schicht in einzelne Teilflächen und Abtastvektoren geteilt, sodass der Laserstrahl eine kurze Spurlänge in eine Richtung bewegt wird, um die in der Bahn enthaltene Restwärme zu erhöhen [MEIN96]. Das für den Prozess verwendete Metallpulver weist typischerweise einen Partikeldurchmesser von 10 bis 100 µm auf, ist sphärisch und liegt in einer homogenen Größenverteilung vor, sodass eine optimale Fließ- und Rakelfähigkeit gewährleistet ist [GEBH16, S. 165], [VDI17, S. 8]. Eine Kennzahl für die Produktivität ist die werkstoffabhängige Aufbaurate. Die Werte variieren von 7,2 $cm^3 h^{-1}$ für Edelstähle bis zu 26,6 $cm^3 h^{-1}$ für Aluminiumlegierungen. Die Aufbauraten für Werkzeugstähle liegen bei 13 $cm^3 h^{-1}$ und für Nickelbasislegierungen in Form von Inconel bei 14,4 $cm^3 h^{-1}$ [ZEYN17, S. 147].

Wie in Abbildung 2-5 erkenntlich, befindet sich die Bauplattform auf einer Hubvorrichtung, die mit jedem Beschichtungsvorgang bzw. mit jeder Schicht weiter abgesenkt wird. Eine Beschichtungseinheit trägt eine Pulverschicht aus den ebenfalls mit einer Hubvorrichtung ausgerüsteten Vorratsbehältern auf, sodass ein Pulverbett entsteht. Der Scanner steuert den Laserstrahl in X- und

Y-Richtung, wobei durch die F-Theta-Linse der Fokus des Laserstrahls auf der Oberfläche des Pulverbetts gewährleistet wird und das Pulver somit aufgeschmolzen werden kann. Weitere erforderliche Systeme wie Filtereinheit und Laserquelle befinden sich nicht direkt im Bauraum, sondern sind angegliedert. [GEBH16, S. 82 f.]. Neben dem Rüsten der Bauplattform und Pulverbehälter vor dem LPBF-Prozess, sind nach dem Prozess mehrere Prozessschritte durchzuführen. Zunächst muss der Bauraum zur Durchführung von Folgeprozessen eine Temperatur von unter 100 °C aufweisen. Des Weiteren muss überschüssiges Pulver durch ein Anheben der Bauplattform entfernt und der Bauraum von Pulver gereinigt werden. Schließlich kann die Bauplattform mit dem Werkstück entnommen werden. [MÖHR18, S. 14 f.], [TRUM21], [EOS22]

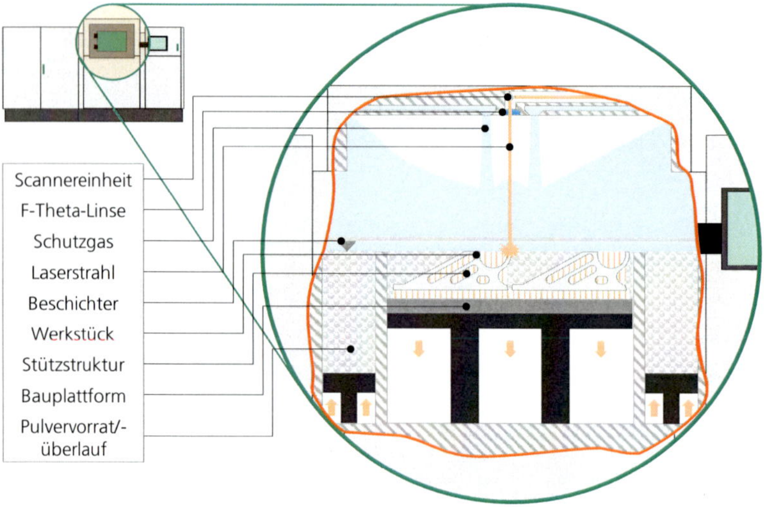

Abbildung 2-5: LPBF Anlagentechnik nach GEBHARDT [GEBH16, S. 175]

Process LPBF equipment design according to GEBHARDT

2.3.2.3 Differenzierungsmerkmale von LPBF

Differentiating characteristics of LPBF

Bauteile, die mittels LPBF hergestellt werden, besitzen Merkmale, welche sich teilweise signifikant von denen mit konventionellen Fertigungsverfahren hergestellten Bauteilen unterscheiden. Es folgt eine kurze Beschreibung dieser, um für den weiteren Verlauf der Arbeit ein Verständnis für die hieraus resultierenden Implikationen auf die Prozesskette und Betriebsmittel zu erlangen:

Anisotropie: Der schichtweise Aufbau führt zu einer Richtungsabhängigkeit bei mechanischen Kennwerten, wie der Zugfestigkeit R_m oder der Streckgrenze R_e. In Aufbaurichtung werden im Vergleich geringere Werte erzielt. Mittels angepasster Positionierung des Bauteils im Bauraum sowie mit einer nachgelagerten Wärmebehandlung kann die Anisotropie des Bauteils reduziert werden. [VDI15, S. 26], [GEBH16, S. 98], [DIN20b, S. 22]

Auflösung: Die Auflösung bezeichnet das Maß des kleinsten aufzubauenden Bauteilmerkmals. In der Ebene der Pulverschicht wird die Auflösung durch die Partikeldurchmesser des Pulvers und den Laserstrahldurchmesser begrenzt. In Aufbaurichtung, also quer zur Pulverschicht, ist die Dicke der Pulverschicht die Restriktion. [GEBH16, S. 99], [DIN18, S. 24]

Bauplattform: Aufgrund des Pulverbetts und schichtweisen Aufbaus ist eine Bauplattform für den LPBF-Prozess notwendig. Nach dem Prozess sind die Bauteile inklusive der Stützstrukturen mit der Bauplattform verschweißt, sodass ein nachgelagert Trennvorgang erforderlich ist. [VDI15, S. 22], [WOHL21, S. 16]

Eigenspannungen: Die lokale Aufschmelzung des Pulvers bewirkt hohe Temperaturgradienten zwischen Schmelzbad, erstarrtem Werkstoff und Pulver, sodass Eigenspannungen im Bauteil und thermischer Verzug resultieren. Eigenspannungen können mittels einer Vorheizung der Bauplattform um bis zu 500 °C sowie einer nachgelagerten Wärmebehandlung reduziert werden. [KLOC15, S. 147], [MÖHR18, S. 15], [DIN20b, S. 7]

Formabweichungen: Im Vergleich zu konventionellen Fertigungsverfahren sind die Formabweichungen von mit LPBF hergestellten Bauteilen groß. Für den LPBF-Prozess liegen Formabweichungen typischerweise bei 0,1 mm, wohingegen beim Fräsen die Formabweichungen in der Regel 0,01 mm betragen. Für die Fertigung von Bauteilmerkmalen mit hoher Genauigkeit wird daher ein Aufmaß berücksichtigt und die Endkontur des Merkmals in nachgelagerten Prozessschritten erzeugt. [KLOC15, S. 165], [VDI15, S. 28], [DIN18, S. 23]

Oberflächengüte: Die Oberflächengüte von Bauteilen, die mit LPBF gefertigt wurde, ist rau mit Rautiefen Rz von ca. 25 µm. Konventionell hergestellte Bauteile bspw. mittels Fräsen weisen Rautiefen Rz von ca. 3 µm auf [KLOC15, S. 165]. Die Rauheit resultiert aus anhaftenden Pulverpartikeln bzw. weist eine Abhängigkeit von der Orientierung einer Fläche innerhalb des Bauraums auf. Flächen mit einem Winkel von 90° zur Bauebene weisen die geringste Rauheit auf. Zur Verbesserung der Oberflächengüte wird ein Aufmaß berücksichtigt bzw. werden nachgelagerte Prozessschritte durchgeführt. [VDI15, S. 26-37], [DIN20b, S. 23]

Pulverkontamination: Das im LPBF-Prozess verwendete Pulver ist aufgrund der geringen Partikeldurchmesser von 10 bis 100 µm lungengängig und stellt somit eine Gefahr für die Gesundheit des Bedieners dar. Besondere Vorsicht ist bei den karzinogenen und sensibilisierenden Legierungselementen Kobalt und Nickel geboten. Des Weiteren kann eine Staubatmosphäre bei einem bestimmten Mischungsverhältnis und vorhandener Zündquelle zu Explosionen führen. Zudem geht von reaktiven Pulvern wie Aluminium und Magnesium eine erhöhte Brandgefahr aus. Zur Gefahrenreduktion sind neben einem geschlossenen Pulverkreis weitere Sicherheitsvorkehrungen unumgänglich, die in der VDI-Richtlinie 3405 benannt werden. [VDI18b]

Relative Dichte: Bauteile, die mit LBPF hergestellt wurden, weisen in der Regel wenige Poren auf. Ein Bauteil wird als vollständig dicht bezeichnet, wenn es frei von signifikanten Poren ist [DIN18, S. 24]. Demnach weisen mit LPBF hergestellte Bauteile eine Dichte von nahezu 100 % auf. In Abhängigkeit der Bauteilanforderungen kann mittels einer Wärmebehandlung in Form des heißisostatischen Pressens (HIP) die relative Dichte erhöht werden. [BREM12, S. 33], [VDI15, S. 28]

Stützstrukturen: Prozessbedingt sind häufig bei mit LPBF hergestellten Bauteilen Stützstrukturen notwendig. Diese dienen zur Fixierung des Bauteils auf der Bauplattform und aufgrund der hohen Temperaturgradienten zur Wärmeabfuhr sowie zur Kompensation von Verzug [WOHL17, S. 50-52]. Stützstrukturen werden im Rahmen der Weiterbearbeitung entfernt. Eine Vermeidung von Überhängen mit einem Winkel kleiner als 45° und eine angepasste Ausrichtung des Bauteils führen zu einer Reduktion von Stützstrukturen. [VDI15, S. 25], [DIN20b, S. 17], [WOHL21, S. 17]

Treppenstufeneffekt: Aufgrund des schichtweisen Aufbaus ist eine Beschreibung der dritten Dimension lediglich durch die Schichtdicke möglich, sodass der sogenannte Treppenstufeneffekt vorliegt (vgl. Abbildung 2-6). Je geringer die Schichtdicke ist, desto geringer ist der Effekt. Zur Realisierung der Endgeometrie ist somit eine Weiterbearbeitung der additiv hergestellten Bauteile notwendig. [VDI15, S. 7], [GEBH16, S. 22], [DIN20b, S. 14]

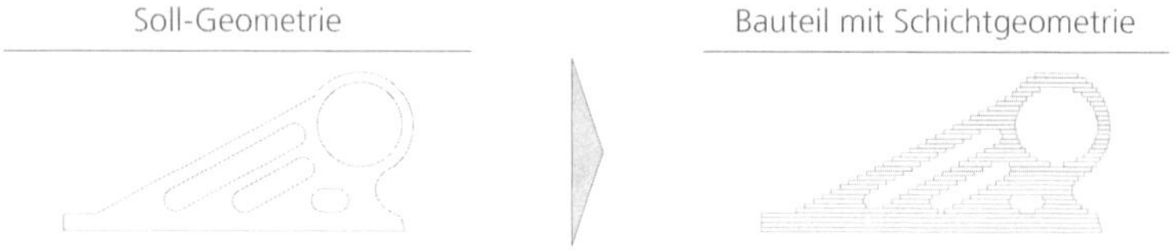

Abbildung 2-6: Treppenstufeneffekt nach GEBHARDT [GEBH16, S. 22]
Stair step effect according to GEBHARDT

Zusätzlich zu den bereits genannten Differenzierungsmerkmalen hinsichtlich konventioneller Fertigungsverfahren, folgt eine Abgrenzung zu anderen Urformverfahren der ersten Hauptgruppe gemäß DIN 8580 [DIN03j], [WOLL22, S. 19]. Hierdurch wird aufgezeigt, dass die Kenntnisse über die Prozesskette und eingesetzte Betriebsmittel nicht ohne Weiteres in der additiven Prozesskette angewendet werden können. Gießverfahren, wie Sand-, Druck- oder Feingießen unterscheiden sich signifikant beim Vergleich der qualitativen und quantitativen Eigenschaften des Fertigungsverfahrens und der resultierenden Werkstücke. So weist je nach Gießverfahren die erzielbare Oberflächenqualität eine höhere Rauheit als bei LPBF auf. Zudem ist eine winkelabhängige Oberflächenqualität bei LPBF zu berücksichtigen. Die freie Werkstückpositionierung, die simultane Fertigung verschiedener Werkstücke in einem Fertigungsauftrag sowie die unmittelbare Fertigung ohne notwendige Vorbereitungsschritte, wie Modellbau sind dagegen Vorteile von LPBF. Hinsichtlich der flexiblen Geometriegestaltung und der Unikatfertigung ist die additive Fertigung mittels Pulverbett den Gießverfahren in der Regel überlegen. Für eine detaillierte Betrachtung der Differenzierungsmerkmale zu Gießverfahren sei auf WOLLBRINK verwiesen [WOLL22, S. 19-23].

Die für die additive Fertigung beschriebenen charakteristischen Werkstückmerkmale zeigen, dass eine Weiterbearbeitung unumgänglich ist. Neben der notwendigen Wärmebehandlung und Separation der Bauplattform sowie dem Trennen der Stützstrukturen sind insbesondere subtraktive Fertigungsverfahren erforderlich, um die Toleranzen und Oberflächengüten zu erzielen. Die Fertigungsverfahren, die im Rahmen der additiven Prozesskette eingesetzt werden, werden im Folgenden vorgestellt. [VDI14, S. 6], [DIN16b, S. 7], [ZEYN17, S. 83-85], [WOHL21]

2.3.3 Vertikale und horizontale Prozesskette der additiven Fertigung

Vertical and horizontal process chain of Additive Manufacturing

Bei einer Prozesskettenbetrachtung der additiven Fertigung muss zwischen der horizontalen und vertikalen Fertigungsprozesskette differenziert werden. Nach SPÖCKER beschreibt die horizontale Fertigungsprozesskette die Transformation vom Ausgangsmaterial zum fertigen Bauteil. Die Abfolge der Prozesse, die erforderlich sind, um die Schritte der Transformation entlang der horizontalen Prozesskette zu gestalten, werden als vertikale Fertigungsprozesskette bezeichnet. Die Differenzierung der Prozessketten ermöglicht sowohl die Betrachtung der Verkettung von Fertigungstechnologien als auch eine Berücksichtigung der digitalen Prozessschritte bspw. in Form der Programmierung oder für die Auswahl von Prozessparametern. [SPÖC16, S. 11-13]

Die vertikale Prozesskette beinhaltet hauptsächlich digitale Prozessschritte und wird oft mit der CAx-Prozesskette beschrieben. Hierbei steht CAx für *Computer Aided* mit dem *x* als Platzhalter für ein den Einsatzzweck beschreibendes Akronym. Am Anfang der Prozesskette wird das Werkstück entsprechend der Kundenanforderungen konstruiert. Hierfür werden CAD- (Computer Aided Design) und CAE-Systeme (Computer Aided Engineering), also Simulationssysteme, eingesetzt [HEHE11, S. 120], [SPÖC16, S. 14-16], [VAJN18, S. 205-207]. Es folgt zunächst die organisatorische Planung von benötigten Maschinen und Personal, um anschließend die fertigungstechnologische Prozessplanung durchzuführen. Letztere beinhaltet in der Regel die Auswahl von entsprechenden Bearbeitungswerkzeugen und Spannsystemen sowie deren softwareseitiger Integration in das Bearbeitungsprogramm. Die eingesetzten Computersysteme sind CAP- (Computer Aided Planning) und CAM- (Computer Aided Manufacturing) [HEHE11, S. 120 f.], [SPÖC16, S. 14-16], [VAJN18, S. 464 f.]. Nach den genannten Prozessschritten kann die Bearbeitung erfolgen. Nachgelagert findet mittels CAQ-Systemen (Computer Aided Quality) die Qualitätssicherung statt [BRÜG12, S. 221 f.], [VAJN18, S. 502], [KEFE18, S. 203].

Die einzelnen Prozessschritte können in Abhängigkeit der verwendeten Technologie variieren. Bei der additiven Fertigung erfolgt bspw. im Rahmen der fertigungstechnologischen Prozessplanung die Konvertierung des 3D-Volumenmodells in eine STL-Datei (Surface Tessellation Language), in der die Schichtinformationen bereitgestellt werden [GEBH16, S. 35-46], [MÖHR18, S. 10]. Zudem können einzelne Fertigungsaufträge für verschiedene Werkstücke zu einem Fertigungslos zusammengefasst werden. Beim sogenannten Nesting werden verschiedene Werkstücke virtuell im Bauraum angeordnet und die Ausrichtung sowohl wirtschaftlich als auch fertigungstechnologisch optimiert [ZEYN17, S. 70 f.; S. 131-134], [MÖHR18, S. 10 f.], [STIT20, S. 15]. Schließlich werden auch die Stützstrukturen, typischerweise automatisiert, generiert [ZEYN17, S. 72-75], [MÖHR18, S. 11].

Die horizontale Fertigungsprozesskette beschreibt die Abfolge der eingesetzten Fertigungsverfahren im Prozess der Wertschöpfung. Im Rahmen der additiven Fertigung kommt eine Vielzahl an Fertigungsverfahren zum Einsatz, um den additiven Werkstücken die geforderten Funktions- und Geometrieeigenschaften aufzuprägen. Die Anforderungen an das Bauteil bestimmen hierbei den Umfang der erforderlichen Weiterbearbeitung [MÖHR18, S. 18]. Eine generische, horizontale Prozesskette für Pulverbettverfahren beginnt mit dem additiven Aufbau. Anschließend erfolgt die

Entfernung des überschüssigen Pulvers, um die Werkstücke für die Wärmebehandlung vorzubereiten. Mit dem Trennen der Werkstücke von der Bauplattform werden die Werkstücke separiert, sodass eine Entfernung der Stützstrukturen möglich ist. Entsprechend der geometrischen Anforderungen werden nachfolgend Funktionsflächen erstellt. Die horizontale Prozesskette endet mit einer Feinbearbeitung der Oberfläche sowie schließlich der Qualitätssicherung. Die Abfolge der Prozessschritte ist in Abbildung 2-7 dargestellt.

Abbildung 2-7: Horizontale Fertigungsprozesskette mit Fertigungsverfahren
Horizontal manufacturing process chain with manufacturing processes

Bei der additiven Fertigung ist bei der horizontalen Prozesskette im Vergleich zur konventionellen Fertigung ein signifikanter Unterschied hinsichtlich der Losgröße zu berücksichtigen. Durch das Nesting werden verschiedene Werkstücke zu einem Fertigungslos zusammengefasst. Durch die Anbindung an die Bauplattform können somit *n* Werkstücke als ein Los betrachtet werden. Nach dem Trennen der einzelnen Werkstücke von der Bauplattform entspricht die Anzahl der auf der Bauplattform vorhandenen Werkstücke unmittelbar der Losgröße. Hierdurch wird die Anzahl der vorhandenen Prozessketten ab dem Prozessschritt des Trennens um die Anzahl der auf der Bauplattform befindlichen Werkstücke multipliziert. Der prozesskettenbedingte Losgrößenwechsel birgt hinsichtlich der Handhabung entlang der horizontalen Prozesskette sowie der Automatisierung der additiven Prozesskette Herausforderungen, die in dieser Arbeit beschrieben werden.

2.3.4 Fertigungsverfahren in der additiven Prozesskette
Manufacturing processes in the additive process chain

Für die Beschreibung der Fertigungsverfahren der additiven Prozesskette wird oftmals eine dreiteilige Gliederung der additiven Prozesskette in Pre-, In- und Post-Prozess wie bei MÖHRLE verwendet [MÖHR18, S. 18]. Dies führt dazu, dass der additive Prozess im Rahmen der Prozesskettenbeschreibung stark fokussiert wird und Fertigungsverfahren der Weiterbearbeitung weniger detailliert beschrieben werden. Des Weiteren können die Fertigungsverfahren anhand der klassifizierenden Norm DIN 8580 wie bei PRÜMMER beschrieben werden [PRÜM20, S. 21]. Hier liegt jedoch keine Relation zur Prozesskette vor. In dieser Arbeit werden die relevanten Fertigungsverfahren daher anhand der erforderlichen generischen Wertschöpfungsschritte der additiven Prozesskette vorgestellt. Dies dient einerseits dazu, die zugrundeliegenden fertigungstechnologischen Prinzipien der Fertigungsverfahren zu verstehen und anderseits einen Überblick über den jeweiligen Automatisierungsgrad entsprechend der technologiespezifischen Definitionen des VDMA zu erhalten [VDMA21]. Die vorgestellten Fertigungsverfahren und die Zuordnung zu den Wertschöpfungsschritten basiert auf zwei Umfragen des Fraunhofer-Instituts für Produktionstechnologie IPT in Kooperation mit ACAM Aachen Center for Additive Manufacturing. Im Rahmen eines Konsortialprojekts zur unternehmensübergreifenden Evaluierung der Weiterbearbeitungsstrategien konnten mittels eines Fragebogens bei elf Unternehmen die Technologien für die Weiterbearbeitung additiv hergestellter Werkstücke identifiziert werden [HORS21b, S. 26]. Eine weitere Umfrage von Wollbrink zur Verfügbarkeit der Weiterbearbeitungstechnologien basiert auf der Rückmeldung von 32 Unternehmen verschiedener Branchen [WOLL22, S. 178 f.].

2.3.4.1 Reinigung
Cleaning

Nach der Entnahme der Bauplattform ist eine Entfernung des am Werkstück anhaftenden und ggf. angesinterten Pulvers erforderlich [VDI14, S. 10 f.], [MÖHR18, S. 14]. Die hierfür eingesetzten Fertigungsverfahren lassen sich der in DIN 8592 definierten Untergruppen in Form des Reinigungsstrahlen, mechanischen Reinigens und strömungstechnischen Reinigens zuordnen [DIN03e, S. 7].

Beim Reinigungsstrahlen wird ein festes oder gasförmiges Strahlmittel beschleunigt, um Pulverpartikel und Verunreinigungen von der Oberfläche des Werkstücks zu entfernen [DIN03e, S. 3]. Die Untergruppe des mechanischen Reinigens beinhaltet Fertigungsverfahren, bei denen Verunreinigungen mechanisch vom Werkstück entfernt werden. In der additiven Prozesskette wird insbesondere das manuelle Bürsten angewendet. Aus der Untergruppe des strömungstechnischen Reinigens werden die Fertigungsverfahren Abblasen und Absaugen für die Pulverentfernung verwendet. Zudem wird das Ultraschallreinigen angewendet, bei dem in einem gasfreien Flüssigkeitsbad durch hochfrequente Schwingungen Kavitationen an der Werkstückoberfläche hervorgerufen und somit Verunreinigungen entfernt werden [DIN03e, S. 4]. Zudem existieren Anlagen, die mittels geometrieangepasster Bewegungen eine Werkstückentpulverung ermöglichen [SOLU22]. Die Auswahl der Fertigungsverfahren zum Reinigen wird entsprechend der Geometrie des Werkstücks, der Zugänglichkeit und den geforderten Reinlichkeitsanforderungen festgelegt.

Entsprechend der Definition des VDMAs liegt eine automatisierte Werkstückreinigung vor, wenn der Reinigungsprozess standardisiert und unabhängig vom AM-Fertigungsmittel stattfindet [VDMA21, S. 14]. Demnach können externe Vakuumreinigungsanlagen von Anlagenanbietern wie Trumpf oder EOS als automatisiert eingestuft werden [TRUM20, S. 2] [EOS22, S. 3]. Gleiches gilt für Fertigungsmittel zur kinematischen Entpulverung, da diese extern betriebene Fertigungsmittel sind. Diese haben den Vorteil, dass die Bewegungen entsprechend der Werkstückgeometrie adaptiv sind und so bspw. innenliegende Kanäle entpulvert werden können [SOLU22]. Hinsichtlich der Werkstückhandhabung sind manuelle, teilautomatisierte sowie automatisierte Lösungen am Markt verfügbar. Hersteller wie Trumpf oder DMG MORI bieten ein teilautomatisiertes Handhabungskonzept mittels standardisierter Transportbehälter [TRUM20, S. 2], [DMG22, S. 24]. Automatisierte Handhabungskonzepte sind bspw. bei EOS mittels fahrerlosen Transportsystemen oder bei ADDITIVE INDUSTRIES im Rahmen einer Maschinenintegration verfügbar [EOS19a], [ADDI24].

2.3.4.2 Wärmebehandlung

Heat treatment

Wärmebehandlungen werden durchgeführt, um die stofflichen Eigenschaften der Werkstücke mittels definierter Temperatur-Zeit-Folgen zu verändern [WEIß12, S. 124-126], [GROT18, E34]. Eine Klassifizierung der Wärmbehandlungsverfahren ist mittels der in der DIN 8580 genannten Hauptgruppe „Stoffeigenschaften ändern" möglich. Gemäß der genannten Norm liegt eine geänderte Stoffeigenschaft vor, wenn eine Veränderung im submikroskopischen Bereich, also bspw. Versetzung im Atomgitter oder eine chemische Reaktion etc., vorliegt [DIN20a]. Im Rahmen der additiven Prozesskette sind Wärmbehandlungen erforderlich, da beim LPBF-Prozess lokale Eigenspannungen induziert werden, die zu Verzügen oder nachteiligen Bauteileigenschaften führen [ZEYN17, S. 83], [MÖHR18, S. 15 f.], [RUDO18]. Nachfolgend werden einige Wärmebehandlungsverfahren, die in der additiven Prozesskette Anwendung finden, vorgestellt.

Ziel des Normalglühens ist eine Umwandlung des bestehenden Gefüges in ein möglichst feinkörniges Gefüge, wobei Eigenspannungen reduziert und Kaltverfestigungen beseitigt werden. [DIN94, S. 3], [WEIß12, S. 128 f.], [GROT18, E35-E36]. Das Spannungsarmglühen verfolgt das Ziel, induzierte Eigenspannung im Werkstück abzubauen [WEIß12, S. 131 f.], [GROT18, E36]. Hierfür wird durch die Erwärmung ein Senken der Fließgrenze bei gleichbleibender Gefügestruktur bewirkt. Durch entstehende plastische Verformungen wird der Verzug vorweggenommen [BERN08, S. 58 f.] Beachtet werden muss, dass Maß- oder Formänderungen sowie Randschichtverhärtungen auftreten können [DIN94, S. 3]. Das Wärmebehandlungsverfahren Heiß-isostatisches Pressen (HIP) wird angewendet, um pulvermetallurgisch hergestellte Werkstücke zu verdichten. Die Werkstücke werden in einer Kammer bis knapp unter die Schmelztemperatur erwärmt und gleichzeitig einem hohen isostatischen Gasdruck ausgesetzt, sodass innenliegende Poren und Defekte durch die resultierende Verdichtung reduziert werden. Zudem wird eine gleichmäßigere Verteilung von Karbiden im Werkstück erzielt [DIN03j, S. 13], [WEIß12, S. 299], [MÖHR18, S. 17], [HAFE19, S. 16]. Bei einem mittels LPBF gefertigten Werkstück aus Edelstahl kann die Porosität so bspw. um ein Prozent bei simultaner Erhöhung des Elastizitätsmoduls und der Streckgrenze um 3,0 bzw. 3,4 Prozent verbessert [BEER22, S. 185]. Das Wärmebehandlungsverfahren Härten dient zur Einstellung von Härte und Zähigkeit des Werkstücks. Zunächst wird das Werkstück auf Austenitisierungstemperatur erwärmt und anschließend mit hoher werkstückabhängiger Geschwindigkeit abgekühlt, sodass sich ein martensitisches Gefüge bildet [WEIß12, S. 133-145], [GROT18, E35]. Wie beim Härten ist es das Ziel des Anlassens, die Festigkeit und Zähigkeit, indem die Werkstücke auf eine werkstoffspezifische Temperatur von bis zu 650 °C erhitzt werden, einzustellen. Wenn zunächst gehärtet und anschließend angelassen wird, wird vom Vergüten gesprochen [DIN94, S. 2], [WEIß12, S. 142 f.], [GROT18, E35]. Für weitere Informationen zu den Wärmebehandlungsverfahren sei an dieser Stelle auf die angegebenen Quellen verwiesen.

Die Auswahl der Wärmebehandlungsverfahren ist maßgeblich vom verwendeten Werkstoff, der Werkstückgröße und -geometrie sowie den erforderlichen mechanischen Eigenschaften abhängig. In der Regel findet entsprechend WOHLERS zunächst ein Spannungsarmglühen zum Spannungsabbau statt. Anschließend werden Mikrorisse und die Porosität mittels Heiß-Isostatischen-Pressens reduziert und abschließend findet ein Härte- oder Glühprozess statt. [WOHL21, S. 36-42], [WOHL22, S. 228 f.], [BEER22]

Der Automatisierungsgrad der Fertigungsmittel in Bezug auf den Wärmebehandlungsprozess ist hoch. Schutzgaszuführung und Temperaturführung können automatisiert durchgeführt werden, sodass während der langen Prozessdauer keine menschliche Interaktion notwendig ist [NABE23, S. 4 ff.]. Dementsprechend differenziert der VDMA den Automatisierungsgrad bei der Wärmebehandlung anhand der Materialhandhabung. Eine automatisierte Wärmebehandlung liegt demnach vor, wenn eine „integrierte Entpackungs-, Reinigungs-, und Wärmebehandlungslösung" vorliegt [VDMA21, S. 15]. In dem Konsortialprojekt „NextGenAM" wurde ein solches Konzept von den Industriepartner EOS, DAIMLER und PREMIUM AEROTEC vorgestellt [EOS19b].

2.3.4.3 Separation von der Bauplattform

Separation from building platform

Ziel dieses Prozessschritts ist die Separation des Werkstücks von der Bauplattform, sodass eine separate Bearbeitung ermöglicht wird. Die Bauplattform kann wiederverwendet werden [MÖHR18, S. 16], [VDI18b], [RUDO18]. An dieser Stelle sei auf die Bearbeitungsstrategie des „Direct Manufacturing" hingewiesen, bei dem die Separation zu einem späteren Zeitpunkt erfolgt, um vorhandene Stützstrukturen als Spannmittel für die Geometrieerzeugung mittels spangebender Fertigungsverfahren zu nutzen [HÖLL19]. Eingesetzte Fertigungsverfahren für diesen Prozessschritt sind das Sägen und das funkenerosive Abtragen mittels Drahterosion [WOHL21, S. 16f.].

Gemäß der DIN 8580 und DIN 8589-6 ist Sägen als ein spanendes Verfahren mit rotatorischer oder translatorischer Hauptbewegung definiert [DIN03d], [DIN03j]. Nach KLOCKE ist zwischen den Verfahrensvarianten Bandsägen, Hubsägen und Kreissägen zu differenzieren. Differenzierungsmerkmal sind die Formen des Werkzeugs sowie die Kinematiken. Zur Trennung der additiven Werkstücke von der Bauplattform werden hauptsächlich Bandsägen eingesetzt [WOHL21, S. 16 f.]. Hierbei sollte das additive Werkstück mindestens 5 mm mittels Stützstrukturen über der Bauplattform positioniert sein, um Schäden am Werkstück zu vermeiden [WOHL21, S. 17].

Beim funkenerosiven Abtragen, klassifiziert durch DIN 8580 und DIN 8590, wird „[...] an der Wirkstelle erforderliche Wärme durch elektrische Funkenentladung auf das Werkstück übertragen [...]" [DIN03a, S. 8], [DIN03j, S. 10]. Hierfür wird zwischen Werkzeug und Werkstück eine Spannung angelegt, sodass bei ausreichender Spannung Funken zünden. Durch die Funkenentladung wird der Werkstoff aufgeschmolzen oder verdampft. Der herausgetrennte Werkstoff wird mittels Dielektrikums weggespült. Bei der Drahterosion wird ein Draht als Elektrode eingesetzt [KLOC07, S. 3-77], [FRIT10, S. 364-367]. In Abhängigkeit der Prozessparameter können die Trennflächen bereits den Bauteilanforderungen entsprechen. Hierfür ist mindestens ein Abstand von 0,5 mm zwischen additiven Werkstücken und Bauplattform vorzusehen. Eine vorgelagerte Entpulverung vermeidet hierbei ein Verkleben des Pulvers mit dem Dielektrikum. [WOHL21, S. 17]

Ein automatisierter Trennvorgang liegt laut VDMA vor, wenn eine sogenannte „Roboter-Unterstützung" vorhanden ist [VDMA21, S. 15]. Für die Technologie des Sägens hat bspw. die Firma KASTO ein entsprechendes Fertigungsmittel im Produktportfolio, das mittels Wendevorrichtung und dediziertem Spannsystem für additive Bauplatten gemäß VDMA als automatisiert bezeichnet werden kann [KAST23, S. 3]. Fertigungsmittel der Drahterosion können unter Verwendung geeigneter Spannsysteme automatisiert betrieben werden [GFMA23, S. 2].

2.3.4.4 Stützstrukturentfernung

Removal of support structures

Für die weitere Bearbeitung der Werkstücke ist die Entfernung der Stützstrukturen und Glättung der Anbindungsstellen der Stützen erforderlich. Eingesetzte Fertigungsverfahren hierfür sind das manuelle Handtrennschleifen, Meißeln oder Fräsen. Zudem können die Stützstrukturen mittels Drahterosion und elektrochemischen Fertigungsverfahren entfernt werden [MÖHR18, S. 16], [RUDO18], [WOHL21, S. 17 f.]

Das manuelle Handtrennschleifen ist gemäß DIN 8589-11 als „Schleifen (z. B. Trennschleifen), bei dem die verfahrenskennzeichnende Vorschubbewegung senkrecht zur zu erzeugenden Oberfläche verläuft (...)" definiert [DIN03b, S. 5]. Beim Trennschleifen wird zwischen handgeführten und stationären Anlagen differenziert, wobei im Kontext der additiven Fertigung aufgrund der Flexibilität in der Regel ein handgeführter Prozess Anwendung findet [KLOC18a, S. 396 f.]. Entsprechend der DIN 8589-9 ist das Meißeln ein „Spanen mit geometrisch bestimmter Schneide zur Erzeugung beliebiger Werkstückoberflächen, bei dem die Späne durch Schlagen auf das Werkzeug (Meißel) abgetrennt werden [DIN03h, S. 3]. In der additiven Prozesskette wird in der Regel manuelles Meißeln eingesetzt, wohingegen das automatisierte Meißeln zur Entfernung von Stützstrukturen ein Forschungsthema darstellt [IDEA23, S. 96-99]. Bei manuellen Prozessen ist aufgrund des Pulvers persönliche Schutzausrüstung (PSA) erforderlich [WOHL21, S. 17].

Das Fräsen ist ein Fertigungsverfahren, bei dem eine rotatorische Hauptbewegung durch das Werkzeug ausgeführt wird. Das Werkzeug besitzt eine oder mehrere Schneiden über den Umfang und die Stirnfläche verteilt. Durch eine Relativbewegung zwischen Werkzeug und Werkstück wird der Werkstoff aus der Oberfläche herausgetrennt [DIN03i, S. 3]. Untersuchungen zeigen, dass im Vergleich zum konventionellen Fräsen die Herausforderungen bei der Entfernung von Stützstrukturen mittels Fräsen dünnwandige, instabile Werkstoffstrukturen der Stützstrukturen, inhomogene Eingriffsbedingungen und ungleichmäßiger Werkzeugverschleiß sind [HINT18, S. 90].

Bei weniger komplexen Werkstückgeometrien kann die Drahterosion für die Entfernung der Stützstrukturen verwendet werden. Hierfür wird der Draht an der Werkstückunterseite entlanggeführt, womit in der Regel gleichzeitig die Separation von der Bauplattform erfolgt. Schließlich können mittels eines elektrochemischen Prozesses durch Nutzung der galvanischen Korrosion Stützstrukturen entfernt werden. Das Werkstück befindet sich hierbei in einem wasserbasierten Prozessmedium und es wird eine elektrische Spannung angelegt. [KLIN19, S. 15], [RENA23, S. 6-8]

Gemäß der VDMA-Klassifikation liegt eine automatisierte Stützstrukturentfernung vor, wenn eine CAM-gestützte Fräsbearbeitung vorzufinden ist. Elektrochemisches Abtragen wird als Teilautomatisierung klassifiziert. [VDMA21, S. 15] Demnach gelten die von der Fa. RENA vertriebenen Fertigungsmittel für die elektrochemische Entfernung von Stützstrukturen als teilautomatisiert, auch wenn verschiedene Werkstückchargen simultan bearbeitet und innerhalb der Fertigungsmittel automatisiert gehandhabt werden [RENA23].

2.3.4.5 Funktionsflächenerstellung

Machining of functional surfaces

Ziel dieses Prozessschritts ist die Erzeugung der Soll-Geometrie, da additiv gefertigte Werkstücke nach dem additiven Fertigungsprozess nicht der Soll-Geometrie entsprechen. Generell eignen sich hierzu jegliche Fertigungsverfahren, wobei insbesondere zur Erstellung von Merkmalen mit engen Form- und Lagetoleranzen spanende Fertigungsverfahren eingesetzt werden. Im Folgenden werden die relevantesten Fertigungsverfahren vorgestellt: [VDI13, S. 33], [ZEYN17, S. 84 f.], [MÖHR18, S. 17 f.], [RUDO18], [WOHL21, S. 20-30]

Beim Drehen wird entsprechend der Norm DIN 8589-1 eine rotatorische Hauptbewegung durch das Werkstück ausgeführt [DIN03c, S. 3]. Ein Werkzeug mit Schneide wird translatorisch am rotierenden Werkzeug vorbeigeführt. Hierbei wird durch die Schneide Werkstoff abgetrennt. Anwendung findet das Fertigungsverfahren hauptsächlich bei rotationssymmetrischen Werkstücken. [DIN03c, S. 3] Gemäß der DIN 8589-2 ist das Bohren ein Fertigungsverfahren, bei dem die rotatorische Hauptbewegung durch das Werkstück ausgeführt wird [DIN03g, S. 3]. Das Werkzeug besitzt ein oder mehrere Schneiden auf dem Umfang oder der Stirnfläche. Im Gegensatz zum Fräsen wird beim Bohren jedoch nur eine translatorische Bewegung in Richtung der Werkzeugdrehachse ausgeführt. Hauptsächlich durch die Schneiden auf der Stirnfläche erfolgt das Entfernen des Werkstoffs. [DIN03g, S. 3], [FRIT10, S. 294 ff.] Neben den bereits vorgestellten spanenden Fertigungsverfahren findet hauptsächlich das Fräsen Anwendung. Für eine Beschreibung sei an dieser Stelle auf den vorherigen Absatz verwiesen. Werden spanende Fertigungsverfahren mit bestimmter Schneide für die Weiterbearbeitung additiver Werkstücke verwendet, ist die Prozessauslegung entsprechend anzupassen. So ist beim additiven Aufbau der Werkstücke ein zusätzlicher Werkstoffauftrag von 0,25 bis 0,5 mm zu berücksichtigen, damit anforderungsgerechte Oberflächen erzeugt werden. Zudem können je nach Werkstückgeometrie temporäre Spannelemente vorgesehen werden, sodass Spannvorgänge bei der spanenden Weiterbearbeitung vereinfacht werden. [WOHL21, S. 23], [FERC22b, S. 3764 f.] Hinsichtlich der Bearbeitungsstrategie führt bei additiven Werkstücken aus Edelstahl bspw. eine Gleichlaufstrategie zu besseren Oberflächeneigenschaften, wohingegen bei Titanlegierungen mit einer Gegenlaufstrategie bessere Oberflächen erzielt werden können [MALA22, S. 9-12]. Grundsätzlich sind die Prozessparameter werkstoff-, werkstück- sowie prozessspezifisch festzulegen. Als Anhaltspunkt können Parameter von konventionellen Spanprozessen fungieren. [PENG21, S. 16], [WOHL21, S. 22], [MALA22, S. 7]

Als ein abtragendes Fertigungsverfahren wird zur Funktionsflächenerstellung die Senkerosion eingesetzt. Hierbei wird gemäß der DIN 8590 der Materialabtrag durch schnelle aufeinander folgende elektrische Entladungen zwischen Werkstück und Elektrode in einem Dielektrikum erzielt [DIN03a,

S. 8]. Im Gegensatz zur Drahterosion besteht die Elektrode nicht aus einem Draht, sondern bildet die herzustellende Geometrie ab [DIN03a, S. 8], [KLOC07, S. 18], [MENG07, S. 847-850]. Als weiteres abtragendes Fertigungsverfahren wird zudem die Drahterosion eingesetzt, wobei für die Beschreibung auf einen vorherigen Absatz verwiesen sei.

Bei der VDMA-Klassifizierung für den Automatisierungsgrad wird die Funktionsflächenerstellung benannt, jedoch sind keine konkreten Einstufungskriterien definiert. In Anlehnung an mechanische Abtragprozesse gilt ein Prozess als automatisiert, wenn ein robotergestützter Ablauf realisiert werden kann. [VDMA21, S. 15 f.]. Die Fertigungsmittel für die Funktionsflächenerstellung sind in der Regel NC-gesteuerte Bearbeitungszentren, sodass eine automatisierte Prozessausführung möglich ist. Hierbei gilt es zu berücksichtigen, dass additive Werkstücke variierende Werkstoffeigenschaften aufweisen und somit eine automatisierte Prozessausführung ggf. erschwert wird [MALA22, S. 34]. Die Handhabung kann mit geeigneten Systemen ebenfalls automatisiert erfolgen, wie Beispiele aus der Unikat- und Kleinserienfertigung zeigen [PRÜM20]. Aufgrund der oftmals komplexen Bauteilgeometrien und der Berücksichtigung der Pulverkontamination sind jedoch weitergehende Konzepte wie in das additive Werkstück integrierte Spannelemente oder dedizierte Spannsysteme für die additive Fertigung zu berücksichtigen [WOLL20], [FERC22b, S. 3764 f.].

2.3.4.6 Oberflächenbearbeitung

Surface finishing

Additiv gefertigte Werkstücke weisen typischerweise unzureichende Form- und Lagetoleranzen sowie eine Oberflächenrauheit Ra von 7 bis 12 µm auf [WOHL21, S. 20]. Auch die Oberflächenrauheiten der Funktionsflächen erfüllen oftmals nicht die Bauteilanforderungen, sodass eine Feinbearbeitung der Oberfläche erforderlich ist. Zudem sind mechanische Eigenschaften durch nachgelagerte Bearbeitungsschritte, bspw. Strahlspanen zur Einbringung von Druckeigenspannungen, erforderlich. Im Kontext der additiven Fertigung werden zur Oberflächenbearbeitung das Strahlspanen, das konventionelle Schleifen, das Gleitschleifen sowie das Druckfließläppen und das elektrochemische Abtragen eingesetzt. Des Weiteren werden thermische Verfahren bspw. das Laserpolieren verwendet. [MÖHR18, S. 17], [RUDO18], [WOLL22, S. 28]

Beim Strahlspanen werden Strahlmittel in Form von losen Körnern (Durchmesser von 0,25 bis 1 mm) durch Luftdruck beschleunigt und auf die Oberfläche des Werkstücks gestrahlt. In Abhängigkeit der Prozessparameter kommt es auf der Oberfläche zur Spanbildung, sodass die Oberflächenqualität gesteigert werden kann. [FRIT10, S. 355], [KLOC18a, S. 380], [WOHL21, S. 25]

Schleifen ist ein „spanendes Fertigungsverfahren mit vielschneidigen Werkzeugen, deren geometrisch unbestimmte Schneiden von einer Vielzahl gebundener Schleifkörper aus natürlichen oder synthetischen Schleifmitteln gebildet werden […]" [DIN03b, S. 3]. Eine Differenzierung wird nach der Form des Werkzeugs und der genutzten Kinematik getroffen. Erreichbare Oberflächenrauheiten liegen bei Ra 0,24 µm. [KLOC15, S. 148-152], [WOHL17, S. 52], [KLIN18, S. 401] Für die Bearbeitung von additiven Werkstücken ist insbesondere das Gleitschleifen von Bedeutung, da keine geometrieabhängige Prozessführung und Spannsysteme erforderlich sind. Klassifiziert nach der DIN 8589-17 findet beim Gleitschleifen der Spanprozess aufgrund einer unregelmäßigen Relativbewegung zwischen einer Vielzahl an definierten Schleifkörpern und den Werkstücken statt [DIN03f, S. 3]. Die Form, Größe und Zusammensetzung der Schleifkörper wird auf die Werkstücke angepasst. Experimentelle Untersuchungen am Fraunhofer-Institut für Produktionstechnologie IPT im Rahmen eines bilateralen Industrieprojekts zeigen für den Werkstoff Inconel 718 eine durch Gleitschleifen bedingte Reduktion der Oberflächenrauheitswerte auf Werte von Ra 0,02 µm bei einem additiven Werkstück. Bei der Prozessauslegung ist zu berücksichtigen, dass die Reduktion der Oberflächenrauheit in bestimmten Definitionsbereichen mit der Bearbeitungszeit korreliert sowie, dass eine lange Bearbeitungszeit oftmals zu Formabweichungen an auskragenden Geometrieelementen führt. [DIN03f, S. 3], [KLOC18a, S. 385], [MÖHR18, S. 17]

Insbesondere für die Oberflächenbearbeitung von innenliegenden Geometriemerkmalen oder Strömungsflächen kommt das Druckfließläppen zum Einsatz [WOHL21, S. 21]. Mittels einer geometriespezifischen Spannvorrichtung wird eine Paste mit Abrasivkörpern in Form von Siliziumkarbid oder Diamant am Werkstück entlang zwischen zwei Druckkammern bewegt. Experimentelle Untersuchungen am Fraunhofer-Institut für Produktionstechnologie IPT für den Werkstoff Inconel 718 zeigen erzielbare Oberflächenrauheitswerte Ra von 0,4 µm auf.

Das elektrochemische Abtragen ist gemäß DIN 8590 definiert und bezeichnet „ein Fertigungsverfahren, bei dem metallischer Werkstoff unter Einwirkung eines elektrischen Stroms und einer Elektrolytlösung anodisch aufgelöst wird" [DIN03a, S. 19]. Am Fraunhofer-Institut für Produktionstechnologie IPT wurden im Rahmen eines bilateralen Industrieprojekts Untersuchungen zur Bearbeitung von additiv hergestellten Werkstücken durchgeführt, wobei eine signifikante Verbesserung der gemessenen Oberflächenrauheit bei dem Werkstoff Inconel 718 erzielt wurden. Die erreichbaren Werte für die Oberflächenrauheit Ra waren 0,92 µm.

Bei der Oberflächenbearbeitung mittels Laserpolieren wird ein Laserstrahl entlang der Werkstückoberfläche bewegt. Folglich finden eine lokale Laserstrahleinkopplung und Aufschmelzung der Oberfläche statt. Aufgrund der Gravitation und vorherrschenden Oberflächenspannung findet beim Erstarrungsvorgang der Schmelze eine Glättung der Oberfläche statt [PENG21, S. 12]. Typischerweise wird für das Laserpolieren eine kontinuierliche Strahlquelle eingesetzt. Wenn ein gepulster Laserstrahl verwendet wird, wird vom sogenannten *Laser Peening* gesprochen [PENG21, S. 7-12]. Beim Laserpolieren von additiven Werkstücken ist die Oberflächentopografie inhomogen, sodass die Identifizierung geeigneter Prozessparameter erschwert wird [MALA22, S. 28].

Gemäß der VDMA-Klassifizierung für den Automatisierungsgrad liegt ein teilautomatisierter Prozess vor, wenn dedizierte Fertigungsmittel für die Oberflächenbearbeitung genutzt werden. Wenn eine Unterstützung von einem Roboter gewährleistet ist, liegt ein automatisierter Prozess vor [VDMA21, S. 16]. Eine Betrachtung der zuvor beschrieben Fertigungsverfahren zeigt, dass mit Ausnahme des Strahlspanens und des Schleifens zwingend Fertigungsmittel erforderlich sind und demnach eine Teilautomatisierung vorliegt. Eine Roboterunterstützung kann bspw. durch eine automatische Rotation der Werkstücke bei Strahlverfahren oder durch eine roboterbasierte Handhabung und Prozessführung beim Gleitschleifen realisiert werden [WOHL21, S. 23].

2.4 Automatisierung der additiven Prozesskette

Automation of Additive Manufacturing process chain

Das Unterkapitel verfolgt das Ziel, den Stand der Technik in Bezug auf die Automatisierung der additiven Prozesskette darzulegen. Hierfür erfolgt zunächst für das Verständnis, eine Beschreibung der Grundlagen der Automatisierungstechnik sowie eine Klassifikation von Automatisierungssystemen. Hiermit wird eine Beschreibung der Peripherie für die Automatisierung der additiven Prozesskette ermöglicht. Diese ist erforderlich, um den Gestaltungsbereich der Methodik zu verstehen und die technologischen Möglichkeiten insbesondere für den Materialfluss zu überblicken.

2.4.1 Grundlagen der Automatisierung

Fundamentals of automation

In der Fachliteratur existieren je nach Kontext verschiedene Definitionen des Begriffs Automatisierung [HESS00, S. 2], [FAVR04, S. 2 f.], [WECK06, S. 1 f.], [LITZ13, S. 3], [VOIG24]. So definierte HESSE die Automatisierung als „gesellschaftlicher Prozess, in dessen Verlauf fortschreitend menschliche Tätigkeiten durch Funktionen künstlicher Systeme (Automaten) ersetzt werden" [HESS00, S. 2]. FAVRE-BULLE unterscheidet zwischen einzelnen Domänen und Einsatzgebieten in Form von Prozess, Produkt-, Anlagen, Produktions- oder Fertigungsautomatisierung [FAVR04, S. 2 f.]. Dem Thema dieser Arbeit entsprechend, wird die Domäne der Fertigung und somit die Automatisierung von Fertigungsprozessen und Materialflüssen fokussiert. Demnach sind die Mechanisierung als Ersatz der physischen Arbeit des Menschen durch Antriebe und Vorrichtungen sowie die Steuerungstechnik als Substitution der menschlichen Gedächtnis- und Gedankenarbeit zu betrachten [WECK06, S. 1 f.]. Die folgende allgemeine Definition von LITZ berücksichtigt die Steuerungstechnik durch die Aufnahme und Verarbeitung von Informationen: „Durch Automatisierung werden dynamische Prozesse in ihrem Verlauf erfasst und derart gezielt beeinflusst, dass sie vorgegebene Aufgaben und Funktionen selbstständig erfüllen" [LITZ13, S. 3]. Die Definition, die dieser Arbeit zugrunde liegt, orientiert sich an VOIGT, der die Automatisierung als „Übernahme von Funktionen des Produktionsprozesses durch künstliche Systeme" definiert [VOIG24]:

DEFINITION: **Automatisierung** bezeichnet die Übertragung von Arbeitsschritten des Produktionsprozesses vom Menschen auf künstliche Systeme mechanischer und steuerungstechnischer Art.

Entsprechend der Definition ist die Automatisierung eine Maßnahme zur Erreichung betriebswirtschaftlicher Ziele. Zu diesen Zielen gehören: [HESS00, S. 2], [FAVR04, S. 5 f.], [HEIN20, S. 6]

- Rationalisierung bzw. Erhöhung der Produktivität
- Qualitätsverbesserung
- Erhöhung der Arbeitssicherheit und -ergonomie
- Reduzierung der Abhängigkeit von Fachkräften

Die Erhöhung der Produktivität und der Arbeitssicherheit bzw. -ergonomie sowie die reduzierte Abhängigkeit von Fachkräften wird durch die Übertragung manueller Produktionsschritte auf Maschinen realisiert [GUAL20, S. 1 f.]. Aufgrund der mit der Automatisierung oftmals einhergehenden Steigerung der Produktionsmenge, sind Stückkosten für eine Wirtschaftlichkeitsbetrachtung heranzuziehen. Eine Amortisation der Automatisierungsmaßnahmen ist gegeben, wenn in der Regel nach drei bis fünf Jahren die Investitionskosten durch reduzierte Lohnkosten eingespart werden können. [FAVR04, S. 5 f.], [SEIF17, S. 16 f.]

Eine möglichst hoch automatisierte Fertigung sollte nichts als Ziel der Automatisierung verstanden werden, da bei einem nicht anforderungsgerechten hohen Automatisierungsgrad steigende Kosten, zunehmende Komplexität und eine erhöhte Störanfälligkeit auftreten [FROH08, S. 1], [SEIF17, S. 16 f.], [HEIN20, S. 6]. Die Beherrschung der Variantenvielfalt bei gleichzeitiger Erhöhung der Produktivität gehört somit zu einer Kernanforderung der Automatisierung, da Produktivität und Flexibilität gegenläufige Zielgrößen sind [MÖHR18, S. 19], [HEIN20, S. 6]. Bei der Flexibilität wird zwischen fünf Ausprägungen unterschieden: [CERO09, S. 708], [HESS13, S. 373]

- Funktionsflexibilität – Betriebsmittel können unterschiedliche Funktionen realisieren
- Objektflexibilität – Betriebsmittel können mit unterschiedlichen Werkstücken interagieren
- Durchsatzflexibilität – Betriebsmittel können auf Schwankungen im Durchsatz reagieren
- Störungsflexibilität – Betriebsmittel können auf Störungen im Ablauf reagieren
- Layoutflexibilität – Betriebsmittel sind umstell- und erweiterbar

Im Kontext der additiven Fertigung ist insbesondere die Objektflexibilität von Bedeutung, da additive Fertigungsverfahren zur Herstellung individualisierter Produkte eingesetzt werden. Demnach müssen die Automatisierungsmaßnahmen auf die Bearbeitung und Handhabung verschiedener Werkstücke mit oftmals komplexen Geometrien ausgelegt sein, sodass etablierte standardisierte Automatisierungslösungen nicht angewendet werden können [WILL14, S. 835]. Voraussetzung für die Umsetzung eines Automatisierungssystems ist der Informationsaustausch, der mittels der Automatisierungspyramide veranschaulicht werden kann (vgl. [HEIN20, S. 4]. Diese differenziert zwischen fünf Hierarchieebenen innerhalb eines Unternehmens. Es wird zwischen horizontaler Kommunikation innerhalb einer Ebene und vertikaler Kommunikation bei ebenenübergreifendem Informationsaustausch differenziert. [FAVR04, S. 255] [HEIN20, S. 4f.]

Die obere Ebene stellt die Planungsebene für die Produktionsplanung dar. Es werden mittels Enterprise-Ressource-Planning (ERP) Software auf Basis von Kundenaufträge Materialbedarfe kalkuliert und technische Daten mittels CAD- und CAP-Systemen bereitgestellt. Auf der darunter liegenden Leitebene findet die Überwachung der Auftragsbearbeitung statt. Des Weiteren werden mit Manufacturing Execution Systems (MES) Ressourcen entsprechend der Fertigungsaufträge belegt und CAM-Programme erstellt. Auf der Führungsebene findet die kurzfristige Produktionsplanung in Form von Maschinen und Personalplanung statt. Die Steuerungsebene regelt sowie überwacht einzelne Produktionsprozesse mit den Daten, die in der Feldebene mittels Sensoren aufgenommen werden. Es ist festzustellen, dass auf den unteren Ebenen eine geringere Datenmenge vorliegt und eine hohe Reaktionsgeschwindigkeit erfordert wird, während auf der höheren Ebene eine zunehmende Datenmenge bei abnehmender Reaktionsgeschwindigkeit zu erkennen ist. [FAVR04, S. 11 f.], [WECK06, S. 425 ff.], [KIEF17, S. 405], [HEIN20, S. 4 f.]

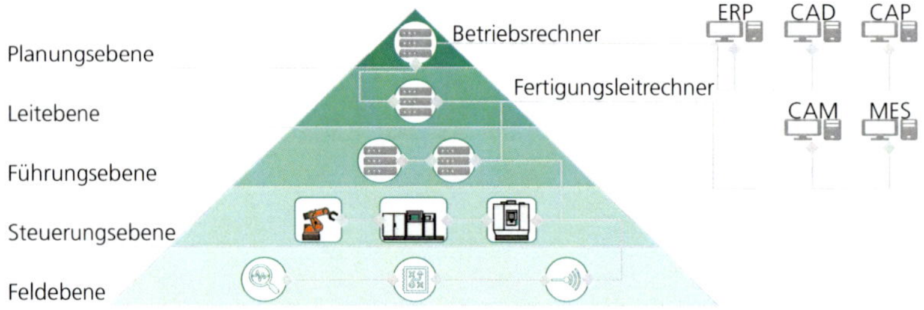

Abbildung 2-8: Automatisierungspyramide nach WECK, KIEF und HEINRICH [WECK06, S. 425 ff.], [KIEF17, S. 405] [HEIN20, S. 4 f.]
Automation pyramid according to WECK, KIEF and HEINRICH

2.4.2 Klassifikation von automatisierten Fertigungssystemen

Classification of automation systems

Für die Klassifikation von automatisierten Fertigungssystemen ist zunächst zwischen nicht universell und universell einsetzbaren Mehrmaschinensystemen zu differenzieren [WECK05, S. 411 ff.]. Ersterer bezeichnen Fertigungssysteme, die eine dedizierte Bearbeitungsaufgabe für eine definierte Werkstückgeometrie haben. Der Materialfluss ist aufgrund einer starren Verkettung gerichtet und nicht richtungsflexibel, sodass ein hohes Produktionsvolumen bei geringer Flexibilität ermöglicht wird. Beispiele sind Rundtaktmaschinen oder bei linearer Anordnung Transferstraßen. [WECK05, S. 415-420], [IHME06, S. 332], [NEUG12, S. 17 f.] Im Kontext der additiven Fertigung ist eine starre Verkettung der gesamten Prozesskette aufgrund stark divergierender einzelner Prozessschritte und vergleichsweise kleinen bis mittleren Losgrößen (vgl. Kapitel 2.3.1) nicht geeignet.

Hinsichtlich der universell einsetzbaren Mehrmaschinen ist eine Betrachtung der Werkzeugmaschinen (WZM) erforderlich. Diese sind universell einsetzbare Fertigungsmittel, die „der Fertigung mechanischer Komponenten definierter, reproduzierbarer Form mithilfe von Werkzeugen dienen" [NEUG12, S. 4]. Für die Ausführung einer Fertigungsaufgabe werden die Werkstücke im Arbeitsraum gespannt. Zur Ausführung der Bewegung verfügt die WZM verschiedene Aktoren (z. B. Hauptspindel) und Sensoren (z. B. Wegmesssysteme). Moderne WZM verfügen über Computerized Numerical Control (CNC) Steuerungen. Auf Basis der DIN 69651 erfolgt eine Klassifizierung entsprechend der Fertigungsverfahren (vgl. Kapitel 2.3.4 bzw. DIN 8580) oder des Automatisierungsgrads erfolgen [DIN74], [DIN03j]. Zudem ist eine Klassifizierung nach weiteren Merkmalen einer WZM wie der Genauigkeit möglich. Aufgrund des Fokus dieser Arbeit folgt die Beschreibung der Klassifizierung entsprechend des Automatisierungsgrads (vgl. Abbildung 2-9) [WECK05, S. 15 ff.], [NEUG12, S. 15 ff.], [HIRS16, S. 1 ff.]. Die direkt von Mitarbeitern gesteuerte konventionelle

WZM ohne programmierbare Steuerung repräsentiert die unterste Stufe. Die CNC-Maschine ermöglicht automatisierte Zyklen für gleiche Werkstücke, sodass reine Fertigungsaufgaben automatisiert ausgeführt werden können. Wird zusätzliche Automatisierungsperipherie (vgl. Kapitel 2.4.3) in Form eines Werkzeugwechslers, eines angeschlossenen Werkzeugmagazins sowie ggf. ein Werkstückpalettenwechsler verwendet, sodass hauptzeitparalleles Spannen möglich ist, wird von einem Bearbeitungszentrum (BAZ) gesprochen [WECK05, S. 18], [NEUG12, S. 17], [HIRS16, S. 4]. In der additiven Prozesskette werden die BAZ oftmals zu prozessschrittspezifischen Fertigungsinseln zusammengefasst, sodass eine Differenzierung zwischen den Prozessschritten des additiven Aufbaus und der Weiterbearbeitung erfolgt. Bei einer Fertigungsinsel „werden alle notwendigen Betriebsmittel räumlich zusammengefasst" [IHME06, S. 331]. Hierdurch werden die Mitarbeiter zur Übernahme zusätzlicher Funktionen wie Arbeitsplanung, Qualitätssicherung und Logistik befähigt. Im Kontext der additiven Fertigung ist somit zudem eine räumliche Separation zwischen pulverkontaminierten und nicht kontaminierten BAZ möglich. [IHME06, S. 331-334]

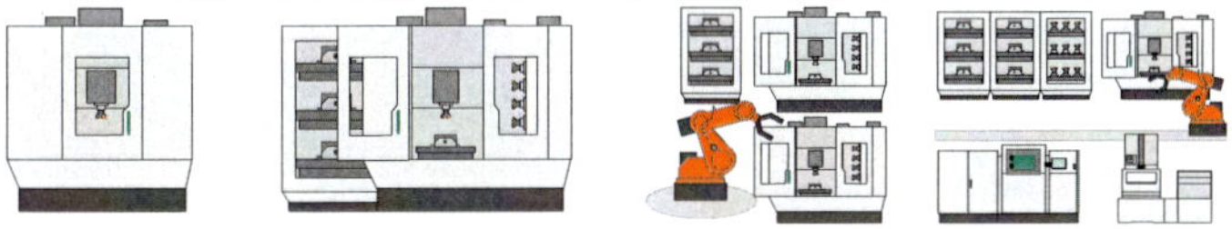

	CNC-Maschine	Bearbeitungszentrum	Fertigungszelle	Fertigungssystem
Anzahl Maschinen	Einzelmaschinen	Einzelmaschinen	Einzel-/ Mehrmaschinen	Mehrmaschinen
Werkzeugwechsel	Manuell, ggf. Werkzeugrevolver	Automatisiert, interner Speicher	Automatisiert, interner Speicher	Automatisiert, interner/ externer Speicher
Werkstückwechsel	Manuell	Palettenwechsler	Automatisierte Be-/ Entladung	Automatisierte Be-/ Entladung
Steuerung	Ablaufsteuerung	Automatisierter Programmaufruf	Automatisierte Fertigungssteuerung	Fertigungssteuerung mittels Leitrechner

Abbildung 2-9: Automatisierungsstufen entsprechend der Peripherie von universell einsetzbaren Werkzeugmaschinen nach NEUGEBAUER [NEUG12, S. 17]
Automation stages corresponding to the periphery of universal machine according to NEUGEBAUER

Auf den nächsten Ausbaustufen befinden sich Mehrmaschinensysteme. Bei einer flexiblen Fertigungszelle (FFZ) werden bis zu drei BAZ durch ein zentrales Werkstückmagazin sowie ein Handhabungssystem verkettet. Die Steuerung übernimmt ein Zellenrechner, sodass eine automatisierte Werkstückhandhabung ermöglicht wird [WECK05, S. 434-439], [KIEF17, S. 401-403]. Eine Anwendung im Kontext der additiven Fertigung wird bspw. von PEREIRA vorgestellt [PERE21]. Flexible Fertigungssysteme (FFS) bestehen aus mehreren BAZ, die mittels eines zentralen Handhabungs- und Fördersystem verkettet sind. Der Materialfluss ist ungetaktet und nicht gerichtet. Die Steuerung erfolgt mit einem Zentralrechner. Es können komplementäre Fertigungsmittel sowie zusätzliche Peripheriesysteme eingesetzt werden. [WECK05, S. 440-447]. Ein solches System für additive Fertigungsmittel ist bspw. bei GE oder SLM SOLUTIONS verfügbar [GEA24], [SLM23, S. 4]. Ist ein gerichteter und getakteter Materialfluss vorhanden, der in der Regel durch werkstückabhängige Handhabungssysteme realisiert wird, liegt eine flexible Transferstraße vor, die im Kontext der additiven Fertigung nur in Einzelfällen sinnvoll ist [WECK05, S. 420-432], [IHME06, S. 328 f.].

2.4.3 Peripherie für die Automatisierung

Periphery for the automation

Peripheriesysteme sind nach WIRTH (vgl. Kapitel 2.2) Betriebsmittel, welche mittelbar an der Wertschöpfung beteiligt sind und von denen ein Fertigungsprozess direkt abhängig ist [WIRT90, S. 22 f.]. Es wird zwischen drei Ebenen an Peripheriesystemen differenziert. Die erste Ebene beinhaltet Betriebsmittel mit direkter Abhängigkeit vom Fertigungsprozess – bspw. Spannsysteme und Handhabungssysteme für Werkstücke. Ein indirekter Bezug zum Fertigungsprozess, liegt bei der zweiten Ebene (z. B Medienversorgung) vor und die dritte Peripherieebene beinhaltet Betriebsmittel, die sich ganzheitlich auf die Produktionsumgebung auswirken. [PRÜM20, S. 35 f.]

Aufgrund des Betrachtungsbereichs dieser Dissertation in Form der Automatisierung der additiven Prozesskette mit Pulverbettverfahren werden im Folgenden die Peripherieelemente der ersten Ebene detailliert betrachtet. Hierdurch wird ein Überblick über die Möglichkeiten der Automatisierungstechnik in Hinblick auf den Materialfluss für die additive Prozesskette gegeben. Im weiteren Verlauf der Arbeit fungieren die Peripherieelemente mittels des resultierenden Automatisierungsgrads als Gestaltungselemente für die Konzeption von Automatisierungskonzepten.

2.4.3.1 Peripheriesysteme für Fertigungsmittel mit Pulverbett

Peripheral systems for production equipment with powder bed

Diese Dissertation hat zum Ziel, einen ganzheitlichen Ansatz zur Entwicklung von Automatisierungskonzepten für die additive Prozesskette mit Pulverbettverfahren zu entwickeln, sodass insbesondere das Rüsten der Fertigungsmittel betrachtet wird. Aufgrund der Merkmale der additiven Fertigung, insbesondere jedoch durch die Existenz verschiedener Materialkreisläufe in Form von Pulver- und Bauplatten sowie Werkstückhandhabung betrachtet die folgende Ausarbeitung Peripheriesysteme, die für den Betrieb eines Fertigungsmittels mit Pulverbett erforderlich sind.

Pulvermodule mit internen Peripheriesystemen: Mehrere Hersteller wie bspw. DMG MORI, EOS oder ADDUP haben ein Anlagenkonzept entwickelt, welches eine automatisierte Pulverhandhabung ermöglicht. Ein geschlossener Pulverkreislauf wird erzielt, in dem notwendige Einheiten zur Pulveraufbereitung in der Regel innerhalb einer Schutzgasatmosphäre wie eine Pulverrückgewinnungseinheit oder eine Siebvorrichtung in einem Modul integriert werden (vgl. Abbildung 2-10). Der Bauraum ist nicht Bestandteil des Pulvermoduls. Oftmals ist ein Pulvermodul werkstoffspezifisch, sodass bei einem Pulverwechsel an der LPBF-Anlage die Module getauscht und lediglich die Zuführungen und der Bauraum gereinigt werden müssen. Weitere externe Peripheriesysteme für die Pulverhandhabung sind nicht erforderlich. Je nach Ausführung kann das Pulvermodul direkt am additiven Fertigungsmittel angebunden sein oder die kontinuierliche Pulverzuführung wird mittels eines Rohrsystems gewährleistet. [ADDU22], [DMG22, S. 24], [EOS22, S. 3]

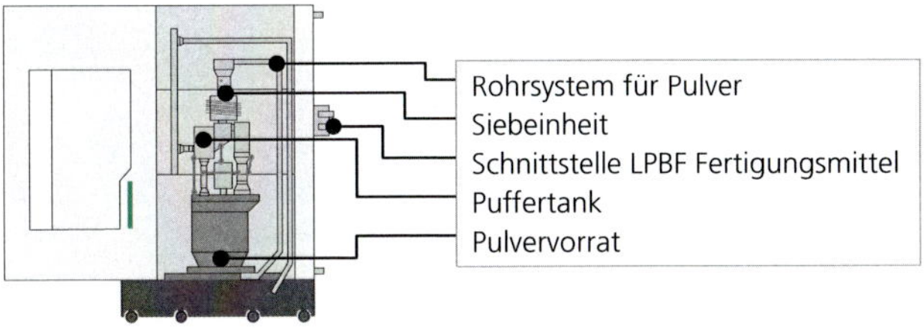

Abbildung 2-10: Aufbau eines dedizierten Pulvermoduls
Structure of a dedicated powder module

Wechselmodule mit externen Peripheriesystemen: Das Prinzip der Wechselmodule basiert auf standardisierten Schnittstellen bei gleichzeitiger Berücksichtigung von Werkstück- und Bauplattenkreislauf sowie dem Pulverkreislauf, indem Wechselmodule eingesetzt werden (vgl. Abbildung 2-11). Je nach Hersteller erfolgt eine Trennung von Pulver- und Bauplattform- sowie Werkstückhandhabung. In diesem Fall erfolgt die Pulverhandhabung in dedizierten Modulen. Erforderliche Peripheriesysteme wie bspw. ein Siebsystem für die Vorbereitung des Pulvers oder ein System für die Präparation der Bauplattformen sind örtlich getrennte Systeme. Die Bedienung erfolgt typischerweise manuell, wobei auch automatisierte Systeme am Markt verfügbar sind. Für den Transport der Module werden herstellerspezifische Transportsysteme angeboten. Diese erfordern in der Regel manuelle Interaktion. Einzelne Hersteller bieten auch Lösungen mit fahrerlosen Transportsystemen an. Die Verwendung der Module führt zu kürzeren hauptzeitbeeinflussenden Rüstvorgängen. Des Weiteren ist bei Verwendung mehrerer Module eine hauptzeitparallele Vorbereitung des nächsten Auftrags möglich. [GFMA19, S. 8], [EOS19b], [TRUM20], [TRUM21], [EOS22], [IRPD22, S. 16 f.]

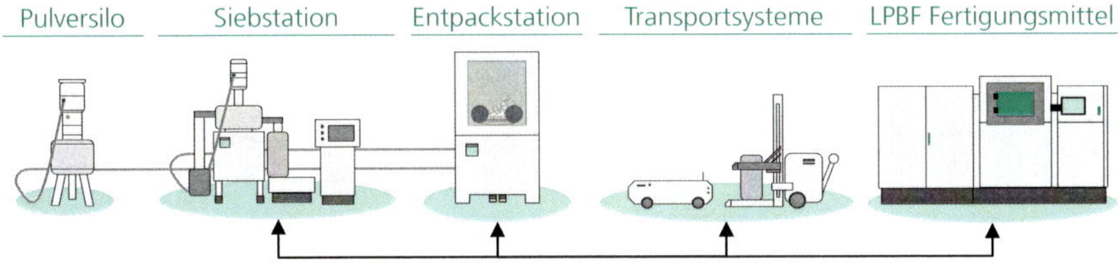

Abbildung 2-11: Prinzip der Wechselmodule
Principle of exchange modules

Handhabungssysteme für Bauplatten: Hersteller wie ADDITIVE INDUSTRIES oder SLM SOLUTIONS bieten Systeme zur Handhabung von Bauplatten bzw. Baumodulen. Im Gegensatz zu den zuvor beschriebenen Wechselmodulen liegt eine starre Verkettung mittels eines Robotersystems – bspw. in Kombination mit einer Linearachse – vor. Die Anzahl der ohne manuellen Eingriff handhabbaren Bauplatten ist von der jeweiligen Ausbaustufe, respektive Anzahl additiver Fertigungsmittel und Speicherplätze, abhängig. Befindet sich eine Bauplatte auf einem Speicherplatz, können je nach Konfiguration Vorheiz- und Abkühlvorgänge durchgeführt werden. [ADDI24], [SLM23, S. 4]

2.4.3.2 Spannsysteme für Werkstücke

Clamping systems for workpieces

Nach Hesse ist Spannen definiert als das „[...] vorübergehende Festhalten (Sichern) eines Körpers in einer bestimmten Orientierung unter Position und Beteiligung von Kräften" [HESS00, S. 183]. Das Werkstück befindet sich demnach in einer definierten Lage und die bei der Bearbeitung anfallenden Kräfte und Momente werden durch die Aufspannung aufgenommen. Die Spannkräfte müssen so gewählt sein, dass eine feste Position ohne Werkstückverformung bedingt durch Bearbeitungs-, Normal- oder Tangentialkräfte gewährleistet ist. [WECK05, S. 458 f.] Eine definierte Lage und Orientierung des Werkstücks wird erreicht, wenn dem Werkstück Bewegungsfreiheitsgrade durch Bestimmebenen oder -punkte entzogen werden. Eine vollständige Bestimmung ist nicht für jede Fertigungsaufgabe erforderlich. [HESS00, S. 183], [WECK05, S. 455 f.] Grundsätzlich ist eine Kategorisierung der Spannsysteme anhand der Kraftaufnahme möglich. Liegt ein Formschluss vor, wird die äußere Kraft bei der Bearbeitung durch ein Formelement (bspw. eine Spannbacke) aufgenommen. Beim Kraftschluss wird die äußere Kraft durch eine Reibkraft gehalten. Im Vergleich ist ein Formschluss aufgrund der geringeren erforderlichen Spannkräfte vorteilhaft. [WECK05, S. 458-460]. Im Kontext der Automatisierung ist zudem die Unterscheidung zwischen direkten und indirekten Spannen bedeutsam. Beim direkten Spannen wird das Werkstück während des Stillstands der Werkzeugmaschine gespannt, während dies beim indirekten Spannen mittels Werkstückträgersysteme (vgl. Kapitel 2.4.3.4.) außerhalb und somit hauptzeitparallel realisiert wird. Im Folgenden werden Spannsysteme im Detail vorgestellt: [PRÜM20, S. 37]

Konventionelle Spannsysteme: Entsprechend der Arbeit von Prümmer können Spannsysteme, deren Spannkraft einem mechanischen Prinzip zugrundeliegen im Kontext der Automatisierung als konventionelle Spannsysteme bezeichnet werden [PRÜM20, S. 38]. Dies ist typischerweise bei Spannstöcken und Backenfuttern der Fall, bei denen die Spannkraft mit Spannbacken eingestellt wird. Aufgrund der in der additiven Fertigung oftmals betrachteten komplexen Geometrien eignen sich konventionelle Spannsysteme, auch mit Verwendung von Sonderbackenformen, nur bedingt zum Spannen in der additiven Prozesskette. [WECK05, S. 522; S. 507-509]

Vakuumspannsysteme: Mittels eines Unterdrucks werden die Werkstücke auf einer ebenen Platte gespannt. Die Haltekraft resultiert aus dem Unterdruck und der Größe der aufliegenden Planfläche, sodass Vakuumspannsysteme nur für flächige Bauteile mit großer Ebenheit geeignet sind. Für Fertigungsverfahren der Funkenerosion sind Vakuumspannsysteme wegen des Dielektrikums nicht geeignet. Aufgrund der prozessbedingten Werkstückunebenheit der additiv hergestellten Werkstücke werden Vakuumspannsysteme in der additiven Fertigung, mit Ausnahme der Bauplattenbearbeitung, in der Regel nicht verwendet. [HESS00, S. 188 f.], [PRÜM20, S. 39]

Magnetspannsysteme: Die Werkstücke werden mittels Magnetismus auf der Spannplatte gespannt. Hierzu erzeugen mehrere Spulen in der Spannplatte ein Magnetfeld, welches ursächlich für die Spannkraft ist. Nach dem Spannen verbleibt häufig Restmagnetismus im Werkstück, sodass eine Entmagnetisierung erfolgen muss. Zudem muss das Werkstück aus einem ferromagnetischen Werkstoff bestehen. Eine große planare Auflagefläche wirkt sich positiv auf die Haltekraft auf, sodass aufgrund der Werkstückunebenheiten Magnetspannsysteme in der additiven Prozesskette, mit Ausnahme der Bauplattenbearbeitung, typischerweise keine Anwendung finden. Zudem wirkt sich bspw. anhaftendes Pulver negativ auf die Spannkraft aus. [HESS00, S. 190 f.]

Schnellspannsysteme: Auf Basis einer pneumatischen oder hydraulischen Spannkrafterzeugung wird das Werkstück gespannt, wobei das Prinzip einer schwimmenden Lagerung angewendet werden kann und negative Auswirkungen von Werkstückunebenheiten auf den Spannvorgang reduziert werden können. Durch die Möglichkeit Spannelemente federbelastet als Stützelemente zu nutzen, können zusätzliche Spannpunkte bzw. überbestimmte Aufspannung realisiert werden, sodass ein verzugarmes Spannen möglich ist. Je nach Gestaltung der Spannelemente kann sich eventuell anhaftendes Pulver negativ auf die Funktionsweise auswirken. Am Markt bietet u. a. die Firma INNOCLAMP ein hydraulisches Spannsystem als Baukastensystem an, sodass die hydraulischen Komponenten flexibel an die Werkstückgeometrie angepasst werden können. Eine Anwendung in der additiven Prozesskette wurde bspw. von HORSTKOTTE gezeigt. [HORS21c, S. 1178], [INNO22]

Baukastensysteme: Am Markt sind verschiedene Baukastensysteme bestehend u. a. aus Pratzen, Spannwinkeln sowie Stütz- und Positionierelementen verfügbar. Das Werkstück wird unter Anwendung der einzelnen Spannelemente auf dem Maschinentisch oder einer Spannplatte verspannt. Aufgrund der Vielfalt an Spannelementen und den resultierenden Kombinationsmöglichkeiten kann weitestgehend formunabhängig gespannt werden. Auch wenn der Rüstaufwand hoch ist, finden Baukastensysteme in der additiven Prozesskette Anwendung. [WECK05, S. 522]

Formspannsysteme: Bei Formspannsystemen wird das Werkstück mittels einer hohen Anzahl einzelner Spannelementen, oftmals Stößel, gespannt. Die Spannelemente sind einzeln einstell- und arretierbar (mechanisch oder hydraulisch), sodass beliebige Geometrien nach dem Prinzip des Formschlusses gespannt werden. Die erforderliche Spannkraft wird um einen Formschlussanteil reduziert. Eine Kapselung der Spannelemente, um Eindringen von Pulver zu vermeiden, ist möglich. Im Prototypenbau werden Formspannsysteme in der Zerspanung eingesetzt. [MATR24], [CHRI22]

Nullpunktspannsysteme: Bei einem Nullpunktspannsystem (NPS) wird ein Spannbolzen (werkstückseitig) mit Kerbung durch Kugeldruckfedern in einem Zylinder (werkzeugmaschinenseitig) festgespannt. Mittels Orientierungselementen wie Nuten oder ein zusätzliches Bolzen-Zylinder-Paar können Lage und Orientierung von dem Werkstück genau bestimmt werden. NPS weisen in der Regel eine sehr hohe reproduzierbare Genauigkeit auf und werden als Referenz bei der Maschinenprogrammierung genutzt, sodass zeitaufwendige Einmessvorgänge ggf. entfallen. Im Kontext der Automatisierung sind NPS von Vorteil, weil sie eine mechanische Schnittstelle zwischen Werkzeugmaschine und Werkstück bilden bzw. Spannelement oder Werkstückträgersystem. Insbesondere die Verwendung von NPS in Kombination mit Werkstückträgersystemen ermöglicht indirekte, hauptzeitparallele Spannvorgänge. Im Kontext der additiven Fertigung haben verschiedene Hersteller wie AMF oder PETER LEHMANN dedizierte AM-NPS im Produktportfolio. Diese sind insbesondere bei Dichtungen und Medien hinsichtlich maximalen Temperaturbeständigkeit, auftretenden Temperaturgradienten sowie Pulverkontamination optimiert. [FELD14, S. 385 f.], [AMF18], [PERG19, S. 15 f.], [PETE21, S. 13 f.]

2.4.3.3 Greifer

Gripper

Nach HESSE ist ein Greifer ein „Teilsystem einer Handhabungseinrichtung, das für den zeitweiligen, sicheren Kontakt zwischen Greifobjekt und Roboter bzw. einer anderen Handhabungseinheit zuständig ist" [HESS00, S. 149]. Neben der Hauptaufgabe des Greifers, dem Herstellen, Aufrechterhalten und dem Lösen einer Verbindung zwischen Greifobjekt und Handhabungsgerät werden verschiedene Nebenfunktonen in Form der Positions- und Orientierungsänderung des Greifobjekts und Aufnahme von Sensorinformationen erfüllt [VDIE95, S. 3]. Greifer werden mittels einer mechanischen Schnittstelle mit der Handhabungseinheit verbunden, sodass eine Medienversorgung gewährleistet wird. Am Markt verfügbare Greifer werden entsprechend ihres Wirkprinzips und Ausführung kategorisiert und können verschiedenste Werkstückgeometrien greifen (vgl. Abbildung 2-12) [FELD14, S. 337 ff.], [KIEF17, S. 443]. Bei einer Änderung der Werkstückgeometrie oder anderer Werkstückeigenschaften, sodass eine veränderte Haltekraft und ggf. adaptierte Kinematik benötigt wird, kann ein automatisierter Wechsel des Greifers erfolgen [WECK05, S. 563 f.] Mittels einer Integration von Sensoren und Kamerasystemen können Geometrien und die Orientierung identifiziert und Greifoperationen überwacht werden, sodass verschiedene Anwendungsmöglichkeiten in der additiven Prozesskette gegeben sind [IDEA23, S. 84].

	Winkelgreifer	Parallel-backengreifer	Saugpipette	Flächen-sauggreifer	Magnetgreifer	Nadelgreifer

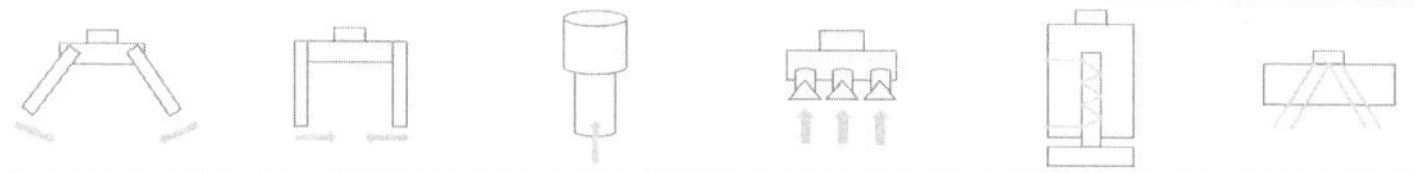

Wirkprinzip	mechanisch	mechanisch	pneumatisch	pneumatisch	elektro-magnetisch	form-schlüssig
Haltekraft	hoch	sehr hoch	gering	mittel	mittel	gering

Abbildung 2-12: Kategorisierung von Greifern nach HESSE [HESS13, S. 303]
Categorization of grippers according to HESSE

2.4.3.4 Werkstückträgersysteme

Workpiece carrier systems

Vorrichtungen, auf denen ein oder mehrere Werkstücke gespannt werden können, werden als Werkstückträgersysteme bezeichnet. Je nach Anwendungsfall ist auch die Bezeichnung als Werkstückpalette geläufig [PRÜM20, S. 41]. Das Trägersystem fungiert als Schnittstelle zwischen den werkstückspezifischen Spannsystemen und den Fertigungsmitteln. Hierdurch sind automatisierte Trägersystemwechsel mit Handhabungssystemen einfacher realisierbar, da eine standardisierte Schnittstelle, bspw. in Form von Nullpunktspannsystemen, zur Verfügung steht. Dadurch, dass das werkstückspezifische Spannen hauptzeitparallel erfolgt, können hauptzeitbeeinflussende Rüstzeiten reduziert werden. Zudem kann die Aufspannung der Werkstücke nach einmaligem Einmessen auf anderen Fertigungsmitteln ohne erneute Messaufwände am Werkstück verwendet werden, da das Trägersystem selbst die Referenz darstellt. [WECK05, S. 530-534], [NEUG12,

S. 272-274] Die automatisierte Handhabung von Werkstückträgersystemen wird mit sogenannten Werkstückwechslern bzw. Palettenwechslern realisiert. Diese bestehen beispielsweise aus einem Schwenktisch, sodass das Trägersystem aus dem Arbeitsraum herausgeschwenkt und simultan ein neues Trägersystem zugeführt wird. Werkstückwechsler stellen eine Schnittstelle zum zentralen Transfersystem bzw. Magazin sowie Regalsystem dar. [NEUG12, S. 274-276]

Im Kontext der additiven Fertigung existieren dedizierte Werkstückträgersysteme für Bauplatten. Konzeptionell basieren diese auf der Segmentierung der Bauplatte. Je nach Ausführung ist die Größe der einzelnen Segmente variabel und kann somit an die Werkstückgröße angepasst werden. Vorteil der Segmentierung ist die unmittelbare Vereinzelung der Werkstücke. [WOLL20], [PETE21], [FERC22a], [WOLL22, S. 32]

2.4.3.5 Handhabungssysteme

Handling systems

Handhabung wird nach Hesse als das „Schaffen, definiertes Verändern oder vorübergehendes Aufrechterhalten einer vorgegebenen räumlichen Anordnung (Lage = Position und Orientierung) von geometrisch bestimmten Körpern in einem Bezugskoordinatensystem" definiert [HESS00, S. 123]. Im Kontext dieser Arbeit sind insbesondere Einlegegeräte und Industrieroboter relevant:

Einlegegeräte: Zur Automatisierung von einfachen Handhabungsvorgängen werden Einlegegeräte, sog. Pick-and-Place Geräte, genutzt. Ein Objekt wird aufgenommen, bewegt und abgelegt. Typischerweise erfolgt die Objektaufnahme mittels eines Greifers oder einer mechanischen Schnittstelle. Anwendungsgebiete sind die Be- und Entladung von Werkzeugmaschinen sowie der Werkzeugwechsel, sodass eine Anwendung in der additiven Prozesskette in der Regel bei Vorgängen, die der Nebenzeit zugeordnet sind, gegeben ist. Einlegegeräte sind für eine bestimmte Problemstellung konzeptioniert und nicht flexibel einsetzbar. [HESS00, S. 125 f.], [WECK05, S. 542 f.]

Industrieroboter: Handhabungssysteme mit mindestens drei Achsen und freiem Bewegungsmuster werden als Industrieroboter bezeichnet [HESS00, S. 132]. Für die Handhabung werden Greifer oder für Fertigungsaufgaben montierte Werkzeuge verwendet. Eine Kategorisierung der Industrieroboter wird entsprechend dem Aufbau und der resultierenden Kinematik sowie dem Arbeitsraum vorgenommen [HESS13, S. 408]. Industrieroboter werden in der additiven Prozesskette in flexiblen Fertigungssystemen eingesetzt. Es existieren Anwendungsbeispiele für die Automatisierung des Werkstück- und Pulverhandlings von LPBF-Anlagen [IRPD22, S. 16 f.] und der technologieübergreifenden Verkettung additiv gefertigter Werkstücke [PERE21, S. 5 f.]. Zusätzlich zu ausschließlichen Handhabungsvorgängen werden Industrieroboter in Prozessschritten der additiven Prozesskette wie bspw. beim Meißeln von Stützstrukturen verwendet [IDEA23, S. 96-99].

2.4.3.6 Fördersysteme

Transport systems

Aufgabe automatisierter Fördersysteme ist der Transport von Werkstücken über weitere Distanzen innerhalb der Fertigung. In Abhängigkeit der räumlichen Gegebenheiten und zu transportierenden Objekte wird zwischen Transfersystemen und fahrerlosen Transportsystemen (FTS) ausgewählt. [HESS00, S. 206-215]. Allgemein kann eine Kategorisierung von Transfersystemen in Zugmittelsysteme mit den Subkategorien Ketten- bzw. Gurt- und Bandsysteme, Rollensysteme sowie mechanische Systeme vorgenommen werden [HESS13, S. 429]. FTS sind „innerbetriebliche, flurgebundene Fördersysteme mit automatisch gesteuerten Fahrzeugen" [VDI05, S. 6]. Mittels des eigenen Antriebs sowie einer Steuerung über Leitlinien am Boden oder über Sensoren ist eine flexible Streckenführung realisierbar [ULLR14, S. 17]. Bei verketteten Fertigungssystemen werden in der Regel mechanische Transfersysteme wie Schienensysteme eingesetzt, um den Bewegungsraum von Handhabungssystemen um eine lineare Achse zu erweitern [PRÜM20, S. 125]. In der additiven Fertigung entwickelte die Firma EOS bspw. ein Handhabungskonzept unter Einbindung von FTS, um einzelne Module für Bauplatten- und Werkstücktransport zu handhaben [EOS19a].

2.4.3.7 Magazine und Regalsysteme

Magazines and rack systems

Magazine und Regalsysteme werden zur kurzzeitigen Lagerung für Werkstücke, Werkzeuge und andere Materialien verwendet. Demnach fungieren sie häufig als Puffer für Halbzeuge in FFZ und FFS, wobei letztere so lange zur mannlosen Funktion befähigt werden, wie Halbzeuge im Magazin zur Verfügung stehen. Die Dimension des Magazins bzw. Regalsystems sollte an die angeschlossene Kapazität und Durchlaufzeit der Fertigungsaufträge angepasst sein, um bspw. mannlose Schichten zu ermöglichen. [WECK05, S. 261], [NEUG12, S. 278 f.] In Abhängigkeit der Ausführung des Magazins bzw. Regalsystems können Werkstücke direkt oder auf Werkstückträgersystemen gelagert werden. Ist ein Magazin dediziert für Bearbeitungswerkzeuge vorgesehen, wird dieses als Werkzeugmagazin bezeichnet, bei dem der sogenannte Werkzeugwechsler die Handhabung übernimmt. Hierzu sind die Werkzeuge in einer Werkzeugaufnahme befestigt, die mit dem Werkzeughalter kompatibel ist. Werkzeugwechsler sind in der Regel als Einlegegeräte (vgl. Kapitel 2.4.3.5) konzeptioniert. [HESS00, S. 166-177] In der additiven Prozesskette werden Magazine für Werkzeuge und Werkstücke insbesondere in der Weiterbearbeitung bspw. bei Fräsmaschinen eingesetzt [PERE21, S. 6]. ADDITIVE INDUSTRIES bspw. bietet auch für additive Fertigungsmittel ein Speichersystem für Bauplatten an [ADDI24].

2.4.3.8 Fertigungsmesssysteme

Production measurement systems

Messen bezeichnet das Vergleichen eines Merkmals mit einem Normal. Im Kontext der Produktionstechnik werden die Eigenschaften eines Werkstücks mit den Anforderungen verglichen [KLOC18b, S. 12]. Im Folgenden werden automatisierte Systeme zum Messen von geometrischen Eigenschaften vorgestellt. Im Rahmen der additiven Fertigung sind das taktile und optische Messen sowie die Computertomografie (CT). [MÖHR18, S. 18], [WOHL20, S. 186]

Maschinenintegriertes Messen: Zur Erfassung der Lage eines Werkstücks innerhalb einer Werkzeugmaschine bzw. zur Referenzierung werden als Bearbeitungswerkzeug einwechselbare Messsysteme verwendet. Oftmals liegt diesen Messsystemen ein taktiles Messprinzip zugrunde, sodass eine punktuelle oder bahnweise Abtastung des Werkstücks erfolgt [GEVA06, S. 318-331],

[KEFE18, S. 73-79]. Im Kontext der Automatisierung können so Referenzen generiert und Koordinatensystemanpassung durchgeführt werden. Zudem können schwankende Werkstückabmaße – bspw. vor der Funktionsflächenerstellung (vgl. Kapitel 2.3.4.5) – erfasst werden. [KIEF17, S. 553f.] Es können Messunsicherheiten von bis zu 1 µm erreicht werden [KEFE18, S. 72].

Koordinatenmessgeräte (KMG): Die maschinenseitige Umsetzung von Systemen zum Messen von geometrischen Merkmalen sind Koordinatenmessgeräte. Diese Bauweise ähnelt konventionellen Werkzeugmaschinen. Es ist demnach ein Arbeitsraum vorhanden, in dem ein Messkopf über drei orthogonal zueinander liegenden Achsen verfahren werden kann. Für automatisierte Messvorgänge wird das Werkstück eingespannt und ein CNC-Programm zur Steuerung gestartet. KMGs können für optische und taktile Messvorgänge eingesetzt werden. Es können Messunsicherheiten von bis zu 1 µm erreicht werden [KEFE18, S. 72]. Eine Einbindung in ein Fertigungssystem ist mit entsprechenden Handhabungssystemen möglich. [KEFE18, S. 59-73]

Optische Messsysteme: Bei optischen Messverfahren werden Lichtquellen in Kombination mit einer Kamera zu Projektion und Messung verwendet, sodass Rückschlüsse auf die Oberfläche gezogen werden können. Für additiv gefertigte Werkstücke haben optische Messverfahren den Vorteil, dass eine räumliche und flächige Messung möglich ist und somit komplexe Geometrien gemessen werden können. Bei der Streifenlichtprojektion werden Streifenmuster auf die Oberfläche des Werkstücks projiziert. Auftretende Verzerrung werden mit Kameras aus unterschiedlichen Winkeln aufgenommen. Wird der Messkopf verfahren, können große Oberflächen und Freiformflächen vermessen werden, wobei Hinterschneidungen und stark oder sehr schwach reflektierende Oberflächen ggf. nicht optimal erfasst werden können. Es können Messunsicherheiten von bis zu 10 µm erreicht werden. [KEFE18, S. 253-257]

Computertomografie: Bei der Computertomografie befindet sich das Werkstück zwischen der Strahlungsquelle und einem Detektor. Bei kontinuierlicher Drehung des Werkstücks werden Durchstrahlungsbilder aufgenommen und auf Basis der abgeschwächten Röntgenstrahlung Volumendaten des Werkstücks generiert. Insbesondere für die Identifizierung von innenliegenden Poren und komplexen Geometrien ist die Computertomografie in der additiven Prozesskette eingesetzt, wobei Messunsicherheiten bis zu 0,5 µm aufgelöst werden können [KEFE18, S. 269]. Je nach CT-Konfiguration ist eine mechanische Schnittstelle zu Handhabungssystemen gegeben. [KEFE18, S. 266-269], [SENC20, S. 316], [CARL23]

2.4.3.9 Beladestationen

Loading stations

Beladestationen fungieren vornehmlich als Bestückungseinheiten des Automatisierungssystems für Werkstücke und -trägersysteme. Ausgehend von der Beladestation erfolgt die Bestückung der Fertigungsmittel oder der Magazine bzw. Regalsysteme mittels des Handhabungssystems. Die Handhabungsobjekte werden von einem Mitarbeiter in der Beladestation positioniert, sodass eine Schnittstelle zwischen autonomer und manueller Tätigkeit vorliegt. Bearbeitungswerkzeuge werden typischerweise über die entsprechenden Wechselsysteme oder Magazine in ein verkettetes Automatisierungssystem eingebracht. [NEUG12, S. 279], [BOOS17b, S. 37], [PRÜM20, S. 43]

Im Kontext der Automatisierung der additiven Prozesskette werden universelle Beladestationen typischerweise in der Weiterbearbeitung verwendet, wie bspw. bei PEREIRA zu sehen ist [PERE21, S. 5 f.]. Sogenannte Entpackstationen, als dedizierte Peripheriesysteme für Fertigungsmittel mit Pulverbett sind für die Handhabung von Bauplattformen konzeptioniert und für Pulverkontamination und Größe ausgelegt [ADDI24]. Je nach Ausführung ist auch eine Schnittstelle zum Pulverkreislauf mit entsprechender Peripherie gegeben [TRUM20, S. 2].

2.5 Herausforderungen für die Automatisierung der additiven Prozesskette

Challenges for the automation of the additive process chain

Die Ausführungen zur additiven Fertigung im Allgemeinen (vgl. Kapitel 2.3.1) sowie zu Pulverbettverfahren wie LPBF im Speziellen (vgl. Kapitel 2.3.2) zeigen die Einsatzmöglichkeiten mit den verbundenen Vor- und Nachteilen gegenüber konventionellen Fertigungsverfahren auf. Insbesondere durch den schichtweisen Aufbau wird eine kostengünstige Fertigung komplexer sowie individueller Werkstückgeometrien ermöglicht. Hierdurch werden neue Geschäftsmodelle und kürzere Produktlebenszyklen ermöglicht. Die hohe Flexibilität der additiven Fertigungsverfahren, im Speziellen von LPBF, ist jedoch für die gesamtheitliche Prozesskette, vertikal wie horizontal, erforderlich (vgl. Kapitel 2.3.3). Im Kontext der erforderlichen Weiterbearbeitung gilt es, die fertigungstechnologischen Vorteile konventioneller Fertigungsverfahren (vgl. Kapitel 2.3.4) bestmöglich für die charakteristischen Eigenschaften additiv gefertigter Werkstücke einzusetzen [KLOC15, S. 166]. Der Forderung nach Flexibilität in der gesamten Fertigungsprozesskette steht die Zielgröße der Produktivität für eine wirtschaftliche Fertigung entgegen [KLOC15, S. 127]. Geeignete Werkzeuge zur Lösung dieses Zielkonflikts bietet die Automatisierungstechnik (vgl. Kapitel 2.4). Die Automatisierung der additiven Prozesskette ist ein signifikanter Faktor zur Steigerung der Produktivität sowie zur Senkung der Fertigungskosten. Hierbei besteht die Herausforderung den anforderungsgerechten Automatisierungsgrad zu ermitteln und entsprechend mit Fertigungsmitteln sowie Peripheriesystemen zu implementieren [HEIN20, S. 6], [BASS22, S. 16].

Der aktuelle Stand der Industrie zeigt, dass die Automatisierungspotenziale im Bereich der additiven Prozesskette bei Weitem nicht voll ausgeschöpft werden. So sind Einzellösungen, wie bspw. spezifische Werkstückträgersysteme für LPBF verfügbar, jedoch mangelt es an ganzheitlichen Automatisierungslösungen für die holistische additive Prozesskette. Besonders im Bereich der Weiterbearbeitung erfordern viele Fertigungsprozesse manuelle Interaktion [ZEYN17, S. 7]. Des Weiteren sind vorhandene Vorgehensweisen zur Quantifizierung des Automatisierungsgrads unzureichend, da technologiespezifische Eigenschaften nicht berücksichtigt werden und somit lediglich generische Aussagen zum Automatisierungsgrad möglich sind [VDMA21].

Ein ganzheitlicher Ansatz zur Entwicklung von Automatisierungskonzepten für die additive Prozesskette würde die systematische Identifikation von Automatisierungspotentialen ermöglichen. Zudem kann mit anforderungsgerechten Systemlösungen unter Berücksichtigung fertigungstechnologischer, ökonomischer sowie unternehmensindividueller Restriktionen dem Zielkonflikt zwischen Produktivität und Flexibilität begegnet werden. Dies würde einen bedeutsamen Schritt für die Industrialisierung der additiven Fertigung mit Pulverbettverfahren darstellen.

3 Analyse und Bewertung bestehender Ansätze

Analysis and evaluation of existing approaches

Der Forschungsmethodik von ULRICH folgend werden in diesem Kapitel bereits existierende Ansätze aus der Wissenschaft entsprechend des zuvor abgeleiteten Handlungsbedarfs aus der Praxis (vgl. Kapitel 2.5) vorgestellt und bewertet [ULRI84, S. 193]. Ziel des Kapitels ist die Prüfung, inwiefern bereits vorhandene Lösungsansätze dem Forschungsziel dieser Arbeit entsprechen oder inwiefern eine Adaption möglich ist. Hierzu wird zunächst im ersten Unterkapitel ein einheitliches Bewertungssystem definiert. Das Bewertungssystem besteht aus den Anforderungen an eine Methodik zur Automatisierung der additiven Prozesskette mit LPBF sowie einem Stufenmodell zur Erfüllung der jeweiligen Anforderungen. Anschließend werden bestehende Ansätze kurz vorgestellt und auf Grundlage der definierten Anforderungen bewertet. Das Kapitel schließt mit einer Evaluierung des wissenschaftlichen Handlungsbedarfs und der Konkretisierung der Forschungshypothese mittels Forschungsfragen.

3.1 Methodologie der Analyse und Bewertung

Methodology for analysis and evaluation

Die Methodologie der Analyse und Bewertung setzt sich aus der Erläuterung des Bewertungssystems und der Definition der Anforderungen zusammen. Somit werden inhaltliche Untersuchungskriterien determiniert, die die Grundlage für einen objektiven Vergleich der bestehenden wissenschaftlichen Ansätze bilden.

3.1.1 Bewertungssystem für wissenschaftliche Ansätze

Evaluation system for scientific approaches

Es haben sich verschiedene Möglichkeiten zur Bewertung wissenschaftlicher Ansätze etabliert, wobei in der Regel eine diskrete Skala zugrunde gelegt wird [HEES15, S. 66]. Nach LIKERT wird durch die ex ante-Definition von fünf eintreffenden Zuständen eine robuste und zugleich differenzierte Bewertung ermöglicht [LIKE32], [DAWE08, S. 75]. Zur besseren Visualisierung der Bewertungsergebnisse wird eine Visualisierung mittels sog. Harvey Balls (vgl. Abbildung 3-1) verwendet [KETT10, S. 129]. Hinsichtlich der Ausprägungen wird zwischen *nicht vorhanden, sehr gering, gering, hoch und sehr hoch* differenziert, sodass keine neutrale Ausprägung vorhanden ist [HEES15, S. 66].

Abbildung 3-1: Harvey Balls und zu zugehörigen Ausprägungen
Harvey Balls and associated characteristics

3.1.2 Anforderungen an die Methodik

Requirements of the methodology

Zur Bewertung existierender Ansätze ist eine Definition von Anforderungen erforderlich, um die Lösungseignung und Adaption hinsichtlich des abgeleiteten Handlungsbedarfs aus der Praxis (vgl. Kapitel 2.5) zu bewerten und den wissenschaftlichen Handlungsbedarf systematisch herzuleiten. Anhand der formulierten Forschungshypothese sowie der Erfahrung des Autors können drei kontextspezifische Anforderungsgruppen und eine allgemein wissenschaftliche Anforderungsgruppe (vgl. Abbildung 3-2) hergeleitet und definiert werden.

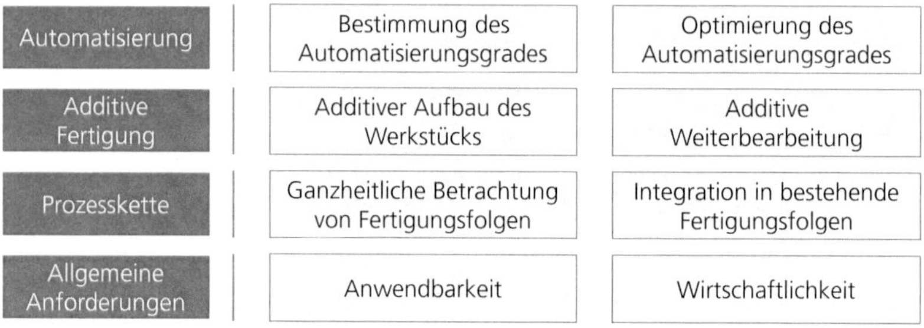

Abbildung 3-2: Anforderungen an Ansätze zur Automatisierung der additiven Prozesskette
Requirements for the automation of the additive process chain

3.1.2.1 Bestimmung des Automatisierungsgrads

Determination of the level of automation

Im Rahmen der Entwicklung einer Methodik zur Automatisierung der additiven Prozesskette ist die Bestimmung des Automatisierungsgrads essenziell, um alternative Konzepte objektiv anhand einer Skala vergleichen zu können. Um die fertigungstechnologischen Restriktionen der additiven Fertigung ganzheitlich zu berücksichtigen, ist es zudem erforderlich, dass die additive Prozesskette ganzheitlich betrachtet wird. Zudem sollten spezifische fertigungstechnologische Rahmenbedingung einzelner Fertigungsverfahren berücksichtigt werden. Schließlich ist zu berücksichtigen, dass Automatisierung auf unterschiedlichen Domänen Anwendung findet und die Konzepte einer bestimmten Domäne nicht notwendigerweise auf andere Konzepte übertragbar sind. Ein solches Bewertungssystem entspricht der Forderung nach quantifizierbaren Ergebnissen bei der Zielbildung. Die Ausprägungen der Anforderungen ergeben sich somit wie folgt:

- ○ *Nicht vorhanden:* Der Ansatz bietet keine Möglichkeit zur Bestimmung des Automatisierungsgrades.
- ◔ *Sehr gering:* Die Bestimmung des Automatisierungsgrades erfolgt lediglich durch Unterscheidung von manuellen und automatisiert ablaufenden Prozessschritten als gegenläufige Ausprägungen.

- ◑ *Gering:* Der Ansatz beinhaltet ein Vorgehen zur Bestimmung des Automatisierungsgrades für eine nicht relevante Domäne im Kontext der additiven Prozesskette.
- ◕ *Hoch:* Der Ansatz beinhaltet ein allgemeingültiges Vorgehen zur Bemessung des Automatisierungsgrads, das sich auf die Anwendung für die additive Prozesskette adaptieren lässt.
- ● *Sehr hoch:* Der Ansatz beschreibt ein Vorgehen zur Bestimmung des Automatisierungsgrades für die additive Prozesskette.

3.1.2.2 Optimierung des Automatisierungsgrades

Optimization of the level of automation

Die Optimierung des Automatisierungsgrades beschreibt eine Anpassung des Automatisierungskonzepts hinsichtlich ausgewählter technologischer und betriebswirtschaftlicher Größen. Vor allem Stückkosten und die Durchlaufzeit sind grundlegende Optimierungsgrößen, welche untereinander sowie durch das Automatisierungskonzept beeinflusst werden. Zusätzlich sind auch qualitative Größen wie die Flexibilität bedeutsam, die jedoch im Zuge der Zielbildung und -verfolgung schwieriger zu bemessen sind. Der Ansatz sollte die Automatisierung nicht als zu optimierende Größe auffassen, da diese nur ein Mittel zur Erreichung technologischer und betriebswirtschaftlicher Ziele ist. Der optimale Automatisierungsgrad muss demnach nicht zwangsweise maximiert werden, sondern sollte anforderungsgerecht hinsichtlich der Zielgrößen ausgelegt werden. Die entsprechenden Ausprägungen werden im Folgenden beschrieben:

- ○ *Nicht vorhanden:* Der Ansatz beinhaltet kein Vorgehen zur Optimierung der Automatisierung.
- ◔ *Sehr gering:* Der Ansatz zeigt Möglichkeiten auf, wie der Automatisierungsgrad maximiert werden kann. Andere Zielgrößen werden nicht betrachtet.
- ◑ *Gering:* Der Ansatz ermöglicht eine Optimierung des Automatisierungsgrades hinsichtlich einer Zielgröße.
- ◕ *Hoch:* In dem Ansatz wird ein Vorgehen zur Optimierung des Automatisierungsgrades unter Berücksichtigung von mindestens zwei interdependenten Zielgrößen betrachtet.
- ● *Sehr hoch*: Der Ansatz beinhaltet ein Vorgehen zur Automatisierung unter Berücksichtigung von mindestens zwei interdependenten Zielgrößen. Zusätzlich werden fertigungstechnologische Eigenschaften der Fertigungsverfahren berücksichtigt.

3.1.2.3 Additiver Aufbau des Werkstücks

Additive build-up of the workpiece

Die Berücksichtigung von additiven Fertigungsprozessen ist eine weitere Anforderung an bestehende Ansätze, da sich der additive Aufbau von Werkstücken signifikant von der subtraktiven Bearbeitung differenziert (vgl. Kapitel 2.3.2). Hinsichtlich der Zielsetzung dieser Arbeit (vgl. Kapitel 1.2) liegt ein Fokus auf das LPBF-Verfahren vor. Eine Betrachtung alternativer additiver Fertigungsverfahren ist jedoch aufgrund fertigungstechnologischer Gemeinsamkeiten additiver Fertigungsverfahren wie der Verwendung eines pulverbasierten Fertigungsprinzips von Relevanz. Des Weiteren sollte der Ansatz unmittelbare Prozessschritte wie die Vorbereitung und das Rüsten des Fertigungsmittels im Kontext der additiven Fertigung berücksichtigen. Im Folgenden sind die jeweiligen Ausprägungen beschrieben:

- ○ *Nicht vorhanden:* Ein additiver Aufbau mit LBPF oder einem anderen additiven Fertigungsverfahren ist im Ansatz nicht berücksichtigt.
- ◔ *Sehr gering:* Der Ansatz bezieht sich auf ein anderes additives Fertigungsverfahren als LPBF.
- ◑ *Gering:* Ein pulverbettbasiertes, additives Fertigungsverfahren wird im Ansatz betrachtet.
- ◕ *Hoch:* Es werden zusätzlich zum additiven Fertigungsverfahren LPBF fertigungstechnologische Prozessschritte zur Vorbereitung und Rüsten des Fertigungsmittels berücksichtigt.
- ● *Sehr hoch*: Zusätzlich zur Betrachtung des additiven Fertigungsverfahren LPBF wird das Vorbereiten und Rüsten des Fertigungsmittels inklusive der Pulverhandhabung sowie der Substratplatte berücksichtigt.

3.1.2.4 Additive Weiterbearbeitung

Additive further processing

In Kapitel 2.3.4 wurde die additive Prozesskette beschrieben und die Notwendigkeit einer Weiterbearbeitung von additiven Werkstücken aufgezeigt. Daher sollten die betrachteten Ansätze entsprechende Fertigungsverfahren der additiven Prozesskette berücksichtigen. Des Weiteren ist zu berücksichtigen, dass die bestehenden Ansätze die jeweiligen Fertigungsverfahren behandeln, jedoch die fertigungstechnologischen Eigenschaften im Kontext der additiven Fertigung sowie von LPBF gefertigten Werkstücke (vgl. Kapitel 2.3.2) nicht explizit thematisieren. Die Ausprägungen für den Erfüllungsgrad der Anforderung ergeben sich somit wie folgt:

- ○ *Nicht vorhanden:* Der Ansatz berücksichtigt keine Fertigungsverfahren, die zur Weiterbearbeitung von additiv gefertigten Werkstücken eingesetzt werden.
- ◔ *Sehr gering:* Relevante Fertigungsverfahren der Weiterbearbeitung werden betrachtet, jedoch ohne direkten Kontext zur additiven Fertigung.
- ◑ *Gering:* In dem Ansatz werden einige der relevanten Fertigungsverfahren der Weiterbearbeitung mit Bezug zur additiven Fertigung berücksichtigt.
- ◕ *Hoch:* Der Ansatz beinhaltet einige Fertigungsverfahren der Weiterbearbeitung im Kontext der additiven Fertigung, jedoch ohne Berücksichtigung LPBF-spezifischer Eigenschaften.
- ● *Sehr hoch*: Die vollständige additive Prozesskette mit Fokus auf mit LPBF gefertigten Werkstücken wird betrachtet.

3.1.2.5 Ganzheitliche Betrachtung von Fertigungsfolgen

Comprehensive consideration of manufacturing sequences

Fertigungsfolgen sind per definitionem zusammenhängende Abfolgen von wertschöpfenden und nicht-wertschöpfenden Prozessen unter Einsatz von Betriebsmitteln (vgl. Kapitel 2.2). Demnach sollen die betrachteten Ansätze sowohl wertschöpfende als auch nicht-wertschöpfende Prozesse berücksichtigen. Entsprechend dem Forschungsziel der Arbeit ist der Anspruch additive Prozessketten ganzheitlich zu betrachten, sodass zudem die Verkettung im Kontext der additiven Prozesskette zusätzlich thematisiert werden sollte. Die jeweiligen Ausprägungen sind wie folgt:

- ○ *Nicht vorhanden:* Der Ansatz sieht keine Berücksichtigung von Fertigungsfolgen vor.
- ◔ *Sehr gering:* Es werden keine Fertigungsfolgen, sondern lediglich andere Folgen wie Montage- oder Logistikfolgen berücksichtigt.
- ◑ *Gering:* Der Ansatz betrachtet ausschließlich wertschöpfende Prozesse der relevanten Fertigungsfolge.
- ◕ *Hoch:* Neben wertschöpfenden Prozessen der Fertigungsfolge werden auch einzelne nicht-wertschöpfende Prozesse einbezogen.
- ● *Sehr hoch:* Der Ansatz betrachtet sowohl Fertigungsprozesse als auch nicht-wertschöpfende Zwischenschritte als zusammenhängende Fertigungsfolge.

3.1.2.6 Integration in bestehende Fertigungsfolgen

Integration into existing manufacturing sequences

Zur Gewährleistung eines möglichst großen Anwendungsspektrums soll der zu untersuchende Ansatz in bestehende Fertigungsfolgen integrierbar und nicht auf bestimmte Fertigungsfolgen oder spezifische Anwendungsfälle beschränkt sein. Zudem soll der Ansatz die Restriktionen einer bestehenden Fertigungsfolge bspw. in Form von vorhandenen Kapazitäten oder existierenden Betriebsmitteln berücksichtigen. Die Ausprägungen ergeben sich somit wie folgt:

- ○ *Nicht vorhanden:* Der Ansatz ermöglicht keine Integration in eine bestehende Fertigungsfolge.
- ◔ *Sehr gering:* Der Ansatz beschränkt sich auf die Generierung von Fertigungsfolgen. Eine Integration in bestehende Fertigungsfolgen wird nicht berücksichtigt.
- ◑ *Gering:* Der Ansatz beschränkt sich auf die Integration in bestimmte Fertigungsfolgen und ist nicht allgemeingültig.
- ◕ *Hoch:* Der Ansatz ermöglicht die Integration in bestehende Fertigungsfolgen unter teilweiser Beachtung von Restriktionen.
- ● *Sehr hoch:* Der Ansatz ermöglicht die Integration in bestehende Fertigungsfolgen unter vollständiger Beachtung von Restriktionen.

3.1.2.7 Anwendbarkeit

Applicability

Damit sich der notwendige Praxiszusammenhang – nach ULRICH beginnt und endet der Forschungsprozess in der Praxis – in den Anforderungen widerspiegelt, müssen die bestehenden Ansätze im Hinblick auf die praktische Anwendbarkeit analysiert werden [ULRI84, S. 31]. Dies ist gegeben, wenn die benötigten Daten mit geringem Aufwand erhoben werden können und eine einfache und unmissverständliche Nutzung des Ansatzes gewährleistet ist. Zudem sollten die Ergebnisse verlässlich und einfach zu interpretieren sein. Die Ausprägungen sind wie folgt:

- ○ *Nicht vorhanden:* Der Ansatz ist missverständlich und die benötigten Daten lassen sich in der Praxis nicht erheben. Praxisrelevante Ergebnisse lassen sich somit nicht erzielen.
- ◔ *Sehr gering:* Die Datenerhebung ist mit hohem Aufwand bei einem komplexen Ansatz verbunden. Die Ergebnisse sind in der Praxis nicht verlässlich.
- ◑ *Gering:* Benötigte Informationen sind mit vertretbarem Aufwand zugänglich, jedoch ist die Anwendung aufgrund hoher Komplexität stark eingeschränkt. Eine einfache Interpretation der Ergebnisse ist nicht ohne Weiteres gegeben.
- ◕ *Hoch:* Die benötigten Daten lassen sich leicht erheben und der Ansatz ist zugleich so verständlich, dass eine gute Anwendung bei verlässlichen Ergebnissen gegeben ist.
- ● *Sehr hoch:* Die benötigten Daten lassen sich in der Praxis leicht erheben und die Durchführung des Ansatzes ist leicht verständlich. Die Ergebnisse sind verlässlich und stellen einen erheblichen Nutzen dar.

3.1.2.8 Wirtschaftlichkeit

Economic efficiency

Neben der Anwendbarkeit ist auch die Wirtschaftlichkeit für eine Analyse der bestehenden Ansätze von Bedeutung [HEES15, S. 72]. Insbesondere das Verhältnis von Nutzen zu Aufwand sollte möglichst hoch sein. Zudem sollten die Ergebnisse zu monetären Vorteilen bspw. in Form einer Kostenreduktion führen. Die Ausprägungen ergeben sich wie folgt:

- ○ *Nicht vorhanden:* Der Ansatz erfordert einen hohen zeitlichen Aufwand, dem kein ersichtlicher monetärer Vorteil gegenübersteht.
- ◔ *Sehr gering:* Der Ansatz erfordert einen hohen zeitlichen Aufwand. Es ist in Teilen ein monetärer Nutzen für den Anwender erkennbar.
- ◑ *Gering*: Der Ansatz erfordert einen hohen zeitlichen Aufwand und führt zu einem erkennbaren monetären Vorteil für den Anwender.
- ◕ *Hoch:* Der Ansatz erfordert einen mäßigen zeitlichen Aufwand und führt zu einem deutlichen monetären Nutzen für den Anwender.
- ● *Sehr hoch:* Der Ansatz erfordert einen geringen zeitlichen Aufwand, dem ein hoher monetärer Nutzen für den Anwender gegenübersteht.

3.2 Vorstellung existierender Ansätze für additive Prozessketten

Presentation of existing approaches

Im folgenden Unterkapitel werden bestehende Ansätze aus der Wissenschaft vorgestellt, welche die Automatisierung der additiven Prozesskette mit Pulverbettverfahren als Betrachtungsgegenstand aufweisen. Zur Gewährleistung eines umfassenden Überblicks über den aktuellen Forschungsstand wurde der Fokus der Recherche auf Ansätze erweitert, die Teilaspekte der Zielfragestellung der vorliegenden Arbeit betrachten. Demnach weisen die betrachteten existierenden Ansätze eine direkte Relation zur additiven Fertigung sowie zur Automatisierungstechnik auf. Eine Betrachtung von wissenschaftlichen Ansätzen zu Prozessketten im Allgemeinen ist dem Anhang (vgl. Anhang B) zu entnehmen. Anhand der ex ante-Definition der Anforderungen ist eine Übertragbarkeit auf die Zielsetzung dieser Arbeit gewährleistet.

3.2.1 Vorstellung von Ansätzen über additive Prozessketten

Presentation of approaches from Additive Manufacturing process chains

WOLLBRINK *(2022): „Methodik zur Integration pulverbettbasierter additiver Fertigungstechnologien in Fertigungsprozessketten", Aachen, Deutschland*

In seiner Dissertation verfolgt WOLLBRINK das Ziel, Unternehmen anhand einer Methodik zur Integration additiver Fertigungstechnologien zu befähigen. Der Betrachtungsbereich umfasst die additive Prozesskette mit besonderer Berücksichtigung der Weiterbearbeitung. Zudem werden vorhandene Fertigungsmittel und vorhandenes -wissen als Eingangsgrößen berücksichtigt. Die entwickelte Methodik gliedert sich in drei Phase: Analyse-, Gestaltungs- und Umsetzungsphase. Ausgehend von einer Initiierung, die zur Erzeugung eines einheitlichen Verständnisses der Methodik fungiert, wird in der Analysephase maßgeblich die existierende Fertigungsumgebung betrachtet. Es gilt die Fertigungsmittel, die Bauteile und die Fertigungsprozesskette hinsichtlich Leistungsfähigkeit und Fertigungsstrategie zu evaluieren. In der Gestaltungsphase werden zunächst einzelne Prozesskettenelemente generiert, indem die Eigenschaften der Fertigungstechnologien, -mittel und Bauteile abgeglichen werden und Schnittstellen zwischen einzelnen Elementen definiert werden. Anschließend werden diese zu Technologieketten kombiniert und hinsichtlich der Abfolge variiert. Der letzte Schritt der Gestaltungsphase ist eine Prozesskettensimulation mit dem Ziel, die generierten Fertigungsfolgen iterativ hinsichtlich der Anforderungserfüllung zu bewerten und adaptieren. In der letzten Phase, der Umsetzungsphase, werden Kennzahlen zur Bewertung der generierten Prozessketten berechnet, sodass eine finale Auswahl ermöglicht wird. Bei der von WOLLBRINK entwickelten Methodik sind alle Phasen kennzahlen- und softwaregestützt. Die Validierung erfolgt anhand von drei Anwendungsbeispielen bei Industrieunternehmen verschiedener Branchen und Größe. Der vorgestellte Ansatz fokussiert ausschließlich die Auswahl von Prozessketten. Handlungsbedarfe für Betriebsmittel werden nicht abgeleitet. [WOLL22]

FERCHOW *(2021): „Additive Manufacturing towards Industrial Series Production: Post-Processing Strategies and Design", Zürich, Schweiz*

Die Dissertation von FERCHOW umfasst vier einzelne Studien mit dem Ziel, die additive Prozesskette zu automatisieren und industrialisieren. Die erste Studie fokussiert die geometriespezifische Anpassung der Prozessparameter beim additiven Aufbau mittels LPBF. Hierfür entwickelt FERCHOW ein Modell für relevante Prozessparameter und validiert dieses mit experimentellen Untersuchungen. Die Anwendung wird anhand eines komplexen Bauteiles demonstriert. Die zweite Studie thematisiert die Integration von zusätzlichen geometrischen Spannelementen während des Bauprozesses, um die Handhabung im Kontext der additiven Prozesskette zu vereinfachen. Auf Grundlage von Finite-Elemente-Simulationen sowie experimenteller Untersuchungen mittels Fräsbearbeitung leitet FERCHOW Konstruktionsempfehlungen für die Spannelemente ab und zeigt die Anwendung in der Praxis an verschiedenen Fallbeispielen. Ein modulares technologieübergreifendes Spannsystem, welches aus auf einer Grundplatte montierten Metallprofilen besteht, ist Betrachtungsgegenstand der dritten Studie. Nach ausführlicher Beschreibung des Spannsystems sowie der Integrationsmöglichkeiten in Fertigungsmittel für die additive Fertigung und des Fräsens werden auf Basis von experimentellen Untersuchungen die Eigenschaften des modularen Spannsystems mit denen von kommerziell verfügbaren Spannsystemen verglichen. Die letzte Studie thematisiert ein rheologisches Modell sowie die Anwendung eines CFD-Simulationsmodell[1] zur Vorhersage von Oberflächenrauheiten und des Materialabtrags beim Druckfließläppen von internen Geometriemerkmalen. Mittels einer Testgeometrie sowie eines Fallbeispiels werden die modellbasierten Vorhersagen für die Oberflächenrauheiten und des Materialabtrags validiert. Es werden in der Dissertation von FERCHOW verschiedene Lösungsansätze zur Automatisierung vorgestellt. Ein ganzheitliches anforderungsgerechtes Automatisierungskonzept wird nicht thematisiert. *[FERC21]*

KOPF *(2018): „Kostenorientierte Planung von Fertigungsfolgen additiver Technologien", Karlsruhe, Deutschland*

In seinem Ansatz fokussiert KOPF die kostenorientierte Planung von Fertigungsfolgen bestehend aus LPBF und verschiedenen Weiterbearbeitungsprozessen. Die fünfschrittige Methodik erfasst im ersten Schritt die bauteil- und produktionsspezifischen Anforderungen hinsichtlich technologischer und organisatorischer Dimensionen. Hiermit ermöglicht KOPF den Abgleich zwischen den Anforderungen und der Betriebsmittelfähigkeit. Der zweite Schritt stellt den Fokus von KOPFS Ansatz in Form eines Kosten- und Zeitmodells dar, um einen Vergleich von Fertigungsfolgen mit unterschiedlichen Betriebsmitteln zu ermöglichen. Die jeweiligen Modelle bestehen aus verschiedenen Teilmodellen, um technologische- und prozessschrittsspezifische Spezifika zu berücksichtigen. Im dritten Schritt wird eine Referenzprozesskette definiert, um alternative Fertigungsfolgen zu generieren und Betriebsmittel zuzuordnen. Es folgt eine Prognose der technologischen Leistungssteigerung, um unter Berücksichtigung von Unsicherheiten Zielkosten als Grundlage für eine

[1] CFD steht für *Computational Fluid Dynamcis* und bedeutet *numerische Strömungsmechanik*. CFD-Simulationen werden für Strömungssimulationen eingesetzt.

Investitionsentscheidung zu bestimmen. Abschließend werden die Planungsalternativen unter Zuhilfenahme stochastischer Berechnungen und einer Sensitivitätsanalyse bewertet. [KOPF18]

MÖHRLE *(2018): „Gestaltung von Fabrikstrukturen für die additive Fertigung", Hamburg, Deutschland*

Die Dissertation von MÖHRLE thematisiert drei wesentliche Elemente, die zur Gestaltung von Fabrikstrukturen für eine additive Prozesskette mit LPBF notwendig sind. Grundlage bildet ein ereignisorientiertes Modell zur Bewertung von bestehenden Fabrikstrukturen im Kontext der additiven Prozesskette. Hierfür werden die Aufbau- und Ablauforganisation für die additive Prozesskette detailliert mit Berechnungsgrundlagen aus der Zeit- und Investitionsrechnung beschrieben. Das zweite Element beinhaltet eine siebenstufige Methode zur Gestaltung von Fabrikstrukturen mit dem Ziel, produktionswirtschaftliche Größen zu optimieren. Hierfür wird zunächst auf Basis eines Produktionsprogramms eine vereinfachte Technologiekettenplanung durchgeführt, sodass eine Referenztechnologiekette mit fester Abfolge der Prozessschritte definiert wird. Anschließend werden mittels einer Variation des Kapazitätsbedarfs, des Wertschöpfungsmodus sowie der Wertschöpfungstiefe verschiedene Strukturvarianten gebildet, die hinsichtlich der Kosten und Durchlaufzeit bewertet werden und somit die Variantenauswahl ermöglichen. Im dritten Element werden schließlich Produktivitätspotenziale der additiven Prozesskette modellbasiert analysiert, indem mittels einer Sensitivitätsanalyse Auswirkungen auf die Fabrikstrukturkosten ermittelt werden. Auch wenn die Automatisierung als Maßnahme zur Kostenreduktion genannt ist, wird kein ganzheitliches Konzept betrachtet. [MÖHR18]

DIETZ *(2017): „Prozessentwicklung und ökonomische Bewertung der automatisierten Nachbearbeitung von additiv gefertigten Dentalunikaten", Darmstadt, Deutschland*

Die automatisierte Fertigung von Dentalunikaten mittels LPBF sowie entsprechender Weiterbearbeitung ist Betrachtungsgegenstand der Dissertation von DIETZ. Im Fokus steht die Identifizierung des optimalen geometriespezifischen Aufmaßes beim additiven Aufbau zur Erzielung bestmöglicher Oberflächeneigenschaften. Durch ein Werkstückaufmaß sollen Fertigungstoleranzen des LPBF und des Fräsens kompensiert werden. Des Weiteren soll hiermit auch die Toleranz des Nullpunkts bei der Übergabe zwischen den Verfahren ausgeglichen werden. Die Referenzprozesskette besteht hierbei aus den drei Prozessschritten additiver Aufbau mittels LPBF, Wärmebehandlung und Fräsbearbeitung. Zur Ermittlung des benötigten Aufmaßes führt DIETZ eine Versuchsreihe mit Referenzgeometrie durch, sodass für jede Art von Dentalunikat und deren Formmerkmale das benötigte Aufmaß ermittelt werden kann. Die ökonomische Bewertung der Weiterbearbeitung erfolgt hauptsächlich anhand der Fertigungszeit und des Werkzeugverschleiß. Zwar betrachtet DIETZ die Automatisierung der additiven Prozesskette, jedoch ist diese spezifisch auf die Fertigung von Dentalunikaten ausgelegt, sodass eine universelle Anwendung nicht gegeben ist. [DIET17]

WEGENER *(2016): „Ressourceneffiziente Gestaltung von Prozessketten mit additiven Fertigungsverfahren", Aachen, Deutschland*

Die Dissertation von WEGENER behandelt ein Modell zur Beschreibung des Ressourcenbedarfs und -einsatzes für Prozessketten mit additiven Fertigungsverfahren. Bei seiner Betrachtung fokussiert sich WEGENER auf eine vereinfachte additive Prozesskette bestehend aus einem laserauftragsschweißbasierten Werkstückaufbau, einer Wärmebehandlung sowie einer Weiterbearbeitung am Beispiel des Fräsens. Mittels einer Systemanalyse der Fertigungsverfahren werden Ein- und Ausgangsgrößen hinsichtlich der Energie- und Stoffströme der Systemelemente detailliert beschrieben und ressourcenbezogene Kennzahlen abgeleitet. Dies bildet die Grundalge für die mathematische Beschreibung der Teilsysteme bezüglich der Wirkmechanismen und Ressourcenbedarfe in Form von Prozessmodellen. Zudem werden verfahrensspezifische Zeiten- und Ereignismodelle entwickelt und in einer Synthese mit den entsprechenden Prozessmodellen zusammengeführt. Validiert werden die entwickelten Modelle mit experimentellen Untersuchungen zum bauteilbezogenen Stoffstrom sowie zu den jeweiligen Energie- und Stoffströmen. WEGENER betrachtet eine additive Prozesskette des Auftragsschweißens hinsichtlich der Energie- und Stoffströme, Implikationen auf die Automatisierung, insbesondere für LPBF, werden jedoch nicht vorgenommen. [WEGE16]

3.2.2 Vorstellung von Ansätzen aus der Automatisierungstechnik

Presentation of approaches from automation technology

PRÜMMER *(2020): „Kennzahlenbasiertes Bewertungssystem der Leistungsfähigkeit verketteter Fertigungssysteme in der mechanischen Fertigung des Werkzeugbaus", Aachen, Deutschland*

Das Kennzahlensystem von PRÜMMER kann zur Bewertung der Leistungsfähigkeit einzelner Technologien sowie verketteter Fertigungssysteme genutzt werden. Hinsichtlich der betrachteten Technologien liegt ein Fokus auf den relevanten Technologien des Werkzeugbaus, wodurch eine Anwendung im Kontext der additiven Fertigung nicht unmittelbar gegeben ist. Mittels einer sechsstufigen Methodik definiert PRÜMMER relevante Bewertungselemente in den Dimensionen Produktivität, Qualität und Flexibilität, die entsprechend eines Top-down-Ansatzes zunächst weiter detailliert und gewichtet werden. Im zweiten Teil der Methodik werden mathematische Zusammenhänge zu den Kennzahlen hergeleitet und gemäß eines Bottom-up-Ansatzes in ein Kennzahlensystem überführt. Auf Basis der Bewertung verketteter Fertigungssysteme können schließlich Handlungsempfehlungen abgeleitet werden. Die Validierung erfolgt durch die Anwendung des Kennzahlensystems bei zwei produzierenden Unternehmen. [PRÜM20]

SEIFERMANN *(2017): „Methode zur angepassten Erhöhung des Automatisierungsgrades hybrider schlanker Fertigungszellen", Darmstadt, Deutschland*

In seiner Dissertation erarbeitet SEIFERMANN einen Ansatz für die Erhöhung des Automatisierungsgrads sogenannter hybrider, schlanker Fertigungszellen, die einer Gruppe zusammenhängender Arbeitsstationen und Fertigungsmittel mit gerichtetem Materialfluss und manueller Taktung entsprechen. Ziel des Ansatzes ist die optimale Aufgabenverteilung zwischen Werker und Automatisierungselementen innerhalb der hybriden, schlanken Fertigungszelle. Grundlage der Methodik von SEIFERMANN ist die Erfassung und Quantifizierung manueller Tätigkeiten mittels eines Systems vorbestimmter Zeiten, um den Automatisierungsbedarf hinsichtlich zeitlicher, qualitativer, monetärer sowie ergonomischer Aspekte zu definieren. Anschließend werden die zeitlichen und monetären Gestaltungsspieleräume, sogenannte Automatisierungsspielräume, identifiziert und schließlich potenzielle Automatisierungsalternativen betrachtet und bewertet. Mit der Auswahl der entsprechenden Alternativen ist die Methodik abgeschlossen. Die Arbeit thematisiert ausschließlich hybride Fertigungszellen und ist nicht direkt auf die additive Prozesskette adaptierbar. [SEIF17]

SALMI *(2016): „Early Phase Assembly Systems Design – Automation Alternatives Description and Optimization", Grenoble, Frankreich*

Die Dissertation von SALMI thematisiert die Planung von Montagefolgen unter Einbeziehung alternativer Automatisierungskonzepte. Grundlage der Methodik bildet eine Notation zur anforderungsgerechten Darstellung von Fertigungsfolgen in der Montage sowie ein Stufenmodell mit vier Ausprägungen zur Bemessung des Automatisierungsgrads. Im zweiten Abschnitt der Methodik werden Durchlaufzeiten vorgegebener Montagefolgen bei variierenden Automatisierungsgrad mittels eines Systems vorbestimmter Zeiten ermittelt. Hierfür wurden Bewegungsabläufe in der Montage unter Berücksichtigung des Automatisierungsgrads und Betriebsmittel beschrieben. Abschließend werden die Kompatibilitäten zwischen Prozessschritt und Betriebsmittel geprüft. Der dritte Abschnitt thematisiert ein Kostenmodell auf Grundlage unterschiedlicher Automatisierungsstufen und abschließend wird mittels der Lösung eines heuristischen Optimierungsproblems die optimale Automatisierungsalternative bestimmt. Aufgrund der Montage als Betrachtungsbereich ist eine Anwendung im Kontext der additiven Fertigung nicht gegeben. [SALM16]

WINDMARK ET AL. *(2012): „A Cost Model for Determining an Optimal Automaton Level in Discrete Batch Manufacturing", Lund, Schweden*

Der Konferenzbeitrag von WINDMARK ET AL. thematisiert ein Kostenmodell zur Wahl des optimalen Automatisierungsgrads auf Basis der Kostenverursachung alternativer Fertigungsfolgen. Zunächst werden für eine bestehende oder geplante Fertigungsfolge Alternativen mit variierendem Automatisierungsgrad generiert. Für die Fertigungsfolge werden Parameter wie bspw. Taktzeit, Rüstzeit und Ausfallzeit bestimmt und Kosten anhand des Kostenmodells berechnet. Ein Vergleich mit dem sogenannten Automatisierungsfaktor, der Quotient aus Investitionskosten zur Summe der Investitions- und Lohnkosten, zeigt auf, ob ein Parameter als Funktion des Automatisierungsfaktors in das Kostenmodell substituiert werden sollte. Somit kann durch Variation des Automatisierungsfaktors und weiterer Faktoren die kostenoptimale Variante identifiziert werden. WINDMARK ET AL. berücksichtigen keine Vorgaben hinsichtlich einer regelbasierten Variation der Fertigungsfolgen. Zudem werden keine betriebsmittelbezogenen Handlungsbedarfe abgeleitet. [WIND12]

FROHM *(2008): „Levels of automation in production systems", Göteborg, Schweden*

Die Dissertation von FROHM beschreibt einen Ansatz zur stufenweisen Bestimmung des Automatisierungsgrads für Produktionssysteme. Die generische Definition der sieben Stufen differenziert zwischen physischen und kognitiven Tätigkeiten. In beiden Skalen ist die unterste Stufe die vollkommen manuelle Ausführung und die höchste Stufe die vollkommen automatische Ausführung. Eine fertigungstechnologische Spezifizierung der Stufen liegt nicht vor. Die Skalen sollen eine Anwendung des Ansatzes auf verschiedenen Produktionssystemen gewährleisten. Zur Anwendung des Modells wird die Klassifikation der Automatisierungsstufen in eine achtstufige Methodik integriert. Zunächst werden Umfang und Ziel der Bewertung bestimmt und eine generische Vorbewertung durchgeführt. Anschließend wird die Fertigungsprozesskette betrachtet und visualisiert. Für eine detaillierte Betrachtung wird eine Hierarchical Task Analysis (HTA) durchgeführt, bei der für jeden Prozessschritt einzelne Teilprozessschritte definiert werden. Schließlich erfolgt der Bewertung der Automatisierung entsprechend des beschriebenen Stufenmodells, sodass abschließend prozessschrittspezifische Ziele für einen anforderungsgerechten Automatisierungsgrad bestimmt werden können. [FROH08]

ROSS *(2002): „Bestimmung des wirtschaftlichen Automatisierungsgrades von Montageprozesses in der frühen Phase der Montageplanung", München, Deutschland*

Der Ansatz von ROSS betrachtet die wirtschaftliche Automatisierung der Montage mittels einer technologischen Abschätzung des Realisierungsaufwands. Hierfür definiert ROSS zunächst verschiedene Kriterien mit Einfluss auf die Handhabung und das Fügen der einzelnen Komponente. Anschließend werden für jedes Kriterium vier Ausprägungen definiert und gewichtet, sodass eine Aufsummierung dem Realisierungsaufwand entspricht. Anhand eines erfahrungsbasierten Schwellenwerts wird entschieden, ob die Automatisierungsmaßnahme unmittelbar durchgeführt wird oder ob eine monetäre Bewertung inklusive der Berücksichtigung von Investitionskosten und der Durchführung einer Sensitivitätsanalyse durchgeführt wird. Auf Basis der monetären Bewertung wird das wirtschaftlichste Konzept ausgewählt. Aufgrund der Montage als Betrachtungsbereich ist eine Anwendung im Kontext der additiven Fertigung nicht gegeben. [ROSS02]

MONAHAN ET AL. *(1987): „Optimal Acquisition of Automated Flexible Manufacturing Processes", Illinois, USA*

Ziel des Ansatzes von MONAHAN ET AL. ist die Minimierung der Anschaffungs- und Betriebskosten mittels eines optimalen Automatisierungsgrads für flexible Fertigungsprozesse. Zur Ermittlung der optimalen Beschaffungsstrategie für Automatisierungslösungen werden bspw. Zinssatz, Entwicklungsstand der vorhandenen Technologien oder die Quote an verbleibenden manuellen Arbeiten berücksichtigt. Andere Bewertungsgrößen wie Volatilität der Nachfrage, konstruktive Produktänderungen werden explizit nicht berücksichtigt. Nach MONAHAN ET AL. ist somit die Grundlage für eine Investitionsentscheidungen und zur Festlegung des optimalen Investitionszeitpunkts sowie -umfangs gegeben. Da dieser Ansatz lediglich auf Automatisierungsperipherie restriktiert ist, ist ein vollumfängliche Betrachtung nicht gewährleistet. [MONA87]

3.3 Bewertung relevanter Forschungsansätze

Evaluation of relevant research approaches

Die vorgestellten wissenschaftlichen Ansätze werden im folgenden Unterkapitel anhand der in Kapitel 3.1.2 definierten Anforderungen an die Methodik bewertet. Dies dient der Übersicht, inwiefern bereits existierende Ansätze den Handlungsbedarf dieser Dissertation adressieren. Die resultierenden Erfüllungsgrade der Anforderungen an die Methodik sind in Abbildung 3-3 zusammenfassend dargestellt.

Bei der ganzheitlichen Betrachtung der Ansätze zeigt sich, dass kein spezifischer Ansatz für die Automatisierung der additiven Prozesskette existiert. Die Ansätze, die die Fertigungsfolgen der additiven Fertigung, insbesondere mit LPBF, thematisieren, adressieren die Automatisierung höchstens als zusätzliches Kriterium. So umfasst die Methodik von WOLLBRINK die ganzheitliche additive Prozesskette mit dem Ziel Fertigungsprozessketten mit der höchsten Leistungsfähigkeit zu genieren und selektieren. Die Bewertung und Optimierung des Automatisierungsgrads ist jedoch nicht Bestandteil des Vorgehens und wird vom Autor als weitere Entwicklungsmöglichkeit seiner Methodik benannt. FERCHOW adressiert mit seiner Dissertation zwar die Optimierung des Automatisierungsgrads der additiven Prozesskette mit LPBF, jedoch werden vier einzelne technologische Maßnahmen anhand von konkreten Fallbeispielen vorgestellt. Ein ganzheitliches Konzept sowie eine universelle Adaption auf variierende Produktionsumgebungen sind somit nicht gegeben. Auch bei MÖHRLE wird die Automatisierung als Produktivitätspotenzial für die Industrialisierung der additiven Fertigung genannt, jedoch wird auch in diesem Ansatz kein ganzheitliches Konzept zur Erhöhung des Automatisierungsgrads vorgestellt. KOPF bezeichnet die Automatisierung als eine von mehreren Maßnahmen zur Optimierung der Betriebsmittel in additiven Fertigungsfolgen. Ein spezifischer Ansatz zur Steigerung des Automatisierungsgrads zeigt er nicht auf, sondern benennt allgemeine Möglichkeiten zur Steigerung der Produktivität bzw. Senkung der Herstellkosten. Der Ansatz von DIETZ fokussiert die effizientere Herstellung von Dentalunikaten mittels LPBF. Eine allgemeine Anwendung ist hierdurch nicht gewährleistet. Gleiches gilt für den von WEGENER vorgestellten Ansatz, der eine Reduktion des Ressourceneinsatzes fokussiert.

Ansätze aus dem Bereich der Automatisierungstechnik berücksichtigen die Bestimmung und Optimierung des Automatisierungsgrads, jedoch lassen sich die analysierten Ansätze nicht direkt auf die additive Fertigungsfolge adaptieren. FROHM stellt in seiner Dissertation ein Stufenmodell zur Bestimmung des mechanisierten und kognitiven Automatisierungsgrads vor. Dieses ist jedoch allgemein gehalten und weist zudem keine direkten Handlungsempfehlungen zur Optimierung des Automatisierungsgrads auf. Der Ansatz von WINDMARK ist ein kostenorientierter Ansatz und berücksichtigt die Bewertung der Automatisierung anhand der Verteilung von Kosten für Betriebsmittel sowie Lohnkosten. Zudem werden alternative Automatisierungskonzepte anhand von resultierenden Kosten und Produktivität ausgewählt. Eine Generierung von Automatisierungskonzepten sowie die Berücksichtigung der Besonderheiten der additiven Fertigungsfolge (vgl. Kapitel 2.3.2) liegt nicht vor. SEIFERMANN fokussiert in seinem Ansatz die Optimierung von hybriden schlanken Fertigungszellen hinsichtlich der anforderungsgerechten Aufteilung von automatisierten und manuellen Prozessschritten unter Berücksichtigung von resultierenden Kosten und Produktivitätspotenzialen. Da hybride schlanke Fertigungszellen ausschließlicher Betrachtungsgegenstand sind, ist eine Adaption auf die additive Fertigungsfolge nicht ohne Weiteres möglich. Eine Anwendung im Kontext der additiven Fertigung ist auch für die Ansätze von ROSS und SALMI nicht direkt möglich. Beide Ansätze stammen aus dem Bereich der Montage, sodass keine technologiespezifische Betrachtung vorliegt. Beide Ansätze haben jedoch gemeinsam, dass eine Bestimmung und Optimierung des Automatisierungsgrads thematisiert wird. Die wissenschaftlichen Ansätze von MONAHAN ET AL. und PRÜMMER weisen als Betrachtungsgegenstand Technologien der additiven Fertigungsfolge auf und fokussieren die Bestimmung und insbesondere MONAHAN ET AL. auch die

Optimierung des Automatisierungsgrads, jedoch werden die Besonderheiten der additiven Fertigung nicht adressiert. PRÜMMER schließt eine Anwendung seines Ansatzes im Kontext der additiven Fertigung explizit aus und nennt „Raum für weitere Forschungsarbeiten" [PRÜM20, S. 131].

Zusammenfassend kann festgestellt werden, dass auf Basis der Literaturrecherche kein Vorgehen existiert, das alle Anforderungen an die Methodik vollumfänglich erfüllt. Zwar existieren Ansätze zur Optimierung des Automatisierungsgrads, jedoch ist die additive Fertigung kein ausschließlicher Betrachtungsgegenstand. Insbesondere die charakteristischen Besonderheiten der additiven Prozesskette werden nicht berücksichtigt, sodass eine Anwendung der Ansätze nicht möglich bzw. eine Adaption erforderlich ist. Selbiges gilt für Betrachtungen der Automatisierung aus der Perspektive von Ansätzen aus dem Bereich der additiven Fertigung. Die vorgestellten Ansätze adressieren spezifische Maßnahmen zur Automatisierung, wobei ein ganzheitliches Konzept zur Steigerung der Produktivität mittels Automatisierung nicht entwickelt wurde.

Legende
○ nicht vorhanden
◔ sehr gering
◑ gering
◕ hoch
● sehr hoch

	Automatisierung		Additive Fertigung		Fertigungsfolgen		Allgemein	
	Bestimmung Automatisierungsgrad	Optimierung Automatisierungsgrad	Additiver Aufbau des Werkstücks	Additive Weiterbearbeitung	Ganzheitliche Betrachtung von Fertigungsfolgen	Integration in bestehenden Fertigungsfolgen	Anwendbarkeit	Wirtschaftlichkeit
Additive Prozessketten								
WOLLBRINK (2022)	○	○	●	●	◕	●	◕	◑
FERCHOW (2021)	○	◑	◕	◕	◕	◑	◔	◔
KOPF (2018)	○	◔	●	◕	●	◕	◔	◕
MÖHRLE (2018)	○	○	●	●	◕	◔	◕	○
DIETZ (2017)	○	◔	◑	◕	◕	◑	◑	◑
WEGENER (2016)	○	○	◔	◑	◕	◑	◑	◕
Automatisierungstechnik								
PRÜMMER (2020)	○	◔	○	◕	◕	◔	●	◕
SEIFERMANN (2017)	◔	◕	○	◔	●	●	◔	◑
SALMI (2016)	◑	◕	○	○	◔	◔	◑	◑
WINDMARK ET. AL. (2012)	◕	◕	○	○	●	◑	◔	◕
FROHM (2008)	◕	○	○	○	●	◕	●	○
ROSS (2002)	◔	◑	○	○	◔	◔	◑	◕
MONAHAN ET. AL. (1987)	◔	●	○	◔	◑	◑	◕	◑

Abbildung 3-3: Zusammenfassende Bewertung bestehender Ansätze
Summarized evaluation of existing approaches

3.4 Handlungsbedarf aus der Theorie

Need for action from scientific perspective

Die Recherche und Analyse der existierenden wissenschaftlichen Ansätze haben gezeigt, dass allgemeine sowie spezifische Ansätze aus dem Bereich der additiven Fertigung existieren, die Schnittmengen zum Betrachtungsbereich dieser Arbeit aufweisen. Im Detail wurden 17 wissenschaftliche Ansätze mit Bezug zum Forschungsziel (vgl. Kapitel 1.2) betrachtet. In Relation zu den definierten Anforderungskriterien zeigt sich, dass für einzelne Kriterien bereits spezifische Lösungen existieren. Auf Basis der Analyse konnten jedoch folgende Defizite in der wissenschaftlichen Literatur identifiziert werden:

- Die Bestimmung des Automatisierungsgrads ist meist nicht detailliert genug und im Kontext der additiven Fertigung nicht adaptierbar.

- Die Wirtschaftlichkeit der existierenden Ansätze insbesondere in Bezug auf die Generierung von Kostenvorteilen durch deren Anwendung ist defizitär.

- Bestehende Ansätze aus dem Bereich der additiven Fertigung fokussieren die Generierung von Fertigungsfolgen aus organisatorischer bzw. fertigungstechnologischer Perspektive, ohne die Automatisierung als Bewertungs- oder Gestaltungselement zu berücksichtigen.

- Existierende Ansätze aus der Automatisierungstechnik thematisieren Optimierungen des Automatisierungsgrads, jedoch ist eine Anwendung im Kontext der additiven Fertigung nicht gegeben.

Es lässt sich somit konstatieren, dass kein wissenschaftlicher Ansatz zur Entwicklung von Automatisierungskonzepten für die additive Prozesskette mit Pulverbettverfahren unter Berücksichtigung von fertigungstechnologischen, ökonomischen und unternehmensindividuellen Restriktionen existiert. Es besteht jedoch Konsens darüber, dass Automatisierung im Bereich der additiven Fertigung ein zu hebendes Potenzial zur Steigerung der Produktivität und Reduktion der Fertigungskosten birgt. Der Handlungsbedarf aus der Theorie ist somit bestätigt.

3.5 Konkretisierung der Forschungsfragen

Specifying of the research questions

Aufbauend auf der Betrachtung der Grundlagen des Gestaltungs- und Betrachtungsbereichs wurde in Kapitel 2.5 aufgezeigt, dass eine Automatisierung der additiven Fertigungsfolge zu signifikanten Produktivitätssteigerungen sowie Kostenreduktionen führen kann. Zugleich wurde in Kapitel 3.4 dargelegt, dass in der wissenschaftlichen Literatur kein ganzheitlicher Ansatz zur anforderungsgerechten Automatisierung der additiven Prozesskette mit LPBF existiert und somit kein bestehender Ansatz der wissenschaftlichen Problemstellung dieser Arbeit entspricht. Somit ergibt sich aufbauend auf der Zielsetzung (vgl. Kapitel 1.2) folgende Forschungshypothese:

Mithilfe einer Methodik ist die Entwicklung und Bewertung von Automatisierungskonzepten entlang der additiven Prozesskette anhand fertigungstechnischer und betriebswirtschaftlicher Zielgrößen möglich.

Entsprechend der dieser Arbeit zugrunde gelegten Forschungsmethodologie kann ein Erkenntnisgewinn durch die Formulierung und Beantwortung von Fragen erzielt werden [KUBI77, S. 17 ff.]. Auf Basis der dargelegten Grundlagen (vgl. Kapitel 2 und 3) und bezugnehmend auf die formulierte Forschungshypothese können somit vier Forschungsfragen abgeleitet werden:

Bei der Entwicklung und Bewertung von Automatisierungsalternativen ist eine Quantifizierung des Automatisierungsgrads erforderlich. Hiermit kann der Status quo der additiven Fertigungsfolge beurteilt und verschiedene Automatisierungskonzepte können entsprechend der verwendeten Elemente verglichen werden. Somit muss zunächst folgende Frage beantwortet werden:

Wie lassen sich additive Prozessketten und deren Prozessschritte hinsichtlich der Automatisierung bewerten?

Für die Entwicklung von alternativen Automatisierungskonzepten muss ein regelbasiertes Vorgehen entwickelt werden, um einzelne Elemente der Automatisierungstechnik systematisch zu Konzepten zusammenzuführen. Dies sollte in Anbetracht der unternehmensindividuellen additiven Fertigungsfolge erfolgen, sodass sich folgende Forschungsfrage ableitet:

Wie lassen sich auf Basis der individuell vorhandenen Prozesskette und existierender Peripherie Automatisierungskonzepte entwickeln?

Im Kontext der additiven Fertigungsfolge ergeben sich spezifische fertigungstechnologische Restriktionen, resultierend aus den eingesetzten Fertigungstechnologien und den Anforderungen des Produktportfolios. Des Weiteren müssen betriebswirtschaftliche Größen wie die Herstellkosten und die Durchlaufzeit quantifiziert werden, um eine fundierte Grundlage für eine Investitionsentscheidung vorliegen zu haben. Folglich ergibt sich die dritte Forschungsfrage wie folgt:

Wie können unterschiedliche Automatisierungskonzepte mit fertigungstechnologischen und betriebswirtschaftlichen Zielgrößen beschrieben werden?

Wenn die fertigungstechnologischen und betriebswirtschaftlichen Zielgrößen quantifiziert sind, ist eine entsprechende Auswahl der generierten Automatisierungskonzepte erforderlich. Die letzte Forschungsfrage lautet somit:

Wie kann auf Basis der Forschungsfragen eine Auswahl des anforderungsgerechten Automatisierungskonzepts erfolgen?

Die vorgestellten Forschungsfragen werden in den folgenden Kapiteln adressiert und detailliert beantwortet. Eine Validierung erfolgt in Kapitel 6 dieser Arbeit

4 Konzeption der Methodik zur Automatisierung der additiven Prozesskette

Conception of the evaluation system for automation the additive process chain

Die Analyse und Bewertung der existierenden wissenschaftlichen Ansätze zeigt, dass noch kein ganzheitlicher Ansatz zur Automatisierung der additiven Prozesskette mit Pulverbettverfahren existiert. Das resultierende Forschungsdefizit soll durch die Beantwortung der Forschungsfragen (vgl. Kapitel 3.5) adressiert werden. Entsprechend der zugrundeliegenden Forschungshypothese wird in diesem Kapitel das Konzept einer Methodik zur Automatisierung der additiven Prozesskette vorgestellt. Gemäß der Definition ist eine Methodik ein festgeschriebene Verfahrens- oder Vorgehensweise [DUDE24a]. Laufenberg konkretisiert den Begriff der Methodik zu einer Vorgehensweise, welche sich aus Methoden und Modellen aufbaut und durch geeignete Hilfsmittel unterstützt wird (vgl. Abbildung 4-1) [LAUF95, S. 6 f.]. In dieser Arbeit werden demnach verschiedene Modelle entwickelt, die zur Entwicklung und Bewertung von Automatisierungskonzepten für die additive Prozesskette anwendbar sind.

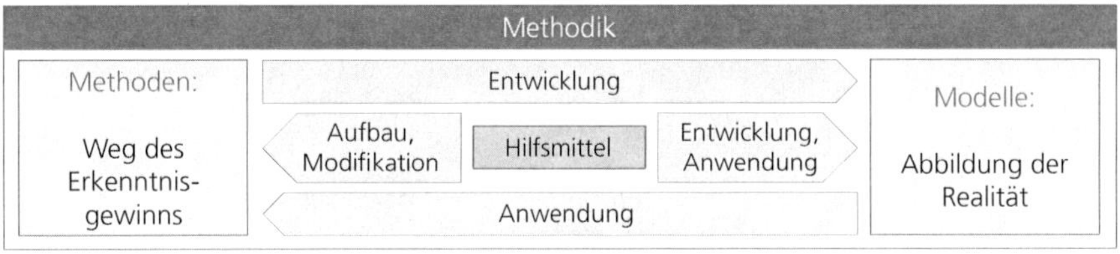

Abbildung 4-1: Methodikverständnis nach Heyn [HEYN99, S. 6]
Methodological understanding according to Heyn

Damit ein einheitliches Verständnis für die Methodik hinsichtlich des Betrachtungs- und Gestaltungsbereichs vorliegt, werden zunächst die angewendete Systemtechnik und Modelle dargelegt. Anschließend erfolgt die Definition des Ordnungsrahmens, der der erarbeiteten Methodik zugrunde liegt. Schließlich wird die Grobmethodik vorgestellt und reflektiert, inwiefern die definierten Anforderungen erfüllt werden.

4.1 Angewendete Systemtechnik und Modelle

Applied system engineering and models

Nach Patzak fungieren Systemwissenschaften als übergeordneter Begriff für ein zweckrationales Handeln im Umfeld komplexer Sachverhalte [PATZ82, S. 8]. Ein System wird hierbei wie folgt definiert:

Definition: Ein **System** ist die Abstraktion eines Prozesses oder Gebildes, das mehrere Elemente zueinander in Beziehung setzt. [GIRO97, S. 6]

Als Systemdenken wird die Strukturierung komplexer Sachverhalte benannt. Ein System besteht aus einzelnen Elementen, die in jeweiligen Beziehungen zueinander interagieren. Anhand der Systemgrenze erfolgt die Abgrenzung zum Systemumfeld, wobei Interaktionen mit dem Umsystem in Form der sogenannten Umfeldelemente möglich sind. Im Kontext der Automatisierung von additiven Prozessketten stellt ein System die Fertigung innerhalb eines Unternehmens dar. Folglich sind Umfeldelemente Kunden, mit denen das Unternehmen über den Kauf und Verkauf von Produkten in einer unmittelbaren Beziehung steht. Weiterhin sind als Umsysteme Lieferanten zu betrachten, die bspw. wertschöpfende Tätigkeiten zur Fertigstellung des Produkts übernehmen. Innerhalb des Systems bzw. der Fertigung liegen analog zum Umfeld Elemente und Sub-Systeme vor. Elemente stellen somit bspw. ein Fertigungsmittel dar, welches eine wertschöpfende Tätigkeit übernimmt, wohingegen ein Sub-System bspw. ein Arbeitssystem in Form eines flexiblen Fertigungssystems sein kann. Die Elemente und Sub-Systeme verfügen ebenfalls über Beziehungen wie den Werkstückfluss untereinander (vgl. Abbildung 4-2). [WINZ16, S. 3], [VAJN18, S. 142 ff.]

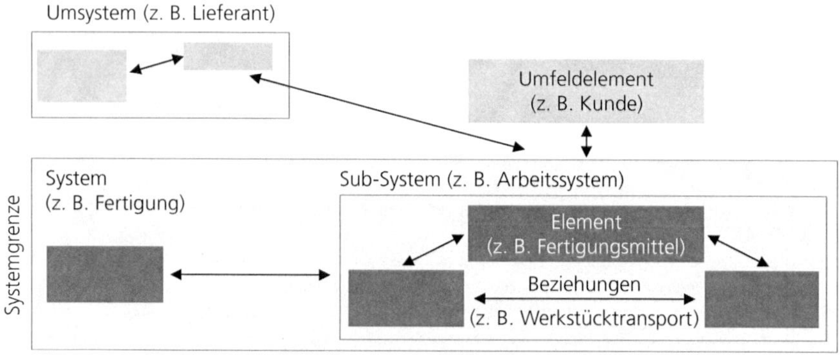

Abbildung 4-2: Vorliegendes Systemumfeld nach HABERFELLNER [HABE12, S. 34]
Existing system environment according to HABERFELLNER

Bei der in dieser Arbeit entwickelten Methodik werden verschiedene Modellarten verwendet. Grundsätzlich gilt, dass die Abstraktion einer realen komplexen Problemstellung als Modell bezeichnet wird [PATZ82, S. 306], [WINZ16, S. 3]. Nach STACHOWIAK können Modelle anhand folgender drei Merkmale charakterisiert werden [STAC13, S. 131-133]:

- Abbildungsmerkmal: Das Modell ist eine Abbildung bzw. Repräsentation eines Originals, die künstlerischer oder natürlicher Natur sein können.
- Verkürzungsmerkmal: Das Modell inkludiert nicht alle Attribute bzw. Eigenschaften, sondern lediglich die, die im Kontext der Problemlösung als relevant erscheinen.
- Pragmatisches Merkmal: Modelle sind nicht per se dem Original zuzuordnen, sondern hinsichtlich des Anwenders, des betrachteten Zeitintervalls und in Relation auf bestimmte Operationen zu betrachten.

Im Rahmen der in dieser Dissertation entwickelten Methodik zur Entwicklung und Bewertung von Automatisierungskonzepten entlang der additiven Prozesskette werden verschiedene Modelle verwendet, die im Folgenden entsprechend benannt werden (vgl. Kapitel 4.3). Für eine Abgrenzung der zur Vielzahl an Modellarten in der wissenschaftlichen Literatur sei an dieser Stelle auf den Anhang (vgl. Anhang C) verwiesen.

4.2 Ordnungsrahmen der Methodik

Regulation framework of the evaluation system

Ein Ordnungsrahmen definiert für einen bestimmten Bereich Regeln und Strukturen [DUDE24c]. In der wissenschaftlichen Forschung hat sich die Nutzung eines Ordnungsrahmens als nützlich erwiesen, um einzelne Elemente eines Systems in eine Rangfolge zu bringen. Der Ordnungsrahmen beschreibt die Zusammenhänge des Systems auf einem hoch-aggregierten Niveau [KUHL13, S. 72]. Entsprechend der dargelegten Grundlagen des Gestaltungs- und Betrachtungsbereichs (vgl. Kapitel 2) weist die Methodik einen übergeordneten fertigungstechnologischen Bezugsrahmen nach WESTERKÄMPER auf (vgl. Abbildung 4-3) [WEST16, S. 56 ff.]. Demnach besteht das System Produktion auf höchster Ebene aus einem globalen Produktionsnetzwerk, welches sich aus interagierenden soziotechnischen Systemen, den Fabriken, zusammensetzt. Die Fabriken weisen Fertigungs- und Montagesysteme auf, die aus einzelnen Maschinen- und Komponentenarbeitsplätzen bestehen. Die unterste Ebene bildet schließlich die Prozessebene. [WEST16, S. 56 ff.] Ziel der Methodik ist die anforderungsgerechte Automatisierung der additiven Prozesskette, sodass insbesondere die unteren Ebenen, die die Interaktion einzelner Fertigungsmittel mit den eingesetzten Fertigungsverfahren beschreiben, den spezifischen Ordnungsrahmen darstellen.

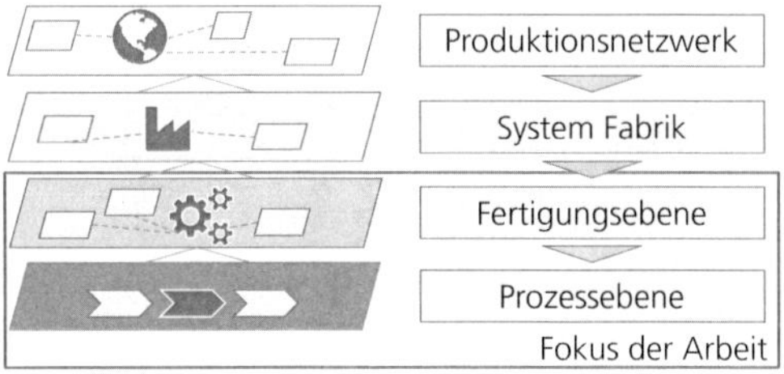

Abbildung 4-3: Fertigungstechnologischer Bezugsrahmen nach WESTERKÄMPER [WEST16, S. 56]
Manufacturing technology framework according to WESTERKÄMPER

Im Kontext der additiven Prozesskette kann ein breites Spektrum an Fertigungsverfahren eingesetzt werden (vgl. Kapitel 2.3.4). Da der Methodik ein technologiespezifischer Ansatz zugrunde liegt, ist es nicht möglich, die ganzheitliche Vielfalt an Fertigungsverfahren im Rahmen dieser Arbeit mit der notwendigen Detailtiefe abzudecken. Daher ist es notwendig, eine Eingrenzung der zu betrachtenden Technologien vorzunehmen. Die Auswahl im Kontext der additiven Prozesskette relevanten Technologien basiert auf zwei Umfragen des Fraunhofer-Instituts für Produktionstechnologie IPT im Rahmen von Konsortialprojekten mit elf bzw. 32 Unternehmen, in denen Pulverbettverfahren zum Einsatz kommen [HORS21b, S. 26], [WOLL22, S. 178 f.]. Des Weiteren wird die Technologieselektion durch die Erfahrung des Autors aus verschiedenen Industrie- und Forschungsprojekten im Kontext der additiven Fertigung unterstützt. Die berücksichtigten Technologien sind in Abbildung 4-4 dargestellt.

Abbildung 4-4: Übersicht betrachteter Technologien
Overview of considered technologies

Neben dem übergeordneten fertigungstechnologischen Ordnungsrahmen nach WESTERKÄMPER lässt sich ein spezifischer Ordnungsrahmen basierend auf den Betrachtungsebenen der Fertigungsplanung nach FALLBÖHMER und TROMMER definieren [FALL00], [TROM01]. Die Automatisierung einer Fertigungsprozesskette wird durch den Einsatz von unterschiedlich automatisierten Betriebsmitteln und den resultierenden Prozessausführungen determiniert. Dementsprechend können Fertigungsmittel der Ebene der Fertigungsprozessfolge und die einzusetzenden Peripheriesysteme der Ebene der Fertigungsfolge zugeordnet werden. Aufbauend auf dem Vorgehen zur Generierung alternativer Fertigungsfolgen nach TROMMER, welches auch in den wissenschaftlichen Ansätzen von STOLL und KOPF Anwendung findet, wird der spezifische Ordnungsrahmen dieser Methodik definiert [TROM01, S. 44 f.], [STOL17, S. 55-57], [KOPF18, S. 75 f.]. Es gibt vier Phasen, die jeweils einen Erkenntnisgewinn anstreben und den Input der nachfolgenden Phase bereitstellen. In der ersten Phase werden notwendige Informationen aggregiert und analysiert, sodass eine Informationsverarbeitung im Rahmen der folgenden Phasen gewährleistet ist.

In der zweiten Phase werden alternative Automatisierungskonzepte generiert, die sowohl wertschöpfende als auch nicht-wertschöpfende Prozesse berücksichtigen. Die dritte Phase dient der Detaillierung der generierten Automatisierungskonzepte, indem quantitative Merkmale bestimmt werden. Schließlich beschreibt die vierte Phase die Auswahl des entsprechenden anforderungsgerechten Automatisierungskonzepts. Entsprechend dem Inhalt werden die vier Phasen, die den spezifischen Ordnungsrahmen aufspannen, wie folgt benannt: Analysephase, Generierungsphase, Detaillierungsphase und Auswahlphase. Im folgenden Unterkapitel findet die konzeptionelle Ausgestaltung und Grobbeschreibung der Phasen statt.

4.3 Konzeption der Methodik zur Automatisierung der additiven Prozesskette

Methodology for the automation of the additive process chain

Auf Grundlage des Ordnungsrahmens wird im Folgenden eine Methodik zur Automatisierung der additiven Prozesskette vorgestellt. Zunächst werden die vier Phasen zur Analyse, Generierung, Detaillierung sowie Auswahl von Automatisierungslösungen beschrieben und der jeweilige Erkenntnisgewinn der Phase herausgearbeitet. Das Kapitel schließt mit einer aggregierten Darstellung der vier Phasen.

4.3.1 Analysephase

Analysis phase

Ziel der Analysephase ist ein Beschreibungsmodell zur Status-quo Bewertung des Automatisierungsgrads der Fertigungsressourcen, das für die weiteren Phasen als Informationsgrundlage fungiert (vgl. Abbildung 4-5). Die benötigten Informationen können in die drei Kategorien Produktportfolio, Technologieketten und Betriebsmittel unterschieden werden. Entsprechend der Ansätze von TROMMER, MÖHRLE und KOPF werden Informationen über das zu fertigende Bauteilportfolio gesammelt [TROM01, S. 50 f.], [MÖHR18, S. 117-120], [KOPF18, S. 47-49]. Im Detail werden geometrische, technologische sowie ökonomische Daten für die additiv gefertigten Bauteile benötigt. Zudem sind die zur Fertigung genutzten Technologieketten erforderlich. Hierdurch werden die genutzten Fertigungstechnologien und die zu betrachtenden Übergangszustände der Bauteile entlang der Fertigungsprozesskette determiniert [FALL00, S. 99-110], [TROM01, S. 51]. Schließlich werden Informationen zu den fertigungstechnologischen und ökonomischen Eigenschaften der verfügbaren Betriebsmittel benötigt [TROM01, S. 55].

Der erste Schritt der Analysephase dient der aggregierten Sammlung von Informationen über Bauteilportfolio, Technologieketten und Betriebsmittel in Form eines Entity-Relationship-Modell [STEI14, S. 15 ff.]. Mittels des Modells werden entsprechende Objekttypen generiert, sodass die spezifischen Eigenschaften von Bauteilen, Technologieketten und Betriebsmittel als Attribute dargestellt werden können. Als Informationsquellen können unternehmensinterne Betriebsmitteldatenbanken oder Herstellerinformationen genutzt werden [TROM01, S. 82]. Mittels Korrelationen zwischen den einzelnen Objekten wird ein semantisches Netz gebildet. Es werden Fertigungsmittel mit Technologien verknüpft und Peripheriesysteme werden mit Handhabungsfunktionen basierend auf der VDI-Richtlinie 2860 in Relation gesetzt [VDI90b].

Der zweite Schritt ist die Analyse des Erzeugnisspektrums, indem das Bauteilportfolio anhand von Kennzahlen klassifiziert wird. Auf dieser Grundlage ist schließlich die Ableitung von Referenz- bzw. Demonstratorbauteilen möglich. Es folgt eine Aufnahme einer Referenzprozesskette für die additiv gefertigten Bauteile, sodass Fertigungsmittel, Peripheriesysteme und die Handhabungsvorgänge gleichermaßen berücksichtigt werden.

Inkludiert ist hierbei eine Bewertung des Automatisierungsgrads anhand einer Weiterentwicklung des Stufenmodells von FROHM [FROH08]. Dieses basiert auf sieben parallelen Stufen, sodass hinsichtlich der Mechanisierung und kognitiven Unterstützung differenziert werden kann. Im Rahmen dieser Arbeit wurden die technologieübergreifenden Stufen für die Technologien der additiven Prozesskette und den spezifischen Anforderungen wie Pulverkontamination oder der Berücksichtigung mehrerer Übergangszustände der Werkstücke angepasst, um detailliertere Erkenntnisse bei der Analyse erzielen zu können.

Zielsetzung	**Beschreibungsmodell** zur Status quo Bewertung des Automatisierungsgrads
Input	**Vorgehen**
▪ Produktportfolio ▪ Technologieketten ▪ Verfügbare Betriebsmittel (Fertigungsmittel, Peripheriesysteme)	▪ Aggregation von Informationen als Entity-Relationship-Modell ▪ Prozessaufnahme ▪ Bewertung der Automatisierungsgrade
Methodische Hilfsmittel	Entity-Relationship-Modell, Automatisierungsstufen nach FROHM, Klassifikation nach VDI-Richtlinie 2860

Abbildung 4-5: Zusammenfassung der Analysephase
Summary of the analysis phase

4.3.2 Generierungsphase
Development phase

Die Generierungsphase dient der Konzeption einer anforderungsgerechten Automatisierungslösung. Aufbauend auf den Erkenntnissen der Analysephase wird in vier Schritten ein Automatisierungssystem für die additive Prozesskette spezifiziert (vgl. Abbildung 4-6). Hierfür wird zunächst eine anforderungsgerechte Automatisierungsstufe determiniert. Anschließend folgt mittels der Lösung eines mathematischen Optimierungsproblems die prozessschrittspezifische Vorgabe von Automatisierungsstufen, die im dritten Schritt mit entsprechenden Betriebsmitteln verknüpft werden. Abschließend wird ein stufenweises Vorgehen beschrieben, um eine Inbetriebnahme im industriellen Umfeld mit geringem Produktivitätsverlust zu gewährleisten.

Beim ersten Schritt wird eine unternehmensindividuelle Automatisierungsstufe entsprechend des Produktportfolios und der strategischen Ausrichtung des Unternehmens bestimmt. Mittels des Produktportfolios und der jeweiligen geplanten Stückzahl wird anhand von klassifizierten Produktionsszenarien ein Zielbereich für die unternehmensweite Automatisierungsstufe hergeleitet. Anschließend erfolgt anhand der strategischen Zielgrößen und unternehmensindividuellen Bewertung von unterstützenden Argumenten für und gegen die Mechanisierung sowie kognitive Unterstützung eine Determination der Automatisierungsstufe.

Zielsetzung	**Gestaltungsmodell** für Konzeption einer anforderungsgerechten Automatisierungslösung
Input	**Vorgehen**
▪ Produktportfolio ▪ Technologieketten ▪ Verfügbare Betriebsmittel (Fertigungsmittel, Peripheriesysteme)	▪ Definition der anforderungsgerechten Automatisierungsstufe ▪ Konzeption der Automatisierungslösung ▪ Heuristikbasierte Spezifizierung ▪ Stufenweiser Aufbau der Automatisierungslösung
Methodische Hilfsmittel	Produktionsszenarien, Paarweiser Vergleich, Mathematisches Optimierungsmodell, Heuristiken zur Prozessoptimierung, Stufenmodell zur Automatisierung nach TAKEDA

Abbildung 4-6: Zusammenfassung der Generierungsphase
Summary of the generation phase

Die Konzeption der anforderungsgerechten Automatisierungslösung gliedert sich in zwei Phasen. Auf Grundlage einer mathematischen Modellierung als Optimierungsproblem und der algorithmusbasierten Lösung liegt eine prozessschrittspezifische Vorgabe der jeweiligen Automatisierungsstufe für die Mechanisierung und kognitive Unterstützung vor. Mithilfe des in der Analysephase aufgestellten Datenmodells erfolgt anschließend eine Eignungsanalyse der Betriebsmittel, sodass die Gewährleistung der bauteilspezifischen Fertigungsanforderungen gewährleistet wird. Entsprechend der Ansätze von SCHELL und TROMMER werden die Fertigungsmittel anhand der Technologieketten und des Bauteilportfolios eingegrenzt [SCHE96], [TROM01]. Für die Prüfung der Fertigungsmittel werden Ausschlusskriterien definiert und eine Fähigkeitsuntersuchung durchgeführt. Hierdurch wird gewährleistet, dass die Fertigungsmittel Bauteile mit den geforderten Eigenschaften fertigen können [TROM01, S. 54-60]. Die Prüfung der Peripheriesysteme ist abhängig von der Art des Peripheriesystems. So müssen bei Spann- und Greifsystemen bspw. die Spann- bzw. Greifbarkeit der Bauteile durch die entsprechenden Systeme untersucht werden [SCHE96, S. 37-41]. Zudem sind die Technologieketten und die resultierenden Übergangszustände zu berücksichtigen.

Im dritten Schritt werden die abstrakten Vorgaben für die Automatisierungsstufen mithilfe des in der Analysephase aufgestellten Datenmodells spezifiziert. Für die Spezifizierung werden Heuristiken der Prozessoptimierung angewendet. Eine Differenzierung zwischen Fertigungsmittel und Peripheriesystem wird vorgenommen.

Abschließend werden für die konzeptionierte Automatisierungslösung aufeinander aufbauende Implementierungsstufen nach TAKEDA definiert [TAKE06]. Hierdurch wird gewährleistet, dass während der Implementierung der Produktionsausfall minimiert und dass entsprechend den finanziellen Rahmenbedingungen eine sukzessive Investition ermöglicht wird.

4.3.3 Detaillierungsphase

Detailing phase

In der dritten Phase werden die zuvor konzeptionierten Automatisierungskonzepte hinsichtlich fertigungstechnologischer und ökonomischer Eigenschaften in Form von u. a. Durchlaufzeiten, Mitarbeiterbindung einzelner Prozessschritte sowie Investitionskosten quantifiziert. Zunächst werden hierfür die Durchführungs- und Wartezeiten der einzelnen Vorgänge ermittelt. Die Summe dieser Zeiten ist die Durchlaufzeit, die die Zeitdauer der Fertigung eines Werkstücks beschreibt. Demnach liegt eine Abhängigkeit von den Betriebsmitteln und deren Automatisierungsgrad, vom Werkstück sowie von der Ablaufplanung und den resultierenden Wartezeiten vor. [ERLA10, S. 60 ff.] Für die Quantifizierung der Durchführungszeiten werden Soll-Zeitdaten bzw. wenn vorhanden Ist-Zeiten verwendet. Die Brach- bzw. Wartezeiten ergeben sich aus dem Ablauf der Vorgänge [REFA18, S. 170 f.].

Beim zweiten Schritt der Detaillierungsphase wird eine Adaption der Fertigungskapazitäten durchgeführt. Hierzu wird der Kapazitätsbedarf anhand der geplanten Produktionsmenge ermittelt und eine Mengenanpassung der Betriebsmittel und Mitarbeiter vorgenommen [ERLA10, S. 250 ff.]. In Abhängigkeit der Ergebnisse kann das jeweilige Automatisierungskonzept noch einmal angepasst werden. So können bspw. gleiche oder gleichartige Fertigungsmittel zu Fertigungszellen oder Fertigungssystemen zusammengeführt werden, um Peripheriesysteme gemeinsam zu nutzen. Der Aufbau und die Nutzung eines Ablaufsimulationsmodells stellen den dritten Schritt der Detaillierungsphase dar. Ziel ist, die für die Automatisierungskonzepte ermittelten Eigenschaften bzgl. Zeiten und Kapazitäten simulativ zu betrachteten. Das nach der Methode von ROBINSON aufgebaute Simulationsmodell kann anhand von Stückzahl-, Technologie- und Automationsvorgaben u. a. Durchlaufzeiten sowie Kapazitäten und Fertigungsmitteln und Peripheriesysteme ermitteln. Demnach dient die Simulation dem Erkenntnisgewinn hinsichtlich fertigungstechnologischer und ökonomischer Kennzahlen. [ROBI08, S. 291]

Zielsetzung	**Prognosemodell** zur Quantifizierung von fertigungstechnologischen und ökonomischen Eigenschaften von Automatisierungssystemen
Input	**Vorgehen**
▪ Automatisierungskonzepte ▪ Daten aus Datenmodell ▪ Daten für Investitions-rechnung (Abschreibungs-dauer, Personalkosten, etc.)	▪ Bestimmung von Durchlaufzeiten ▪ Ermittlung und Adaption der Produktionskapazitäten ▪ Ablaufsimulation der additiven Prozesskette ▪ Dynamische Investitionsrechnung
Methodische Hilfsmittel	Systeme vorbestimmter Zeit, Agentenbasierte Ablaufsimulation, Kapitalwertmethode

Abbildung 4-7: Zusammenfassung der Generierungsphase

Summary of the generation phase

Im vierten Schritt der Phase werden die Kosten der konzeptionierten Automatisierungskonzepte ermittelt. Im Rahmen dieser Dissertation wird die Kapitalwertmethode für die Investitionsrechnung verwendet. Dies erlaubt es, einen stufenweisen Aufbau des Automatisierungskonzepts mit verschiedenen Investitionszeitpunkten und verschiedene Ausbringungsmengen erlösseitig berücksichtigen zu können. Die erforderlichen Informationen wie Investitionskosten für Betriebsmittel, Abschreibungsdauern oder Personalstundensätze werden als bekannte Größen vorausgesetzt. [GÖTZ08, S. 71-92], [RASS11, S. 44-47]

4.3.4 Auswahlphase

Selection phase

In der letzten Phase erfolgt die Auswahl eines präferierten Automatisierungskonzepts. Als Grundlage fungieren die in den vorherigen Phasen konzeptionierten und detaillierten Automatisierungskonzepte. Auf Basis eines um Fuzzy-Sets erweiterten Analytic Hierarchy Process (FAHP) erfolgt die Auswahl in vier Schritten. Zunächst werden die Auswahlkriterien sowie das übergeordnete Ziel identifiziert und in eine hierarchische Struktur gegliedert. Nach PRÜMMER können die Kriterien den Kategorien Produktivität, Flexibilität und Qualität subsumiert werden [PRÜM20, S. 75 ff.]. Die Produktivität wird als das Verhältnis von Personal- und Ressourceneinsatz zum Nutzen definiert und umfasst Subkriterien wie Rüst- und Nebenzeiten, Hauptzeiten und mannlose Nutzung. Flexibilität bezieht sich auf die Anpassungsfähigkeit an neue Aufgaben und beschreibt Subkriterien wie herstellbare Produktgröße und Mitarbeiterkenntnisse. Die Qualität wird anhand der erzielbaren Eigenschaften der produzierten Bauteile, Präzision und Genauigkeit festgestellt. Im Kontext einer Investitionsentscheidung für Automatisierungskonzepte sollten zudem u .a. Kosten für Betriebsmittel und Personal berücksichtigt werden.

Es folgt eine paarweise Bewertung der jeweiligen Kriterien unter Berücksichtigung von Prioritäten zur Ermittlung von Gewichtungen der Kriterien. Entsprechend des FAHPs werden paarweise Vergleiche innerhalb der jeweiligen Hierarchieebene durchgeführt und in Paarvergleichsmatrizen dargestellt. Zur Berücksichtigung von Unsicherheiten bzw. unvollständigen Informationen sowie zur mathematischen Beschreibung linguistischer Ausdrücke werden triangulare Fuzzy-Sets verwendet. Diese beschreiben eine Zugehörigkeitsfunktion, die für Wert in dem kompakten Intervall von 0 bis 1 definiert ist.

Anschließend ist eine Konsistenzprüfung erforderlich, um zu gewährleisten, dass die durchgeführten Paarvergleiche widerspruchsfrei und logisch sind. In dieser Dissertation wird hierfür aufgrund des Aufwand-Nutzen-Verhältnisses die Methode des zentrischen Konsistenzindex genutzt. Abschließend können anhand der Eigenschaften der jeweiligen Automatisierungskonzepte Zielerfüllungsgrade bestimmt werden. Hierbei ist eine Berücksichtigung von Unsicherheiten durch die Fuzzyfizierung gewährleistet. Mittels der Multiplikation der Zielerfüllungswerte und jeweiligen Gewichtungen erfolgt die Auswahl der zu favorisierenden Automatisierungslösung.

Zielsetzung	**Entscheidungsmodell** für Auswahl von anforderungsgerechter Automatisierungslösung
Input	**Vorgehen**
▪ Detaillierte Automatisierungskonzepte ▪ Daten aus Datenmodell	▪ Definition Zielkriterien sowie Ableitung einer hierarchischen Kriterienstruktur ▪ Paarweiser Vergleich der Zielkriterien ▪ Konsistenzprüfung ▪ Auswahl der zu favorisierenden Automatisierungslösung
Methodische Hilfsmittel	Analytic Hierarchie Process (AHP), Triangulare Fuzzy-Sets, Paarweiser Vergleich

Abbildung 4-8: Zusammenfassung der Auswahlphase
Overview of selection phase

4.4 Zwischenfazit

Preliminary conclusion

Die vorgestellte Methodik zur Automatisierung der additiven Prozesskette basiert auf dem Verständnis von LAUFENBERG [LAUF95]. Demnach besteht die Methodik aus einzelnen Modellen und Methoden, die in gegenseitiger Interaktion stehen. Der Ordnungsrahmen der Methodik wurde anhand des Ansatzes von TROMMER definiert [TROM01]. Das Grobkonzept der Methodik sieht vier konsekutive Phasen vor, die wiederum in 16 Einzelschritte unterteilt werden können (vgl. Abbildung 4-9). Bei der Konzeption war das Ziel, die theoretischen (vgl. Kapitel 3.4) und praktischen Handlungsbedarfe (vgl. Kapitel 2.5) zu adressieren, sodass die Forschungshypothese (vgl. Kapitel 1.2) verifiziert wird.

Die vorgestellte Methodik zur Automatisierung der additiven Prozesskette mit Pulverbettverfahren erfüllt die in Kapitel 3.1.2 definierten Anforderungen. Durch das entwickelte technologiespezifische Stufenmodell ist eine Bestimmung des Automatisierungsgrads gewährleistet. Zu gleich ist in Kombination mit dem mathematischen Optimierungsmodell die Grundlage für die anforderungsgerechte Anpassung des Automatisierungsgrads gegeben. Der Bezug zur additiven Fertigung, insbesondere zu LPBF, ist zum einen durch die Betrachtung der typischen Wertschöpfungsschritte der additiven Prozesskette gewährleistet. Zum anderen werden fertigungstechnologische Besonderheiten der additiven Fertigung wie u. a. Pulverhandhabung und differenzierte Handhabungskreisläufe für Werkstück, Pulver und Substratplatte in der Methodik berücksichtigt. Durch die Klassifikation der Handhabungsfunktionen gemäß der VDI-Richtlinie 2860 und Berücksichtigung dieser bei den Automatisierungsstufen liegt eine ganzheitliche Betrachtung der Fertigungsfolge vor, die nicht ausschließlich auf direkt wertschöpfende Prozesse fokussiert ist. Eine Integration in bestehende Fertigungsfolgen wird durch eine heuristikbasierte Spezifizierung sowie die Berücksichtigung einer stufenweisen Inbetriebnahme der Automatisierungskonzepte ermöglicht. Die Anwendbarkeit ist gegeben, da die benötigten Informationen weitestgehend verfügbar oder einfach zu beschaffen sind und strukturiert in einem Datenmodell aggregiert werden. Dies führt u. a. auch zu einer Wirtschaftlichkeit der Methodik, die nochmals durch die Nutzung des entwickelten Simulationsmodells unterstützt wird.

Demnach sind alle Anforderungen, die an die Methodik gestellt werden, durch den beschriebenen Ansatz erfüllt. Folglich ergeben sich für die Forschungsfragen folgende Resultate:

Wie lassen sich additive Prozessketten und deren Prozessschritte hinsichtlich der Automatisierung bewerten?

In der Analysephase wird die ganzheitliche additive Prozesskette bei gleichzeitiger Berücksichtigung von wertschöpfenden und nicht-wertschöpfenden Prozessschritten betrachtet. Anhand des technologiespezifischen Stufenmodells erfolgt die Bewertung des Automatisierungsgrads.

Wie lassen sich auf Basis der individuell vorhandenen Prozesskette und existierender Peripherie Automatisierungskonzepte entwickeln?

Auf Grundlage der Modellierung eines mathematischen Optimierungsproblems und dessen algorithmusbasierter Lösung werden unternehmensindividuelle Automatisierungskonzepte in der Generierungsphase entwickelt. Mittels heuristikbasierter Spezifizierung und einer stufenweisen Inbetriebnahme wird die Berücksichtigung der existierenden Peripherie gewährleistet.

Wie können unterschiedliche Automatisierungskonzepte mit fertigungstechnologischen und betriebswirtschaftlichen Zielgrößen beschrieben werden?

In der Detaillierungsphase werden anhand der resultierenden Durchlaufzeit mittels Nutzung des entwickelten Simulationsmodells fertigungstechnologische Zielgrößen und Produktionskapazitäten bestimmt. Zudem wird mit der Kapitalwertmethode ein dynamisches Investitionsrechnungsverfahren verwendet, um betriebswirtschaftliche Zielgrößen zu beschreiben.

Wie kann auf Basis der Forschungsfragen eine Auswahl des anforderungsgerechten Automatisierungskonzepts erfolgen?

Die Auswahl eines Automatisierungskonzepts erfolgt strukturiert nach dem Prinzip des Analytic Hierarchy Process. Im Rahmen der konzeptionierten Methodik ist hierbei eine zusätzliche Fuzzifizierung vorgesehen, da so einerseits Unsicherheiten bei den zur Verfügung stehenden Daten sowie andererseits linguistische Differenzierungsmerkmale berücksichtigt werden können.

Die konzeptionierte Methodik stellt somit einen ganzheitlichen Ansatz zur Automatisierung der additiven Prozesskette dar und der zugrunde gelegten Forschungshypothese (vgl. Kapitel 1.2) wird entsprochen. Im Nachfolgenden wird die Methodik konkretisiert und in Kapitel 6 validiert.

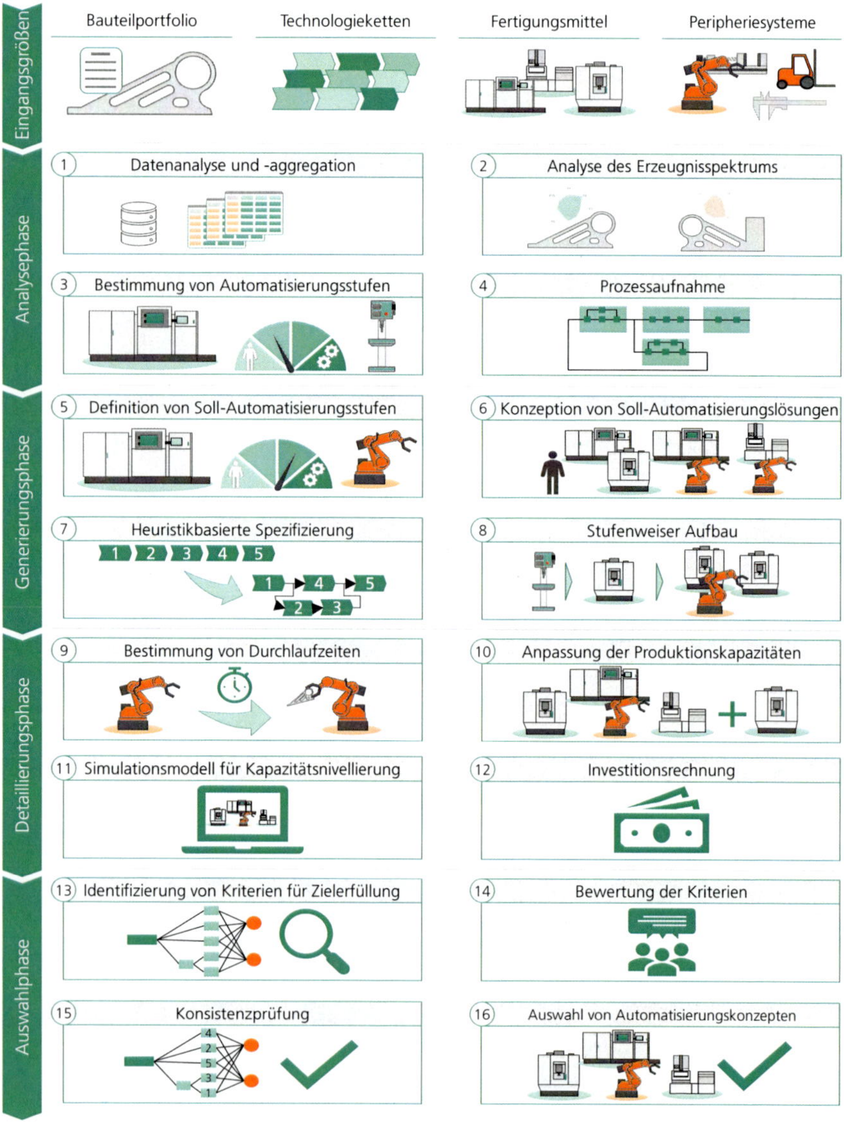

Abbildung 4-9: Methodik zur Automatisierung der additiven Prozesskette
Methodology for the automation of the additive process chain

5 Detaillierung der Methodik zur Automatisierung der additiven Prozesskette

Detailing of the methodology

Im vorigen Kapitel wurde eine Methodik zur Automatisierung der additiven Prozesskette mit Pulverbettverfahren konzeptioniert. Die vier Phasen wurden vorgestellt und die Einzelschritte kurz beschrieben. Nachfolgend wird der Inhalt der Einzelschritte detailliert und die verwendeten methodischen Hilfsmittel erläutert. Die Struktur des Kapitels orientiert sich an den Phasen der Methodik, sodass zunächst die Analyse- und Generierungsphase im Detail beschrieben werden. Anschließend erfolgt eine Beschreibung des Vorgehens zur Detaillierung von Automatisierungskonzepten sowie zur Auswahl des anforderungsgerechten Konzepts.

5.1 Analysephase

Analysis phase

Die Analysephase dient der Sammlung von Informationen, sodass eine Informationsgrundlage für die nachfolgenden Phasen geschaffen wird. Ziel ist ein Beschreibungsmodell zur Status quo-Bewertung des Automatisierungsgrads zu generieren. Die hierfür erforderlichen Einzelschritte in Form der Datenanalyse und -aggregation, der Evaluierung des Automatisierungsgrads sowie der Eignungsanalyse der Betriebsmittel werden im Folgenden detailliert beschrieben.

5.1.1 Datenanalyse und -aggregation

Data analysis and aggregation

Der erste Schritt der Analysephase dient der Sammlung und Strukturierung der im Verlauf der Methodik benötigten Informationen. Hierfür wird zunächst ein Datenmodell konzeptioniert und anhand der Daten spezifiziert. Die Daten umfassen die vier Bereiche: Bauteilportfolio, zugehörige Technologieketten, verfügbare Fertigungsmittel sowie verfügbare Peripheriesysteme.

5.1.1.1 Datenmodell

Data model

Ein Datenmodell dient der Strukturierung von Daten, sodass eine effiziente Verarbeitung der Informationen ermöglicht bzw. der Integrations- und Planungsaufwand der Methodik reduziert wird [GADA19, S. 4 f.]. In dieser Dissertation wird die Datenmodellierung mittels der Notation des Entity-Relationship-Modell (ER-Modell) realisiert, da diese aufgrund der Modellierungselemente in Form von Entitäten, Beziehungen und Attributen zur Abbildung von Unternehmensprozessen geeignet ist. Im ER-Modell repräsentieren *Entitätstypen* eigenständige Informationsobjekte. Erfolgt eine Konkretisierung eines Entitätstyps mittels eines *Attributs,* liegt eine *Entität* vor. Ein identifizierendes Attribut – bspw. eine Bauteilnummer – ermöglicht die eindeutige Relation zu einer Entität, wohingegen allgemeine Attribute Eigenschaften, bspw. Werkstoff, definieren. *Beziehungen* beschreiben Zusammenhänge einzelner Entitätstypen bzw. Entitäten, sodass sachlogische Zusammenhänge dargestellt werden können. Es wird zwischen dualen und rekursiven Beziehungen differenziert. Erstere stellen Verbindungen zwischen Entitätstypen dar, wohingegen Zusammenhänge zwischen zwei Entitäten eines Entitätstyp als rekursive Beziehung definiert sind. Werden Unternehmensprozesse modelliert, bildet sich somit ein semantisches Netz. [PERN09, S. 68 ff.], [STEI14, S. 15-17], [GADA19, S. 9 f.]

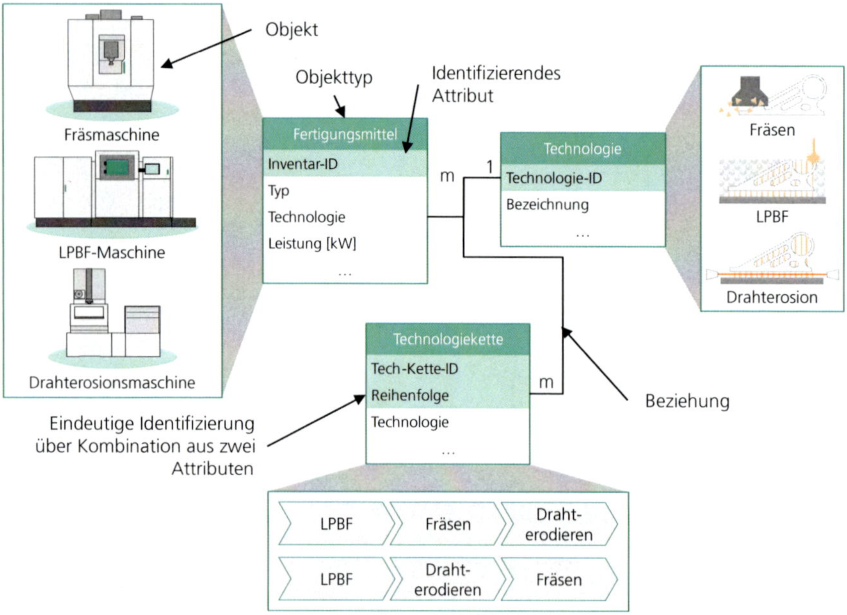

Abbildung 5-1: Beispiel eines Entity-Relationship-Modells in der Produktion
Example of an Entity Relationship Model in production

Auf Grundlage des ER-Modells lässt sich eine relationale Datenbank aufbauen, sodass Informationen strukturiert gespeichert, verwaltet und angepasst werden können. Dies erfolgt mit Abfragen in der sogenannten „Structured Query Language" (SQL). Im Rahmen dieser Dissertation wird sich aufgrund der fertigungstechnologischen Relevanz auf die Konzeption des Datenmodells fokussiert. Beispielhafte Abfragen mittels SQL werden im Anhang (vgl. D.1) anhand der abgeleiteten Tabellenform des ER-Modells aufgezeigt. Für eine weitere Vertiefung der Thematik, insbesondere zu Beziehungsarten, relationalen Datenbanken sowie SQL, sei auf folgende Literatur verwiesen: [MEIE07], [PERN09], [JARO10], [STEI14], [GADA19]

Im Folgenden werden die Entitätstypen des ER-Modells für die vier Informationsbereiche Bauteilportfolio, zugehörige Technologieketten, verfügbare Fertigungsmittel sowie verfügbare Peripheriesysteme detailliert. Zudem werden im Kontext der Automatisierung die Entitätstypen Arbeitssystem und Handhabungsfolge detailliert.

5.1.1.2 Bauteilportfolio

Product portfolio

Das betrachtete Bauteilportfolio umfasst alle Bauteile, die additiv gefertigt werden sollen – inklusive deren Eigenschaften. Die geometrische Beschreibung der Bauteile wird mittels einer Aggregation von geometriebestimmenden Eigenschaften (vgl. Kapitel 5.1.2) realisiert. Neben der geometrischen Formbeschreibung werden fertigungstechnologische Eigenschaften wie Angaben zur geforderten Oberflächenqualität, geometrischen Toleranzen sowie Werkstoffeigenschaften inkl. Randzone im ER-Modell berücksichtigt. Um im Verlauf der Methodik ökonomische Erkenntnisse zu erzielen, werden wirtschaftlich-organisatorische Informationen bzgl. der jährlich geplanten Produktionsmenge und der auftretenden Losgrößen ebenfalls berücksichtigt.

Im ER-Modell werden die Entitätstypen *Bauteil*, *generische Fläche*, *Bauteilfeature*, *Bauteilfläche* und *Werkstoff* definiert. Der Entitätstyp Bauteilfläche detailliert das jeweilige Bauteil um Eigenschaften der zusammengesetzten Flächen. Mittels entsprechender Beziehungen werden die Entitätstypen in Korrelation gesetzt. Im Anhang (vgl. D.2) ist das erstellte ER-Modell vorzufinden.

5.1.1.3 Technologieketten

Technology chains

Eine Technologiekette beschreibt die betriebsmittelunabhängige Abfolge von Technologien zur Herstellung eines Bauteils (vgl. Kapitel 2.2), wobei mit dem Einsatz jeder einzelnen Fertigungstechnologie ein Übergangszustand erzeugt wird. Ziel der Technologiekettenplanung ist die Realisierung bauteilbezogener Leistungsanforderungen durch die Nutzung von Technologien. Letztere werden hinsichtlich ihrer Leistungsfähigkeit attribuiert wie erreichbare Oberflächenrauheit und Toleranzen. Die Wahl von Technologien entspringt einer Abwägung von technologischen und ökonomischen Aspekten, sodass eine Technologie häufig nicht den Anforderungen entspricht und eine Verkettung vorgenommen wird [KOPF18, S. 51]. Insbesondere bei additiv gefertigten Bauteilen ist eine Verkettung von Technologien zur Realisierung der Bauteilanforderungen erforderlich (vgl. Kapitel 2.3.4). In dieser Arbeit wird die vorherige Generierung von Technologieketten vorausgesetzt. Für weitere Informationen diesbezüglich sei auf die Dissertation von WOLLBRINK verwiesen [WOLL22].

Die Technologien und -ketten werden im ER-Modell als Entitätstypen definiert. Ein kombinierter Entitätstyp *Technologieeinsatz* verknüpft die Technologie, die Technologiekette, den Wertschöpfungsschritt und das Bauteilfeature, auf dem die Technologie eingesetzt wird. Eine Abbildung der Übergangszustände bzw. Endzustände entlang der Technologiekette ist somit gewährleistet. Das detaillierte ER-Modell ist im Anhang (vgl. D.3) zu finden.

5.1.1.4 Fertigungsmittel

Manufacturing resources

Fertigungsmittel sind im Unternehmen verfügbar oder können am Markt beschafft werden. Die im Rahmen der Methodik benötigten Informationen können in unternehmensinternen Datenbanken oder beim Hersteller abgerufen werden bzw. basieren auf Erfahrungswissen oder Fachliteratur. Die Eigenschaften der Fertigungsmittel können anhand von Kategorien differenziert werden. Unspezifische Eigenschaften werden einem Fertigungsmittel direkt zugeschrieben und weisen oftmals einen identifizierenden Charakter auf wie die Typbezeichnung. Eine weitere Kategorie wird von ökonomischen Eigenschaften wie Anschaffungswert und Energiekosten gebildet. Des Weiteren sind fertigungstechnologische Eigenschaften zu berücksichtigen. Fertigungsmittel können sowohl eine als auch mehrere Technologien realisieren, sodass ein Fertigungsmittel Eigenschaften in Relation zur Technologie besitzt. Ein Beispiel hierfür ist ein Fräs-Dreh-Zentrum, in dem die Technologien Fräsen und Drehen realisiert werden und technologiespezifische Charakteristiken vorhanden sind [WECK05, S. 156 f.]. Zudem sind weitere fertigungstechnologische Einflussgrößen wie die erzielbare Qualität und Toleranz im Datenmodell berücksichtigt, da diese Eigenschaften insbesondere für den Endzustand der Werkstückbearbeitung relevant sind.

Zur Abbildung der Fertigungsmittel werden im ER-Modell verschiedene Entitätstypen definiert. Die unspezifischen Eigenschaften werden in dem Entitätstyp *Fertigungsmittel* abgebildet. Allgemeine fertigungstechnologische Eigenschaften werden dem Entitätstyp Technologieumsetzung zugeschrieben und erzielbare Bearbeitungsqualitäten und Produktivtäten dem Entitätstyp *Leistungsprofil*. Im Anhang (vgl. D.4) befindet sich eine Darstellung des ER-Modells für die Fertigungsmittel.

5.1.1.5 Arbeitssystem

Operating system

Ein Arbeitssystem ist nach REFA als eine betriebliche Leistungseinheit definiert, die das Zusammenwirken von Menschen und Betriebsmittel umfasst [REFA18, S. 64]. Die Tätigkeiten finden in einer definierten Arbeitsumgebung statt und dienen dem Zweck, eine Arbeitsaufgabe zu erfüllen [DIN16a, S. 6]. Im Gegensatz zu Fertigungsprozessen, die die technologische Transformation des Werkstücks beschreiben, stellt ein Arbeitssystem eine Organisationseinheit dar und weist entsprechend der Anwendung variierende Komplexitäten und Eigenschaften auf [DIN16a, S. 6], [REFA18, S. 64-76]. Im Kontext der Automatisierung der additiven Prozesskette dient ein Arbeitssystem zur Beschreibung eines Verbunds von Fertigungsmitteln, also bspw. flexiblen Fertigungszellen oder -systemen (vgl. Kapitel 2.4.2).

Das ER-Modell fokussiert somit bei der Abbildung von Arbeitssystemen die Relationen einzelner Entitäten vom Typ *Fertigungsmittel*. Ein *Automatisierungskonzept* kann mehrere *Arbeitssysteme* inkludieren, sodass zwei weitere Entitätstypen definiert werden. Eine detaillierte Darstellung des ER-Modells befindet sich im Anhang (vgl. D.5).

5.1.1.6 Peripheriesysteme

Periphery systems

Die betrachteten Peripheriesysteme umfassen Spannsysteme, Greifer, Werkstückträgersysteme, Handhabungs- und Fördersysteme sowie Magazine (vgl. Kapitel 2.4.3). Peripheriesysteme werden in Abhängigkeit der Art und der realisierbaren Handhabungsfunktionen im Datenmodell berücksichtigt. Nach der VDI-RICHTLINIE 2860 sind Handhabungsfunktionen elementare Vorgänge zur

Durchführung des Materialflusses [VDI90b, S. 2]. Es ist zwischen fünf Teilfunktionen des Handhabens zu differenzieren: Speichern, Menge verändern, Bewegen, Sichern, Kontrollieren. Eine weitere Unterteilung in Elementarfunktionen ist möglich. Eine Übersicht über Teilfunktionen und Elementarfunktionen mit zugehörigem spezifischem Symbol ist im Anhang (vgl. D.6) zu finden. Im Folgenden werden die Elementarfunktionen detailliert: [VDI90b]

Speichern: Die Teilfunktion des Speicherns besteht aus den Elementarfunktionen geordnetes, teilgeordnetes und ungeordnetes Speichern, die sich anhand des Ordnungszustands unterscheiden. Dieser dient als Indikator für die Informationsverfügbarkeit hinsichtlich Position und Orientierung der zu speichernden Objekte. Beim *geordneten Speichern* ist das Handhabungsobjekt in allen Freiheitsgraden bestimmt, beim *teilgeordneten Speichern* ist mindestens ein Freiheitsgrad determiniert, wohingegen beim *ungeordneten Speichern* keine Positions- und Orientierungsfestlegung vorliegt. Peripheriesysteme zur Ausführung des Speicherns sind Magazine. [VDI90b, S. 4]

Menge verändern: Die Teilfunktion Menge verändern beschreibt Veränderungen von Materialmengen im Materialfluss. Dies dient der Berücksichtigung von zusammenlaufenden oder sich trennenden Materialflüssen, bspw. beim Trennen mehrerer Werkstücke von der Substratplatte. Mengenveränderungen werden mittelbar durch Elementarfunktionen des Bewegens bzw. durch Fertigungsverfahren und den entsprechenden Peripheriesystemen realisiert. Den Funktionen des Mengenveränderns wird daher kein Peripheriesystem unmittelbar zugeordnet. [VDI90b, S. 5]

Bewegen: Mittels der Elementarfunktionen *Drehen* und *Verschieben,* der Teilfunktion *Bewegen* können Änderungen der Position und Orientierung eines Handhabungsobjekts beschrieben werden. Im Kontext dieser Arbeit sind insbesondere die zwei zusammengesetzten Handhabungsfunktionen des Führens und Förderns relevant. Beim *Führen* wird das Handhabungsobjekt entlang einer definierten Bahn von einer Position in eine andere überführt. Die Orientierung ist unbekannt. Es wird impliziert, dass das Handhabungsobjekt vorher gehalten und anschließend gelöst werden muss, damit die Orientierung determiniert ist. Demnach dient die Handhabungsfunktion dem Zu- und Abführen sowie Weitergeben von Materialien an bzw. innerhalb eines Fertigungssystems. Peripheriesysteme zur Umsetzung sind Handhabungssysteme in Verbindung mit einem Greifsystem. *Fördern* beschreibt die Positionsveränderung der Handhabungsobjekte zwischen den Arbeitssystemen ohne zwingende Voraussetzung einer definierten Bewegungsbahn. Fördersysteme wie Gabelstapler sind beispielhafte Peripheriesysteme für das Fördern. [VDI90b, S. 5 f.]

Sichern: Das Festhalten eines Objekts, Position und Orientierung werden als Sichern bezeichnet. Es enthält die Handhabungsfunktionen *Halten* und *Spannen* sowie deren Umkehrungen, also *Lösen* und *Entspannen*. Beim Halten des Handhabungsobjekts erfolgt eine kurzweilige Determination der Freiheitsgrade der Orientierung und Position. Wenn dies unmittelbar unter Beteiligung eines Kraftschlusses realisiert wird, bezeichnet man als Spannen. Im Rahmen dieser Arbeit wird zur Vereinfachung angenommen, dass Greifsysteme die Funktion Halten und Spannsysteme die Funktion Spannen durchführen. [VDI90b, S. 6]

Kontrollieren: Dem Kontrollieren sind verschiedene Funktionen des *Messens* und *Prüfens* zugeordnet. Es erfolgt eine Differenzierung anhand des zu prüfenden Merkmals wie dem Maß oder

Gewicht. Die entsprechenden Funktionen werden mittels Fertigungsmesssystemen (vgl. Kapitel 2.4.3.8) realisiert. Für eine detaillierte Auflistung der Funktionen sei an dieser Stelle auf die VDI-RICHTLINIE 2860 verwiesen. [VDI90b, S. 7]

Das ER-Modell für die Peripheriesysteme wird anhand der jeweiligen Peripheriesysteme unterschieden und besteht aus elf Entitätstypen. Die Korrelationen sind so, dass mittels der Entitätstypen *Handhabungsfunktion* und *Funktionsträger* die jeweilige Handhabungsfunktion dem Peripheriesystem zugeordnet werden kann. Hierbei ist zu berücksichtigen, dass Peripheriesysteme grundsätzlich eine primäre Handhabungsfunktion erfüllen, jedoch kann bspw. durch die zusätzliche Ausstattung mit Messsystemen eine sekundäre Handhabungsfunktion wie das Kontrollieren zusätzlich ausgeführt werden. Daher werden den jeweiligen Peripheriesystemen im Datenmodell primäre und sekundäre Handhabungsfunktionen zugeordnet. Des Weiteren muss berücksichtigt werden, dass je nach Ausführung der Fertigungsmittel auch Handhabungsfunktionen durch diese selbst realisiert werden können. Demnach ist eine entsprechende Ergänzung beim Datenmodell der Fertigungsmittel erforderlich. Eine detaillierte Übersicht über das ER-Modell der Peripherie ist im Anhang (vgl. Anhang E) zu finden.

5.1.1.7 Handhabungsfolgen

Handling sequences

Handhabungsfolgen beschreiben sequenziell zusammenhängende Handhabungsfunktionen. Der Bewegungszustand des Handhabungsobjekts, also der Transport von einer Ruhelage in die nächste, fungiert als Differenzierungsmerkmal zwischen verschiedenen Handhabungsfolgen. Entsprechend der Netzplantechnik können mit Anordnungsbeziehungen Abfolgen zwischen einzelnen Handhabungsfolgen dargestellt werden. Zudem können logische Verknüpfungen (bspw. UND etc.) sowie algorithmische Zusammenhänge (z. Bsp. WENN, DANN, etc.) berücksichtigt werden, sodass eine Ablauforganisation für die Fertigungsprozesskette erstellt wird [SCHU14, S. 127-131].

Im ER-Modell wird demnach der Entitätstyp *Handhabungsfolge* mit den Attributen Handhabungsobjekt, Vorgänger, Nachgänger und Anordnungsbeziehung attribuiert. Mittels einer 1/m-Beziehung wird der Entitätstyp Handhabungsfunktion zugeordnet. Die weiteren Beziehungen und relevanten Entitätstypen können dem Anhang (vgl. D.7) entnommen werden.

5.1.2 Analyse des Erzeugnisspektrums

Analysis of the product spectrum

Anhand des Datenmodells für das Bauteilportfolio kann eine Klassifizierung der zu fertigenden additiven Bauteile und folglich die Ableitung von Referenz- bzw. Demonstratorbauteilen erfolgen. Nach HEESCHEN, STITTGEN und WOLLBRINK können Bauteile mittels repräsentativen Eigenschaften beschrieben werden [HEES15, S. 110-114], [STIT21a, S. 95-98], [WOLL22, S. 91-95]. Der Ansatz von STITTGEN klassifiziert additiv hergestellte Bauteile anhand des Werkstoffs und der Geometrievarianz. Für letzte erfolgt jedoch keine Detaillierung, sodass eine Ableitung von Referenzbauteilen im Kontext der Automatisierung nicht ermöglicht wird. [STIT21a, S. 110-114] WOLLBRINK führt zwei Schritte zur Beschreibung von additiv hergestellten Bauteilen an. Zunächst erfolgt anhand wiederkehrender Geometrieelemente, Ausgangseigenschaften des Halbzeugs sowie globalen Anforderungen eine Klassifizierung. Konkrete Geometrieelemente oder Eigenschaften werden nicht benannt. Weiterhin wird ein bauteilspezifisches Vorgehen unter Berücksichtigung der Aufspannposition und Oberflächenzerlegung anhand von Projektionsebenen beschrieben. Dieses wurde im Kontext der Prozesskettenplanung entwickelt und ist folglich für die Konzeption von Automatisierungskonzepten, die verschiedene Prozessketten abbilden, zu detailliert. Zudem wird aufgrund der Verfügbarkeit der Eigenschaften die Praktikabilität der Methodik nachteilig beeinflusst. [WOLL22, S. 91-95] Der Ansatz von HEESCHEN leitet auf Grundlage der Werkstückeigenschaften repräsentative Anforderungsprofile ab. Da die Klassifizierung des Bauteilportfolios im Kontext der Auswahl von Fertigungsmitteln erfolgt, entspricht der Detaillierungsgrad den Anforderungen dieser Methodik. Entsprechend dem Vorgehen von HEESCHEN werden die relevanten Bauteileigenschaften zur Werkstückanalyse folgend erläutert und die Skala für das Anforderungsprofil benannt. Zusätzlich werden die Bauteileigenschaften für die additive Fertigung adaptiert. Für eine detaillierte Beschreibung sei an dieser Stelle auf HEESCHEN verwiesen [HEES15, S. 110 ff.].

Die *Volumenänderung* beschreibt die Volumendifferenz zwischen dem aufgebauten additiven Werkstück und dem Endzustand. Demnach liegt eine Kardinalskala mit der Einheit mm^3 vor. Die *maximale Abmessung* ist eine weitere repräsentative Bauteileigenschaft, die die geometrische Abmessung bzgl. der dreidimensionalen Raumachsen in mm auf einer Kardinalskala darstellt. Das dimensionslose *maximale Aspektverhältnis* und das *maximale Werkstückgewicht* in kg sind zwei weitere kardinale Kennzahlen für das Anforderungsprofil. Zudem ist die *komplexeste Geometrieänderung* von Relevanz. Diese wird dimensionslos auf Basis der Anzahl verschiedener zu bearbeitenden Bauteilfeatures als Kardinalskala dargestellt. Des Weiteren sind der *kleinste auftretende Konturradius*, die *geringste auftretende Maßtoleranz* sowie die Anforderungen hinsichtlich der *Parallelität* aufgrund der metrischen Einheit als Kardinalskalen relevant. Auf einer Ordinalskala wird die Ausprägung hinsichtlich der *Rotationssymmetrie* angegeben, wobei der Wert null keine rotationssymmetrische Geometrie beschreibt. Im Kontext der additiven Fertigung sollte nach STITTGEN zusätzlich zur Geometrie die *Schichthöhe*, typischerweise in z-Richtung, betrachtet werden [STIT21b, S. 49]. Im Anforderungsprofil wird diese aufgrund der metrischen Einheit als Kardinalskala dargestellt. Zudem wird mittels einer Ordinalskala der jeweilige *Werkstoff* betrachtet. Die Anforderungen hinsichtlich der zu *erzielenden Oberflächengüte* werden mittels des Mittenrauwerts in µm angegeben und demnach auf einer Kardinalskala dargestellt. Die *qualitativen Eigenschaften der Oberfläche* sind abhängig vom verwendeten Fertigungsverfahren und werden auf einer Ordinalskala abgebildet. Schließlich wird die *Werkstoffhärte* in HRC mittels einer Kardinalskala im Anforderungsprofi dargestellt. Die betrachteten repräsentativen Bauteileigenschaften können in Abhängigkeit des Anwendungsfalls beliebig adaptiert und angepasst werden. Das werkstückspezifische Anforderungsprofil resultiert schließlich in einem Netzdiagramm, das jede beschriebene Skala beinhaltet (vgl. Abbildung 5-2). [HEES15, S. 111-114]

Zur Klassifizierung des Erzeugnisspektrums und Ableitung von Referenzbauteilen orientiert sich die Methodik an dem deterministischen Ansatz von RAPP [RAPP99, S. 141]. Nach diesem ist eine Differenzierung des Produktportfolios in sogenannte Hauptbaugruppen, Unterbaugruppen sowie Einzelteile anhand der jeweiligen Produktinformationen möglich. Entsprechend eines Top-down-

Ansatzes werden iterativ Haupt- und Untergruppen und Einzelteile definiert, wobei der Aufwand zur Informationserhebung vergleichsweise gering ist. Zur Identifizierung der Haupt- und Unterbaugruppen werden die werkstückspezifischen Anforderungsprofile verwendet und verglichen. Bauteile mit ähnlichem Anforderungsprofil werden geclustert, sodass Haupt- und Unterbaugruppen determiniert werden können (vgl. Abbildung 5-2).

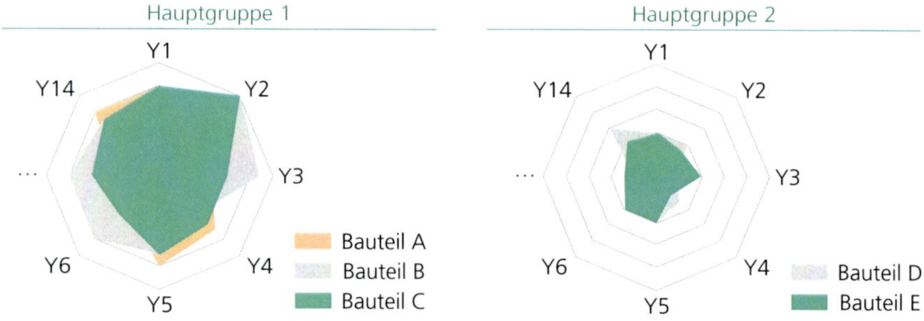

Abbildung 5-2: Bauteilklassifikation anhand von Anforderungsprofilen nach HEESCHEN [HEES15, S. 114]
Component classification based on requirement profiles according to HEESCHEN

Für den weiteren Verlauf der Methodik ist es sinnvoll, für jede Hauptgruppe jeweils ein Referenzbauteil zu definieren, da so unabhängig von der Heterogenität des Erzeugnisspektrums die anforderungsgerechte Auslegung der Automatisierungslösungen gewährleistet ist. Für die Referenzbauteile sind die maximalen Ausprägungen der Anforderungsprofile maßgeblich, da diese die benötigte Flexibilität und Wandlungsfähigkeit definieren [WEST16, S. 251]. Bei geringer Datenverfügbarkeit hinsichtlich des Produktportfolios können anhand eines Workshops unter Beteiligung der Konstruktions- und Fertigungsabteilung Demonstratoren definiert werden [WOLL22, S. 91].

5.1.3 Bestimmung von Automatisierungsstufen

Determination of the level of automation

Für die Analyse der bestehenden Automatisierungspotenziale werden die Fertigungsmittel und Peripheriesysteme hinsichtlich des Automatisierungsgrads bewertet und kategorisiert. Die Betrachtung existierender wissenschaftlicher Ansätze zeigt (vgl. Kapitel 3.2), dass aus dem Bereich der allgemeinen Automatisierungstechnik verschiedene Ansätze wie von FROHM, WINDMARK und SALMI, die Bestimmung des Automatisierungsgrads thematisieren [FROH08], [WIND12], [SALM16]. Die genannten Ansätze sind jedoch generisch und nicht auf die Anforderungen der additiven Prozesskette (vgl. Kapitel 2.3.2) fokussiert. Für diese Dissertation wurde ein Vorgehen zur technologiespezifischen Determination des Automatisierungsgrads entwickelt, sodass einerseits eine hohe Detaillierungstiefe erreicht und anderseits der Fokus auf die additive Prozesskette gewährleistet wird.

In den folgenden Unterkapiteln wird das mehrschrittige Verfahren im Detail vorgestellt, das für die betrachteten Technologien (vgl. Kapitel 4.2) angewendet wurde. Hiermit ist im Verlauf der Methodik eine Bestimmung des Automatisierungsgrads für verschiedene Technologien möglich.

5.1.3.1 Ermittlung von Sub-Tasks

Determination of sub tasks

Die Bestimmung des Automatisierungsgrads erfolgt technologiespezifisch und unter Berücksichtigung der Handhabungsvorgänge, die entsprechend der VDI-Richtlinie 2860 differenziert werden (vgl. vorheriges Kapitel 5.1.1.6) [VDI90b]. Zur Gewährleistung eines hohen Detaillierungsgrads werden die einzelnen Prozessschritte jeder Technologie der additiven Prozesskette anhand der Hierarchical Task Analysis (HTA) betrachtet und in sogenannte Sub-Task unterteilt. Per definitionem ist ein Sub-Task eine Aufgabe mit einem eigenen (Teil-)Ziel. Ein einheitlicher Detaillierungsgrad für die Unterteilung der Sub-Tasks ist nicht erforderlich, sodass diese entsprechend der Relevanz hinsichtlich der Automatisierung detailliert werden können. Des Weiteren ist bei der Determination der Sub-Tasks die Ausprägung des spezifischen Automatisierungsgrads einzelner Sub-Tasks nicht relevant. Vielmehr stehen die Automatisierungsmöglichkeiten und die ganzheitliche Berücksichtigung möglicher Sub-Tasks im Vordergrund. Hierdurch wird eine differenzierte Betrachtung ermöglicht und die Vergleichbarkeit verschiedener additiver Prozessketten gewährleistet. In Abbildung 5-3 ist das Prinzip der HTA dargestellt. [KIRW92, S. 102 ff.]

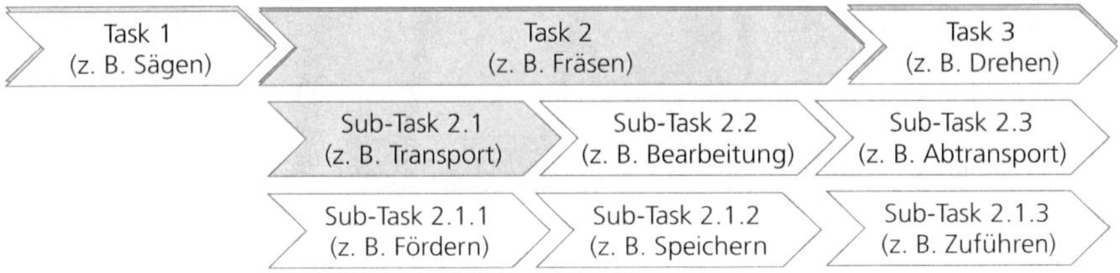

Abbildung 5-3: Mögliche Aufteilung von Sub-Tasks in der HTA
Possible division of sub-tasks in the HTA

Entsprechend dem Forschungsziel der Dissertation werden die betrachteten Technologien in der additiven Prozesskette (vgl. Kapitel 4.2) gemäß der Automatisierungsrelevanz in Sub-Tasks gegliedert. Auf der ersten Detaillierungsstufe können zwei einheitliche technologieübergreifende Sub-Tasks definiert werden: Fertigungsmittelunabhängige Handhabung bzw. fertigungsmittelabhängige Bearbeitung des Werkstücks. Da eine aussagekräftige Evaluierung des Automatisierungsgrads auf diesem Detaillierungsgrad nicht möglich ist, erfolgt eine weitere Untergliederung in Sub-Tasks wie Fördern und Speichern für die Handhabung oder die Bauteilbearbeitung und Referenzierung für den Sub-Task Bearbeitung. Die im Rahmen dieser Dissertation definierten Sub-Tasks können technologiespezifisch dem Anhang entnommenen werden (vgl. Anhang F). Eine Anpassung bzw. ein Hinzufügen oder Entfernen von Zielgrößen – auf Basis der unternehmensindividuellen Randbedingungen – ist möglich, jedoch ist dann eine umfangreiche Neuberechnung der folgenden technologiespezifischen Gewichtungstabellen etc. notwendig. [HORS21d, S. 588 f.]

5.1.3.2 Gewichtung der Sub-Tasks

Weighting of sub tasks

Hinsichtlich der Relevanz für den Automatisierungsgrad weisen die Sub-Tasks Differenzen auf, sodass eine Gewichtung erforderlich ist. Auf Grundlage der übergeordneten Ziele der Automatisierung (vgl. Kapitel 2.4.1) ist eine Definition von spezifischen Zielgrößen möglich. Im Kontext der additiven Prozesskette werden im Rahmen dieser Methodik eine Erhöhung der mannlosen Laufzeit, eine Reduzierung der Hauptzeiten, eine Reduzierung der Rüst- und Nebenzeiten sowie mitarbeiterbezogene Größen betrachtet. Letztere dienen zur Berücksichtigung der ergonomischen und kognitiven Dimension der verrichteten Arbeit. Zudem kann das Gesundheitsrisiko – beispielsweise Pulverkontamination der Werkstücke – betrachtet werden.

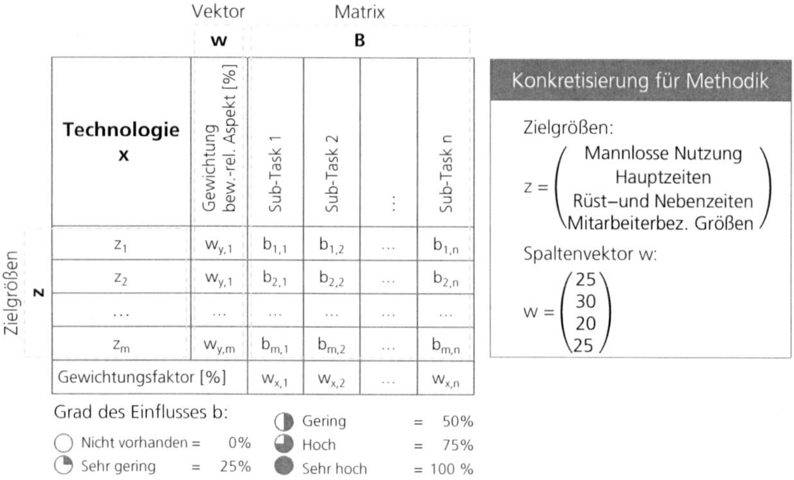

Abbildung 5-4: Ermittlung der Gewichtungsfaktoren der Sub-Tasks nach BILSING [BILS06, S. 60]

Determination of the weighting factors of the sub-tasks according to BILSING

Der Einfluss der Zielgrößen auf den Automatisierungsgrad ist verschieden, sodass eine Gewichtung erforderlich ist, wobei die Summe der Zielgrößen 100 % beträgt. Die Gewichte der Zielgrößen werden durch den Vektor *w* dargestellt und gelten für alle Sub-Tasks in allen Technologien gleichermaßen (vgl. Anhang F). Diese wurden auf Basis von Experteninterviews und Industrie- und Forschungsprojekten zur Automatisierung von Prozessketten bestimmt. Nach der erfolgten Festlegung von Zielgrößen und deren Gewichtung können die Sub-Tasks bewertet werden. Der Einfluss eines Sub-Tasks auf die spezifische Zielgröße wird durch eine diskrete Skala mit fünf Stufen von 0 bis 100 % evaluiert und mittels Harvey Balls dargestellt (vgl. Kapitel 3.1.1). Eine Multiplikation des Gewichtungsvektors *w* mit der Einflussmatrix *B* ergibt schließlich den Gewichtungsfaktor der Sub-Tasks (vgl. Formel (5-1)).

$$w_{x,j} = \sum_{i=1}^{m} w_{y,i}\, b_{i,j} \tag{5-1}$$

$w_{x,j}$ = Gewichtungsfaktor der Technologie x für Sub-Task j

m = Anzahl der Zielgrößen

$w_{y,i}$ = Gewichtungsfaktor für Zielgröße i

$b_{i,j}$ = Einflussfaktor auf Zielgröße i des Sub-Tasks j

Eine Übersicht der Gewichtungsfaktoren für die in dieser Arbeit betrachteten Technologien der additiven Prozesskette kann dem Anhang entnommen werden (vgl. Anhang F). [BILS06, S. 60], [PRÜM20, S. 81], [HORS21d, S. 589 f.]

5.1.3.3 Definition der Skalen zur Bestimmung der Automatisierungsstufe

Definition of the scales for determining the level of automation

Die Analyse existierender wissenschaftlicher Ansätze aus der Automatisierungstechnik (vgl. Kapitel 3.2.2) zeigt, dass ein Stufenmodell zur Evaluation des Automatisierungsgrads praktikabel ist. Insbesondere für eine anschließende Optimierung des Automatisierungsgrads ist ein Stufenmodell vorteilhaft, da Verbesserungsmaßnahmen anhand der Stufen klar ersichtlich sind. Da die bestehenden Ansätze eine möglichst breite Anwendung forcieren, sind die erarbeiteten Evaluationsskalen allgemeingültig und nicht explizit für die additive Prozesskette ausgelegt. Zur Gewährleistung einer möglichst differenzierten Bewertung des Automatisierungsgrads wurden im Rahmen dieser Dissertation technologiespezifische Skalen für die definierten Sub-Tasks erarbeitet.

Auf Basis des Stufenmodells nach FROHM werden für jeden Sub-Task zwei parallele diskrete Skalen mit jeweils sieben Ausprägungen definiert. Die erste Skala dient der Evaluation der mechanischen Funktionen sowie der verwendeten Peripherie, wohingegen die kognitive Unterstützung, also die Informationsverarbeitung und Steuerung, mit der zweiten Skala evaluiert wird [FROH08, S. 43 f.]. Beide Skalen sind unabhängig voneinander, damit eine differenzierte Betrachtung der Aufgabenteilung zwischen Mitarbeiter und Betriebsmittel ermöglicht wird. Die Skalen sind Ordinalskalen und die niedrigste Ausprägung wird mit dem Wert eins bewertet, während die höchste Ausprägung mit dem Wert sieben repräsentiert wird. Die stufenweisen Ausprägungen werden auch als Automatisierungsstufen, Levels of Automation (LOA), bezeichnet. Aufgrund der technologie- und sub-taskspezifischen Betrachtung besteht nicht zwingend bei jeder Stufe eine Relation zu einer Ausprägung, sodass die vorhandenen Ausprägungen einer repräsentativen Stufe zugeordnet werden und sogenannte Leerstufen entstehen. Die praktische Anwendung in verschiedenen Branchen zeigt, dass das Stufenmodell für die Bewertung des Automatisierungsgrads gut geeignet ist [FROH08, S. 52-54].

Im Folgenden wird die Skala für den Sub-Task Fördern (siehe Tabelle 1) stellvertretend für alle erarbeiteten Skalen (vgl. Anhang F) erläutert. Die Skala der Mechanisierung umfasst fünf Ausprägungsstufen. Die Abstufungen differenzieren sich anhand der genutzten Peripheriesysteme, der körperlichen Beanspruchung der Mitarbeiter und der fördermittelbedingten Restriktionen hinsichtlich des Wegs. Die Ausgestaltung der einzelnen Stufen orientiert sich an dem Verständnis von FROHM, der in der Mechanisierung den Übergang von der reinen menschlichen Muskelarbeit, über handgeführte Hilfsmittel verschiedener Art hin zu Maschinen verschiedener Art versteht [FROH08, S. 149-151]. Die Skala der kognitiven Unterstützung beinhaltet sechs Ausprägungsstufen. Analog zur Mechanisierung erfolgt eine Orientierung nach dem Verständnis von FROHM, der die kognitive Unterstützung als schrittweisen Übergang vom Menschen als Entscheider und Überwacher, zu einer Technologie als Entscheider und Überwacher versteht [FROH08, S. 151-157]. Eine Unterscheidung erfolgt anhand der für den Mitarbeiter vorliegenden Informationen. Hierbei ist entscheidend, welche Informationen für den Mitarbeiter vorliegen, bzw. ob die Arbeitsaufträge eindeutig definiert sind, sodass eine einheitliche Ausführung unabhängig der Mitarbeiter gewährleistet werden kann. Des Weiteren ist die Art der Entscheidungsfindung zu berücksichtigen. So ist in der höchsten kognitiven Automatisierungsstufe ein Eingreifen des Mitarbeiters nicht vorgesehen, wohingegen in der vorherigen Stufe bei Störfallen der Mitarbeiter eingreift.

Tabelle 1 Skala zur Bestimmung der Automatisierungsstufe für den Sub-Task Fördern
Scale for determining the level of automation for the transport sub-task

Stufe	Mechanisierung	Kognitive Unterstützung
1	Das Fördern des Werkstücks wird von einem Mitarbeiter ohne Einsatz zusätzlicher Hilfsmittel durchgeführt.	Der Mitarbeiter entscheidet selbst, wie er das Werkstück fördert und greift dafür auf eigenes Wissen zurück.
2	Zum Fördern des Werkstücks bedient sich der Mitarbeiter eines Fördermittels ohne Antrieb (z. B. Hubwagen).	Der Mitarbeiter erhält Informationen bzw. einen Vorschlag darüber, wie er das Werkstück fördern soll.
3		Es liegt eine Checkliste vor, mit der der Mitarbeiter unterwiesen wird, wie er das Fördern des Werkstücks ausführen soll.
4	Ein Fördermittel mit Antrieb (z. B. Kran) wird zum Fördern des Werkstücks eingesetzt.	
5	Es ist ein Transportsystem mit definierten Förderwegen (z. B. Rollbahnen, Kettenförderer) vorhanden, die zum Fördern eingesetzt werden können.	Der Mitarbeiter entscheidet eigenständig über die Durchführung des Fördervorgangs, wird durch die Technologie durch Signale aufmerksam gemacht (z. B. auf Start und Endpunkt der Fördervorgangs).
6		Sämtliche Informationsflüsse und die Steuerung werden von der Fördertechnologie übernommen. Der Mitarbeiter greift nur bei Störungen ein.
7	Das Werkstück wird durch ein Handhabungssystem (z. B. Roboter) gefördert. Dies geschieht vollautomatisch ohne Beteiligung eines Mitarbeiters.	Sämtliche Informationsflüsse und die Steuerung werden von der Fördertechnologie übernommen. Der Mitarbeiter ist daran nicht beteiligt.

5.1.3.4 Ermittlung der Gesamtautomatisierungsstufe
Determination the overall level of automation

Auf Basis der vorherigen Kapitel ist die Berechnung der technologiespezifischen Gesamtautomatisierungsstufe möglich. Hierzu werden die Automatisierungsstufen der Sub-Tasks entsprechend der Gewichtung und Anzahl der Sub-Tasks summiert (vgl. Abbildung 5-4). Die Automatisierungsstufen werden jeweils für die Mechanisierung und kognitive Unterstützung berechnet.

$$LOA_x = \sum_{j}^{n} w_{x,j} \, LOA_{x,j} \qquad (5\text{-}2)$$

LOA_x	=	Automatisierungsstufe der Technologie x
n	=	Anzahl der Sub-Tasks einer Technologie
$w_{x,j}$	=	Gewichtungsfaktor der Technologie x für Sub-Task j
$LOA_{x,j}$	=	Automatisierungsstufe der Technologie x für Sub-Task j

Die technologiespezifischen Automatisierungsstufen ermöglichen einen Vergleich verschiedener Prozessketten und stellen einen Indikator für die Automatisierungspotenziale einer Technologie dar. Die einzelnen Ausprägungen der Mechanisierung und kognitiven Unterstützung können in einer zusammenfassenden Automatisierungsmatrix dargestellt werden (vgl. Abbildung 5-5.). Für jedes Feld lässt sich eine Aufgabenverteilung zwischen Mensch und System vornehmen, sodass Ungleichgewichte der Automatisierungsstufen innerhalb einer Prozesskette identifiziert werden können. Je höher die Automatisierungsstufe ist, desto mehr Aufgaben gehen vom Menschen auf das System der Automatisierung über. Es wird so ein zusammenhängendes Bild der unabhängigen Skalen der Automatisierungsstufen erzeugt.

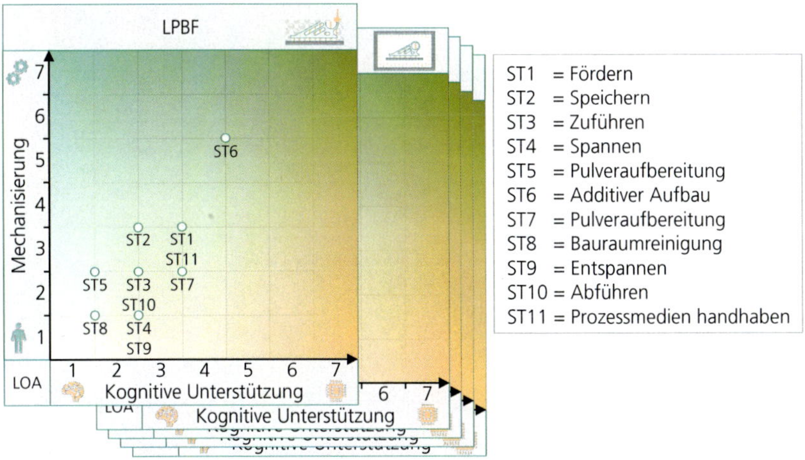

Abbildung 5-5: Darstellung der Automatisierungsmatrix
Illustration of matrix of automation

5.1.4 Prozessaufnahme mittels Darstellungsmodell

Process mapping with visualization model

„Die Visualisierung kann die zentrale Informationsverarbeitung durch eine Verlagerung von kognitiven hin zu Wahrnehmungsprozessen entlasten, z. B. indem Informationen leichter erkannt werden, Tendenzen oder Muster im Informationsstrom sichtbar werden [...]" [SCHL10, S. 994].

Daher wurde zur Simplifizierung der Datenaufnahme (vgl. Kapitel5.1.1) und zur besseren Transparenz über die additive Prozesskette ein Darstellungsmodell auf Grundlage der Handhabungsdefinition der VDI-Richtlinie 2860 entwickelt [VDI90b]. Das entwickelte Darstellungsmodell fokussiert Handhabungsvorgänge, sodass der Erkenntnisgewinn im Kontext der Automatisierung gesteigert wird. Zunächst erfolgt eine separate Betrachtung der Arbeitssysteme innerhalb der additiven Prozesskette, um fertigungsmittelunabhängige und -abhängige Handhabungsfunktionen getrennt betrachten zu können. Jedem Arbeitssystem wird ein Prozessschritt bspw. Funktionsflächen herstellen sowie eine Technologie entsprechend der Sub-Task-Hierarchie (vgl. Kapitel 5.1.3.1) zugeordnet. Handhabungsfunktionen werden entsprechend der Symbolik der VDI-Richtlinie 2860 visualisiert, wobei funktionsspezifische Informationen wie der zugehörige LOA der Mechanisierung und kognitiven Unterstützung und eine durchschnittliche Durchlaufzeit für den Vorgang ergänzt werden [VDI90b].

Zur besseren Übersicht wird das an der Ausführung beteiligte Betriebsmittel benannt. Zwingend sequenziell ablaufende Handhabungsfunktionen werden zu einer Handhabungsfolge aggregiert. Handhabungsfolgen weisen eine unmittelbare Relation zu einem Handhabungsobjekt bspw. dem Spannmittel auf. Jede Handhabungsfunktion ist über eine kombinierte ID aus Arbeitssystem-ID, Handhabungsfolgen-ID und Handhabungsfunktion-ID eindeutig identifizierbar, sodass vor- und nachgelagerte Handhabungsfolgen mit entsprechenden Bedingungen und Bauteillose berücksichtigt werden. In Abbildung 5-6 ist das Darstellungsmodell am Beispiel des additiven Aufbaus dargestellt.

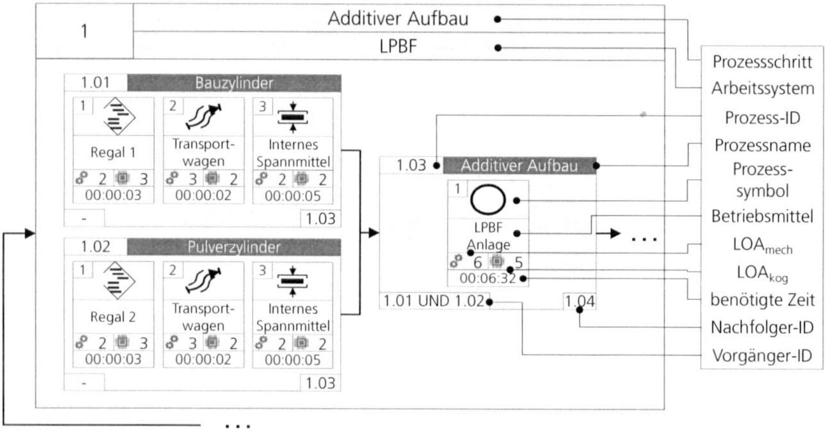

Abbildung 5-6: Darstellungsmodell für Handhabungsvorgänge

Visualization model for handling operations

Für den weiteren Verlauf der Methodik ist es erforderlich, dass eine Prozessaufnahme für die Referenzbauteile (vgl. Kapitel 5.1.2) entsprechend des entwickelten Darstellungsmodells durchgeführt wird. Für eine ganzheitliche Berücksichtigung der relevanten Prozessschritte werden alle Funktionen mit Interaktion zur additiven Fertigungsumgebung betrachtet. Typischerweise sind dies die mechanische Fertigung, je nach Unternehmensgröße differenziert entsprechend den Technologien, der Arbeitsvorbereitung, Qualitätssicherung und ggf. die Konstruktion, Logistik sowie Stabsstellen wie Technologie- oder Investitionsplanung. [WOLL22, S. 95] In einem gemeinsamen Workshop wird die additive Prozesskette betrachtet und sukzessive Arbeitssysteme, zugehörige Prozessschritte sowie Handhabungsfunktionen ergänzt. Bei der Definition der Prozessschritte ist ein anforderungsgerechter Detaillierungsgrad erforderlich, der sich erfahrungsgemäß bei der Definition der ersten Prozessschritte automatisch ergibt [WOLL22, S. 96].

5.1.5 Zwischenfazit Analysephase

Interim summary of the analysis phase

Die Analysephase dient zunächst der Bildung einer Datengrundlage. Hierfür werden die intern und extern verfügbaren Informationen über das Bauteilportfolio, die Technologieketten der Bauteile und Fertigungsmittel sowie Peripheriesysteme in einem Entity-Relationship-Datenmodell aggregiert. Für die Analyse der Technologieketten wird ein für Handhabungsvorgänge entwickeltes Prozess-Darstellungsmodell genutzt. Die Klassifikation der einzelnen Vorgänge erfolgt hierbei auf Grundlage der Definitionen der VDI-Richtlinie 2860 [VDI90b]. Die Betriebsmittel werden anhand eines technologiespezifischen Stufenmodells hinsichtlich des Automatisierungsgrads bzw. -stufe evaluiert, womit die Analysephase abgeschlossen wird. Das Vorgehen der Analysephase stellt eine Lösung der ersten Forschungsfrage hinsichtlich der Evaluierung von additiven Prozessketten dar. Insbesondere die in dieser Arbeit entwickelte strukturierte Gliederung in Sub-Tasks in Kopplung mit der stufenbasierten und technologiespezifischen Bewertung des Automatisierungsgrads trägt zur Beantwortung der ersten Forschungsfrage bei.

5.2 Generierungsphase

Generation phase

Die Generierungsphase besteht aus vier konsekutiven Schritten. Zunächst erfolgt die Definition einer anforderungsgerechten Automatisierungsstufe. Anschließend werden anhand eines mathematischen Modells der additiven Prozesskette Automatisierungskonzepte unter Berücksichtigung fertigungstechnologischer Randbedingungen generiert und mittels Heuristiken spezifiziert. Das Unterkapitel schließt mit der Beschreibung eines stufenweisen Aufbaus der Konzepte.

5.2.1 Definition einer anforderungsgerechten Automatisierungsstufe

Definition of an automation objective according to requirements

Der unternehmensindividuelle Automatisierungsgrad ist entsprechend des Produktportfolios und der strategischen Ausrichtung des Unternehmens zu bestimmen. Im Folgenden wird zunächst anhand des Produktportfolios und der produzierten Stückzahl ein Zielbereich für die anforderungsgerechte Automatisierungsstufe definiert. Auf Basis einer detaillierten Betrachtung strategischer Zielgrößen wird schließlich der anforderungsgerechte Automatisierungsgrad determiniert.

5.2.1.1 Eingrenzung der anforderungsgerechten Automatisierungsstufe

Narrowing of the level of automation according to the requirements

Ein Produktionssystem kann anhand der Fertigungsart und des Erzeugnisspektrums (vgl. Kapitel 5.1.2) beschrieben werden. Ersteres korreliert maßgeblich mit dem Produktionsvolumen sowie der Losgröße eines Bauteils, sodass eine Differenzierung zwischen Einzel- und Kleinserien-, Serien- sowie Massenfertigung ermöglicht wird. Die Klassifikation ist grundsätzlich individuell und vom spezifischen Produktionssystem abhängig. Zur Eingrenzung der anforderungsgerechten Automatisierungsstufe wird folgend die Ausbringungsmenge mit den Ausprägungen hoch (*high*) sowie gering (*low*) als Kriterium verwendet. Als Richtwert für die Grenze zwischen den Ausprägungen wird eine jährlich produzierte Stückzahl von 500 Produkten gewählt, wobei unternehmensindividuelle Anpassungen vorgenommen werden können [JINA97, S. 6]. Demnach kann die Einzel- und Kleinserienfertigung typischerweise die Ausprägung geringe Stückzahl zugeordnet werden, wohingegen Serien- und Massenfertigung die Ausprägung hohe Stückzahl aufweisen. Zur Beschreibung des Erzeugnisspektrums wird die Variantenvielfalt des Produktportfolios betrachtet, die über die Anzahl der definierten Hauptbaugruppen (vgl. Kapitel 5.1.2) repräsentiert wird. Ein fokussiertes Produktportfolio weist eine geringe Anzahl an Hauptbaugruppen auf, sodass die Produkte weitestgehend standardisiert sind. Mit zunehmender Typisierung bzw. Individualisierung des Produktportfolios nimmt die Anzahl der Haupt- und Unterbaugruppen zu, sodass ein geringerer Standardisierungsgrad vorliegt. Folglich werden zur Beschreibung der Variantenvielfalt die Ausprägungen gering (*low*) und hoch (*high*) festgelegt. Analog zur Ausbringungsmenge ist die Definition einer eindeutigen Grenze für die Ausprägungen als Richtwert zu verstehen und wird im Rahmen dieser Dissertation so festgelegt, dass eine Hauptbaugruppenanzahl kleiner gleich zwei einer geringen Variantenvielfalt entspricht. Demnach repräsentieren Produktportfolios mit einer größeren Anzahl an Hauptbaugruppen die Ausprägung hoch. Anhand der definierten Bewertungsdimensionen für das Produktionssystem können vier Produktionsszenarien (vgl. Abbildung 5-7) zur Eingrenzung des anforderungsgerechten Automatisierungsgrads definiert werden.

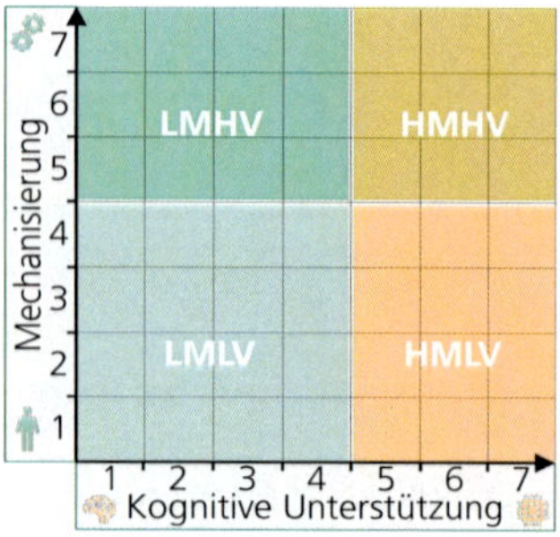

LMHV = Low Mix High Volume
HMHV = High Mix High Volume
LMLV = Low Mix Low Volume
HMLV = High Mix Low Volume

Abbildung 5-7: Klassifikation von Produktionsszenarien
Classification of production scenarios

Das erste Szenario mit den Ausprägungen hoher Variantenvielfalt und geringer Ausbringungsmenge (High Mix, Low Volume; HMLV) ist oftmals das gängige Produktionsszenario in dem additive Fertigungsverfahren eingesetzt werden. Die Geometrien der Bauteile sowie die erforderlichen Schichtdicken variieren. Typische Branchen sind der Prototypenbau mit vergleichsweise großen Bauteilgeometrien und der Werkzeug- und Formenbau mit mittleren Bauteilabmaßen. In beiden Branchen liegt eine kleine Losgröße bis hin zur Einzelfertigung vor [STIT21b, S. 49]. Aufgrund der hohen Varianz der Erzeugnisse sowie der geringen Stückzahl ist der Planungs- und Fertigungsaufwand hoch. Im Kontext der Automatisierung wird folglich der kognitiven Unterstützung eine größere Bedeutung beigemessen als der Mechanisierung. Beim zweiten Szenario sind die Ausprägungen für die Variantenvielfalt und Stückzahl jeweils hoch (High Mix, High Volume, HMHV). Demnach liegt analog zum HMLV-Szenario ein hoher Planungsaufwand vor, jedoch können aufgrund der höheren Stückzahl positive Skaleneffekte erzielt werden. Ein Automatisierungssystem in diesem Produktionsszenario sollte eine hohe kognitive Unterstützung aufweisen – bei einem gleichzeitig hohen Mechanisierungsgrad, sodass eine hohe Auslastung der Fertigungsmittel erzielt werden kann. Beispiele für dieses Produktionsszenario sind additive Dienstleistungsunternehmen, die eine additiv-subtraktive Prozesskette aufgebaut haben und dem Kunden eine individuelle Bauteilfertigung offerieren. [STIT21b, S. 49] Das LMHV-Produktionsszenario weist eine geringe Variantenvielfalt bei hoher Stückzahl auf (Low Mix, High Volume, LMHV). Planungsaufwände haben somit einen geringeren Anteil als bei den vorherigen Szenarien, wobei analog zum HMHV-Szenario positive Skaleneffekte erzielt werden. Ein hoher Grad an Mechanisierung und ein geringerer Grad der kognitiven Unterstützung sind somit die anforderungsgerechten Eigenschaften eines Automatisierungssystems. Beispiele für dieses Produktionsszenario sind in der Medizintechnik bei der Herstellung von Zahnimplantaten und mit Serienproduzenten gegeben, da von geringer bis keiner Geometrievarianz und konstanter Schichtdicke ausgegangen werden kann. [STIT21b, S. 49] Wenn die Ausprägungen für die Variantenvielfalt und Ausbringungsmenge jeweils gering sind (Low Mix, Low Volume, LMLV), liegt das LMLV-Szenario vor. Investitionen zur Steigerung der kognitiven Unterstützung sowie zur Mechanisierung müssen sich nicht zwangsläufig amortisieren, sodass diese für anforderungsgerechtes Automatisierungssystem gering sein sollten [LANZ16, S. 615].

5.2.1.2 Determination der anforderungsgerechten Automatisierungsstufe

Determination of the level of automation according to the requirements

Eine Detaillierung des anforderungsgerechten Bereichs für die mechanisierte und kognitive Automatisierungsstufe wird anhand unternehmensindividueller Präferenzen durchgeführt. In Abbildung 5-8 sind entsprechende, unterstützende Argumente für die Mechanisierung bzw. kognitive Unterstützung dargestellt. Diese stellen eine initiale Zusammenstellung aus der wissenschaftlichen Literatur dar und können entsprechend der unternehmensindividuellen Präferenzen und Erfahrungen ergänzt und adaptiert werden. Als Grundlage für die Argumente fungieren die folgenden Quellen [HESS00], [FAVR04], [FROH08], [CERO09], [FREN22].

Vorteile — Mechanisierung	Nachteile
▪ Bessere ergonomische Bedingungen für Mitarbeiter ▪ Höhere Qualität ▪ Höhere Produktivität ▪ Sinkende Lohnkosten	▪ Steigende Betriebsmittelkosten ▪ Begrenzte Werkstück-Flexibilität ▪ Bessere Ausbildung der Mitarbeiter notwendig ▪ Höhere Störungsanfälligkeit

Vorteile — Kognitive Unterstützung	Nachteile
▪ Transparenz in Prozessen und Störungen ▪ Sinkende kognitive Beanspruchung der Mitarbeiter ▪ Höhere Verarbeitungsgeschwindigkeit ▪ Sinkende Lohnkosten	▪ Steigende Betriebsmittelkosten ▪ Höhere Abhängigkeit vom System ▪ Höhere Anfälligkeit für Cyberkriminalität ▪ Sinkendes Situationsbewusstsein der Mitarbeiter

Abbildung 5-8: Unterstützende Argumente für und gegen die Mechanisierung und kognitive Unterstützung

Supportive arguments for and against mechanization and cognitive support

Bei der Abwägung durch den Anwender ist entscheidend, dass die Skalen für Mechanisierung und kognitive Unterstützung unabhängig voneinander betrachtet werden. Zur Determination der anforderungsgerechten Automatisierungsstufe wird die Methode des paarweisen Vergleichs verwendet. Der paarweise Vergleich ist eine Methode, bei der die jeweiligen Kriterien in einer Matrix einzeln miteinander verglichen werden. Zunächst werden die Bewertungskriterien in eine Matrix überführt und entsprechend einer zuvor definierten Bewertungsskala die relative Präferenz der Kriterien evaluiert [BREI97, S. 49 f.]. Im Rahmen dieser Dissertation wird die Bewertungsskala für die Bewertungsgrößen nach SCHMITT mit dem ganzzahligen kompakten Intervall [0,2] beschrieben, wobei der Wert 1 der relativen Präferenz der Indifferenz entspricht [SCHM15, S. 84 f.]. Zur Auswertung der erstellten Matrix wird eine Addition aller Bewertungsgrößen durchgeführt (vgl. Formel (5-3)) [BREI97, S. 61], [SCHM15, S. 84 f.].

$$S_{i,abs} = \sum_{j=1}^{n} u_{i,j} \quad \text{bzw.} \quad S_{i,rel} = \frac{S_{i,abs}}{\sum_{i=1}^{n} S_{i,abs}} \tag{5-3}$$

$S_{i,abs}$	=	Summierte absolute Bewertung für Kriterium i
$u_{i,j}$	=	Bewertungsgröße für Kriterium i gegenüber Kriterium j
$S_{i,rel}$	=	Summierte relative Bewertung für Kriterium i

Im ersten Schritt wird die Formel (5-3) jeweils für die positiven und negativen Argumente der mechanisierten sowie kognitiven Automatisierungsstufe angewendet. Anschließend wird jedes Argument unabhängig voneinander hinsichtlich der unternehmensindividuellen Präferenz bewertet. Die möglichen Werte für die Bewertungen entstammen dabei dem reellen kompakten Intervall [0,1]. Schließlich wird ein Verrechnungswert mittels Multiplikation der summierten relativen Bewertung mit der unabhängigen Bewertung bestimmt und addiert (vgl. Formel (5-4)).

$$SV = \sum_{i=1}^{n} S_{i,rel}\ B_i \qquad (5\text{-}4)$$

SV	=	Verrechnungswert für jeweilige Kriteriumsgruppe
$S_{i,rel}$	=	Summierte relative Bewertung für Kriterium i
B_i	=	Unabhängige Bewertung für Kriterium i

Die anforderungsgerechte Automatisierungsstufe wird entsprechend der zuvor eingegrenzten Automatisierungsstufe bestimmt, wobei mechanisierte und kognitive Automatisierungsstufen unabhängig voneinander berechnet werden (vgl. Formel (5-5)).

$$LOA = l_{min} + \frac{l_{max}-l_{min}}{2} + (l_{max}-l_{min})\ SV_{pro} + (l_{min}-l_{max})\ SV_{contra} \qquad (5\text{-}5)$$

LOA	=	Anforderungsrechte Automatisierungssstufe
l_{min}	=	Untere Grenze des Normierungsbereichs
l_{max}	=	Obere Grenze des Normierungsbereichs
SV_{pro}	=	Verrechnungswert für positive Kriterien
SV_{contra}	=	Verrechnungswert für negative Kriterien

Mit den ersten beiden Summanden wird der Mittelpunkt des Normierungsbereichs bestimmt (vgl. Abbildung 5-7). Der dritte Summand enthält den Verrechnungswert für positive Kriterien und beschreibt somit ausgehend vom Mittelpunkt eine Erhöhung der Automatisierungsstufe. Der Verrechnungswert für negative Kriterien ist im vierten Summanden enthalten und beschreibt analog die Verringerung der Automatisierungsstufe ausgehend vom Mittelpunkt.

5.2.2 Konzeption einer anforderungsgerechten Automatisierungslösung

Conception of an automation system according to requirements

Die Konzeption einer anforderungsgerechten Automatisierungslösung gliedert sich in zwei Phasen. Zunächst wird anhand der Automatisierungsstufen und Modellierung eines mathematischen Optimierungsproblems das Automatisierungssystem abstrakt beschrieben. In der zweiten Phase erfolgt unter Berücksichtigung fertigungstechnischer Gestaltungsrichtlinien die Detaillierung.

5.2.2.1 Modellierung und Lösung eines mathematischen Optimierungsproblems

Modeling and solving a mathematical optimization problem

Für die Konzeption einer anforderungsgerechten Automatisierungslösung wird ein mathematisches Optimierungsproblem formuliert, dessen Lösung spezifische Automatisierungsstufen für die Sub-Tasks und folglich für die Peripheriesysteme der additiven Prozesskette determiniert. Hierfür erfolgt eine Transformation des deskriptiven Beschreibungsmodells (vgl. Kapitel 5.1) zu einem mathematischen ganzzahligen linearen Modell. Im Folgenden werden die Schritte beschrieben:

Dem mathematischen Modell wird eine zu maximierende Zielfunktion (vgl. Formel (5-6)) zugrunde gelegt. Diese ist das gewichtete Skalarprodukt über die prozessschrittspezifischen, mechanisierten und kognitiven Automatisierungsstufen. Die Bestimmung der technologiespezifischen Gewichtungsfaktoren erfolgt anhand des prozentualen Anteils der Technologie in den repräsentativen Prozessketten der Referenzbauteile (vgl. 5.1.4). Bei mehreren betrachteten Referenzbauteilen und folglich Referenzprozessketten ist der durchschnittliche prozentuale Anteil für den Prozessschritt und demnach die Betriebsmittel zu verwenden.

$$\max \sum_{i=1}^{k} G_i\, mLOA_i + \sum_{i=1}^{k} G_i\, kLOA_i \tag{5-6}$$

Definitionsbereiche:

$G_i \in \mathbb{Q}: 0 \leq G_i \leq 1$ für $i = 1 \ldots k$

$mLOA_i \in \mathbb{N}: 1 \leq mLOA_i \leq 7$ für $i = 1 \ldots k$

$kLOA_i \in \mathbb{N}: 1 \leq kLOA_i \leq 7$ für $i = 1 \ldots k$

Variablenbenennung:

G_i	=	Gewichtungsfaktor der Technologie i
$mLOA_i$	=	Mechanisierte Automatisierungsstufe der Technologie i
$kLOA_i$	=	Kognitive Automatisierungsstufe der Technologie i
k	=	Anzahl der Technologien in der additiven Prozesskette

Die technologiespezifischen Automatisierungsstufen werden ebenfalls mit einem gewichteten Skalarprodukt über die definierten Sub-Tasks je Technologie bestimmt (vgl. Formel (5-2)). Da aufgrund der technologie- und sub-taskspezifischen Betrachtung nicht zwingend bei jeder Automatisierungsstufe eine Relation zu einer Ausprägung vorhanden ist, sind Leerstufen, also nicht definierte Automatisierungsstufen, zu berücksichtigen. Im Kontext der mathematischen Modellierung wird dies durch die Definitionsbereiche für die sub-task-spezifischen Automatisierungsstufen gewährleistet, sodass ausschließlich definierte Automatisierungsstufen in der Lösungsmenge enthalten sind. Im Anhang (vgl. Anhang G) sind die aus den Skalen resultierenden Definitionsbereiche für die technologie- und sub-taskspezifischen Automatisierungsstufen angegeben.

Mittels Restriktionen wird der Lösungsraum eingeschränkt. Hierbei sind zunächst die Wertvorgaben für die mechanisierte und kognitive Automatisierungsstufe basierend auf dem vorangegangenen Kapitel zu berücksichtigen. Die Restriktionen (5-7) und (5-8) gewährleisten, dass das gewichtete Skalarprodukt der Automatisierungsstufe dem Zielwert entspricht. Von einer Gleichheitsbedingung wird aufgrund der Standardform für lineare mathematische Probleme abgesehen.

$$\sum_{i=1}^{k} G_i\, mLOA_i \leq mLOA_{ziel} \tag{5-7}$$

$$\sum_{i=1}^{k} G_i \, kLOA_i \leq kLOA_{ziel} \tag{5-8}$$

Zusätzlich zu den Bezeichnungen aus Formel (5-6) gilt:

$mLOA_{ziel}$ = Zielwert für mechanisierte Automatisierungsstufe

$kLOA_{ziel}$ = Zielwert für kognitive Automatisierungsstufe

Des Weiteren sind fertigungstechnologische Restriktionen für die Handhabung zu berücksichtigen. Insbesondere für Handhabungsvorgänge innerhalb eines Arbeitssystems ist dies relevant, da diese mit der gleichen Peripherie durchgeführt werden (vgl. Abbildung 5-9).

Abbildung 5-9: Handhabungsvorgänge innerhalb eines Arbeitssystems
Handling operations within a work system

Dasselbe automatisierte Handhabungssystem, das Werkstück zum Fertigungsmittel fördert (Prozessschritt 1) und dieses im Arbeitsraum einspannt (Prozessschritt 2). Nach erfolgtem Fertigungsprozess wird mittels selbem Handhabungssystem das Werkstück aus dem Spannsystem des Fertigungsmittels entnommen (Prozessschritt 3) und abgeführt (Prozessschritt 4). Schließlich wird mit dem Handhabungssystem das Werkstück zum nächsten Fertigungsmittel transportiert (Prozessschritt 5). Die aus dem beschriebenen Handhabungsvorgang innerhalb eines Arbeitssystems resultierenden Restriktionen werden im Folgenden mathematisch beschrieben.

Zunächst werden die Transportvorgänge des Werkstücks in Form der Sub-Tasks Zuführen und Abführen betrachtet (Prozessschritt 1 und 4). Beide Sub-Tasks werden mit den gleichen Peripheriesystemen realisiert, sodass die Interaktionen mit der Werkzeugmaschine und ggf. dem Mitarbeiter vergleichbar sind. Für die mathematische Modellierung werden somit Äquivalenzbedingungen (vgl. Formel (5-9) und (5-10)) für die jeweilige mechanisierte und kognitive Automatisierungsstufe berücksichtigt.

$$mLOA_{x,zuführen} = mLOA_{x,abführen} \tag{5-9}$$

$$kLOA_{x,zuführen} = kLOA_{x,abführen} \tag{5-10}$$

$mLOA_{x,zuführen}$ = Mechanisierte Automatisierungsstufe der Technologie x für den Sub-Task Zuführen

$mLOA_{x,abführen}$ = Mechanisierte Automatisierungsstufe der Technologie x für den Sub-Task Abführen

$kLOA_{x,zuführen}$ = Kognitive Automatisierungsstufe der Technologie x für den Sub-Task Zuführen

$kLOA_{x,abführen}$ = Kognitive Automatisierungsstufe der Technologie x für den Sub-Task Abführen

Analog sind die Sub-Tasks des Spannens, Ent- und Umspannens für eine Technologie zu betrachten (Prozessschritt 2 und 3). Typischerweise werden diese Sub-Tasks auf den gleichen Spannsystemen umgesetzt. Demnach ergeben sich folgende Äquivalenzbedingungen (vgl. Formel (5-11) und (5-12)) für die mechanisierte und kognitive Automatisierungsstufe:

$$mLOA_{x,spannen} = mLOA_{x,entspannen} = mLOA_{x,umspannen} \tag{5-11}$$

$$kLOA_{x,spannen} = kLOA_{x,entspannen} = kLOA_{x,umspannen} \tag{5-12}$$

$mLOA_{x,spannen}$ = Mechanisierte Automatisierungsstufe der Technologie x für den Sub-Task Spannen

$mLOA_{x,entspannen}$ = Mechanisierte Automatisierungsstufe der Technologie x für den Sub-Task Entspannen

$mLOA_{x,umspannen}$ = Mechanisierte Automatisierungsstufe der Technologie x für den Sub-Task Umspannen

$kLOA_{x,spannen}$ = Kognitive Automatisierungsstufe der Technologie x für den Sub-Task Spannen

$kLOA_{x,entspannen}$ = Kognitive Automatisierungsstufe der Technologie x für den Sub-Task Entspannen

$kLOA_{x,umspannen}$ = Kognitive Automatisierungsstufe der Technologie x für den Sub-Task Umspannen

Hinsichtlich der Handhabung gilt es die Transportvorgänge zwischen verschiedenen Fertigungsmitteln zu berücksichtigen, sodass eine technologieübergreifende Verkettung mit einem Handhabungssystem mathematisch dargestellt werden kann (Prozessschritt 1, 4 und 5). Erforderlich hierfür ist ein bestimmter Automatisierungsgrad der Spannsysteme bzw. der Werkstückwechsler, sodass folgende Restriktion definiert wird.

$$mLOA_{x,fördern} \geq mLOA_{x,zuführen} \geq mLOA_{x,spannen} \tag{5-13}$$

$$kLOA_{x,fördern} \geq kLOA_{x,zuführen} \geq kLOA_{x,spannen} \tag{5-14}$$

$mLOA_{x,fördern}$ = Mechanisierte Automatisierungsstufe der vorherigen Technologie für den Sub-Task Abführen

$mLOA_{x,zuführen}$ = Mechanisierte Automatisierungsstufe der Technologie x für den Sub-Task Zuführen

$mLOA_{x,spannen}$ = Mechanisierte Automatisierungsstufe der Technologie x für den Sub-Task Spannen

$kLOA_{x,fördern}$ = Kognitive Automatisierungsstufe der vorherigen Technologie für den Sub-Task Abführen

$kLOA_{x,zuführen}$ = Kognitive Automatisierungsstufe der Technologie x für den Sub-Task Zuführen

$kLOA_{x,spannen}$ = Kognitive Automatisierungsstufe der Technologie x für den Sub-Task Spannen

Darüber hinaus können zusätzliche unternehmensindividuelle Restriktionen im mathematischen Optimierungsmodell berücksichtigt werden. Dies ist dann sinnvoll, wenn bereits Betriebsmittel vorhanden sind und im Rahmen der Investitionsentscheidung weiter genutzt werden sollen. In diesem Fall sind entsprechend der Evaluierung der Analysephase Äquivalenzbedingungen mit den ermittelten Automatisierungsstufen als Restriktionen hinzuzufügen. Zudem ist mit weiteren Äquivalenzbedingungen die Fokussierung auf die Automatisierung der Handhabungsvorgänge möglich sowie die Angleichung von Automatisierungsstufen in einzelnen Arbeitssystemen oder für die Handhabung von Werkstücken eines Übergangszustands. Hiermit ist das Optimierungsmodell beschrieben und kann in einer entsprechenden Softwareumgebung für den betrachteten Anwendungsfall (vgl. Kapitel 6) bedient werden. Das Ergebnis des Algorithmus ist für jede Technologie und technologiespezifischen Sub-Task eine Vorgabe für einen anforderungsgerechten mechanisierten und kognitiven Automatisierungsgrad.

5.2.2.2 Eignungsanalyse der Betriebsmittel

Capability analysis of the manufacturing equipment

Im folgenden Kapitel werden auf Basis der anforderungsgerechten Automatisierungsstufen Betriebsmittel analysiert. Ziel ist, sowohl für intern als auch extern verfügbare Betriebsmittel spezifische Eigenschaften hinsichtlich der Leistungsfähigkeit festzulegen. Als Grundlage dienen die im Datenmodell aggregierten Informationen. Es werden zunächst Fertigungsmittel und folgend Peripheriemittel beschrieben.

Eignungsanalyse der Fertigungsmittel

Die Eignung der internen Fertigungsmittel wird mittels des Abgleichs der Eigenschaften von Fertigungsmitteln und Bauteilen im Datenmodell ermittelt. So kann bspw. ein Fertigungsmittel direkt exkludiert werden, wenn der Arbeitsraum kleiner als das Hüllvolumen des Bauteils ist. Zudem erfolgt eine Prüfung der Leistungsfähigkeit des Fertigungsmittels und den resultierenden Bauteileigenschaften nach der Bearbeitung mit dem geforderten Anforderungsprofil. Diese Eignungsprüfung ist jedoch nur für Fertigungsmittel erforderlich, welche einen Endzustand am Bauteil erzeugen und somit bspw. ursächlich für die Eigenschaften der Oberfläche sind. Bei Fertigungsmitteln, die einen Übergangszustand erzeugen, ist daher eine Überprüfung der qualitätsbezogenen Eigenschaften nicht erforderlich, stattdessen wird der Produktivität eine höhere Relevanz beigemessen. Je nach strategischem Fokus der Anwender können externe Fertigungsmittel, die zeitnah beschafft werden können, entsprechend den Herstellerinformationen berücksichtigt werden. Im Fall einer Neuinvestition ist eine Analyse existierender Fertigungsmittel obsolet, sodass sich eine Vorgabe der Maschineneigenschaften aus der Detaillierungsphase (vgl. Kapitel 5.2.1.2) ergibt.

Eignungsanalyse der Peripheriesysteme

Die Eignungsanalyse der internen Peripheriesysteme erfolgt analog zu der Vorgehensweise bei den Fertigungsmitteln. Somit sind Spannsysteme, Greifer, Werkstückträgersysteme, Handhabungs- und Fördersysteme sowie Magazine als zentrale Elemente der Automatisierung hinsichtlich ihrer Eignung mittels des Datenmodells überprüft. Externe, zeitnah am Markt verfügbare Peripheriesysteme können im Rahmen einer Literatur- und Marktrecherche bei der Evaluierung berücksichtigt werden. Zur Reduktion des Rechercheaufwands bietet es sich an, zunächst eine Vorauswahl anhand sogenannter Peripheriekataloge vorzunehmen, sodass nicht alle Daten in das Entity-Relationship-Datenmodell überführt werden müssen. Hierfür werden in Abhängigkeit des Peripheriesystems Kennzahlen definiert. Diese sollten die Kategorien grundlegende, werkstückbezogene, prozessbezogene sowie automatisierungsbezogene Eigenschaften umfassen und auf Basis eines paarweisen Vergleichs (vgl. Kapitel 5.2.1.2) gewichtet werden. Die Auswahl geeigneter Peripheriesysteme erfolgt anhand eines Abgleichs der Bauteilanforderungen mit den definierten Kennzahlen, sodass automatisiert eine Rangfolge der geeigneten Peripheriesysteme bestimmt werden kann. Geeignete Peripheriesysteme können schließlich in das Datenmodell übernommen werden. Ein Beispiel für einen solchen Katalog ist im Anhang (siehe Anhang H) zu finden und wurde im Forschungsprojekt IDEA erarbeitet (vgl. [HORS21c, S. 1177], [IDEA23, S. 85 f.].

5.2.3 Heuristikbasierte Spezifizierung der Automatisierungslösung

Heuristics-based specification of the automation solution

Für die Auswahl der Betriebsmittel entsprechend des stufenweisen Aufbaus werden Heuristiken der Prozessoptimierung nach SCHLICK ET AL. angewendet. Grundsätzlich werden zur Prozessoptimierung sieben Heuristiken definiert. Das *Eliminieren von Vorgängen* beschreibt den Verzicht von verschwenderischen Vorgängen bzw. Prozessschritt und den zugehörigen Betriebsmitteln. *Zusammenfassen von Vorgängen* fokussiert die Reduktion von Schnittstellen, indem einzelne Vorgänge kombiniert werden. Im Kontext der additiven Prozesskette kann dies bspw. durch die Nutzung eines Dreh-Fräs-Zentrums realisiert werden. Mit dem *Auslagern von Vorgängen* ist die externe Vergabe an Fremdunternehmen gemeint, die im Rahmen dieser Dissertation nicht im Fokus steht. An dieser Stelle sei auf MÖHRLE verwiesen, der eine entsprechende Betrachtung für die additive Prozesskette in seiner Methodik integriert [MÖHR18, S. 108 f.]. Die Heuristik *Vereinfachen von Vorgängen* beschreibt die Optimierung von Vorgängen zum Erzielen einer kürzeren Durchlaufzeit. Mithilfe von Methoden des Lean Manufacturing, wie GRONEBERG und HORSTKOTTE zeigen, kann die additive Prozesskette vereinfacht werden, wobei die Auswirkungen auf die Betriebsmittel in der

Regel nur mittelbar sind [GRON22]. Der *Abbau von Schnittstellen* wird in der additiven Prozesskette bspw. durch die Nutzung eines einheitlichen Softwaresystems oder durch eine räumliche Kombination der Vorgänge erreicht werden, sodass Transportwege von Material- und Informationsflüssen verringert werden. Das *Parallelisieren von Vorgängen* sieht die gleichzeitige Durchführung von Vorgängen vor, falls diese nicht sequenziell ablaufen müssen. [SCHL10, S. 467 ff.]

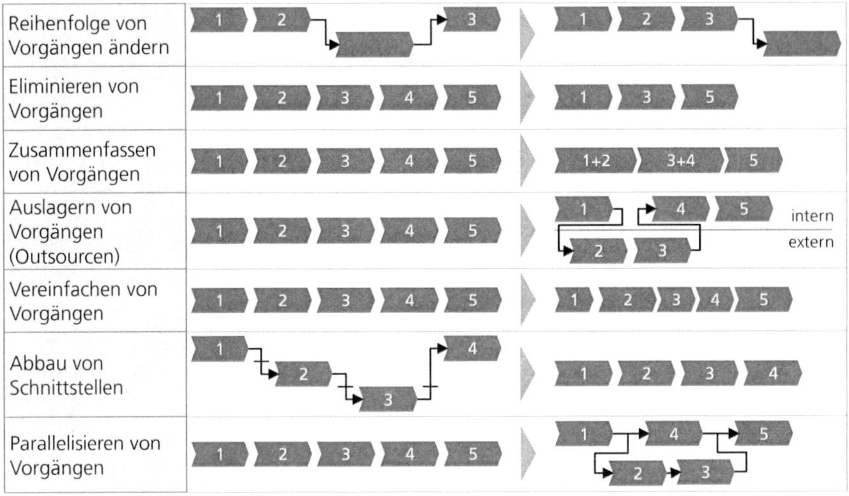

Abbildung 5-10: Heuristiken der Prozessoptimierung nach SCHLICK ET AL [SCHL10, S. 467 ff.]
Heuristics of process optimization

Die Anwendung der Heuristiken im Kontext der Spezifizierung von Betriebsmitteln für die konzeptionierten Automatisierungslösungen erfolgt anhand der Leistungsfähigkeiten der jeweiligen Betriebsmittel. Hierbei werden zwei Optimierungsziele definiert:

1. Die Durchlaufzeit für alle betrachteten Vorgänge soll möglichst gering sein.
2. Die Hauptzeit der Fertigungsmittel soll maximiert werden.

Aufgrund der Zielsetzung ist eine Differenzierung von internen und externen Vorgängen sinnvoll. Erstere sind Vorgänge, bei denen ein Fertigungsmittel belegt wird und nicht anderweitig genutzt werden kann. Solche Vorgänge sind der Fertigungsprozess selbst oder Tätigkeiten innerhalb des Maschinenraums wie Rüstvorgänge. Bei externen Vorgängen wird das Fertigungsmittel nicht belegt und steht somit für andere Vorgänge zur Verfügung. Ein Beispiel hierfür sind Transportvorgänge zwischen den Fertigungsmitteln. Nach BERTAGNOLLI sind interne Vorgänge bei der Optimierung zu priorisieren. [BERT18, S. 190] Die angewendeten Heuristiken werden entsprechend der EKUV-Methode (Eliminieren, Kombinieren, Umstellen, Vereinfachen) priorisiert, eine Methode, die typischerweise für die Optimierung von Rüstvorgängen eingesetzt wird [BERT18, S. 190]. Es ergibt sich somit folgende Priorisierung:

1. Differenzierung zwischen internen und externen Vorgang
2. Wandlung interner in externe Vorgänge
3. Beschleunigung interner Vorgänge
4. Beschleunigung externer Vorgänge

Entsprechend der EKUV-Methode und der Heuristiken sind bei der Spezifizierung der Fertigungsmittel zwei Leistungscharakteristika im Kontext der Automatisierung dominierend. Die Fähigkeit zur Integration mehrerer Fertigungstechnologien zur Reduktion von Schnittstellen sowie Elimination von Handhabungsvorgängen und die Dauer der möglichen Prozesszeit. Die Spezifizierung der Peripheriesysteme ist im Vergleich umfangreicher. Ein Vorgehen ist in Abbildung 5-11 dargestellt. Entsprechend des entwickelten Vorgehens wird eine Differenzierung zwischen internen und externen Vorgängen vorgenommen. Hierbei wird bei internen Vorgängen geprüft ob durch die Wahl eines geeigneten Peripheriesystems gemäß der EKUV-Methode eine Wandlung in einen externen Vorgang möglich ist. Ein Beispiel hierfür ist die Nutzung eines Nullpunktspannsystems in Kombination mit Werkstückpaletten, sodass der direkte Spannvorgang extern stattfindet und intern der signifikant kürzere Wechsel der Werkstückpalette zu berücksichtigen ist. In diesem Fall ist eine erneute Betrachtung als externer Vorgang erforderlich. Liegt eine interne Handhabungsfunktion vor, die nicht in einen externen Vorgang gewandelt werden kann, wird geprüft ob der Vorgang auf Fertigungsmittel realisiert werden kann. Ein Beispiel hierfür ist ein Bearbeitungszentrum, das mittels eines angeschlossenen Werkzeugmagazins und -wechsler Werkzeugwechsel durchführen kann. In diesem Fall ist kein zusätzliches Peripheriesystem notwendig. Lösungen, die mit einem Fertigungsmittel bereitgestellt werden, sind zu bevorzugen, da Schnittstellen reduziert werden. Ist es erforderlich ein Peripheriesystem zu verwenden, erfolgt die Spezifizierung anhand folgender Priorisierung. Die höchste Priorität wird den Peripheriesystemen zugeschrieben, die Handhabungsfunktionen eliminieren. Es folgen Peripheriesysteme, die mehrere Handhabungsfunktionen realisieren. Die niedrigste Priorität wird in Korrelation zur Handhabungsgeschwindigkeit determiniert.

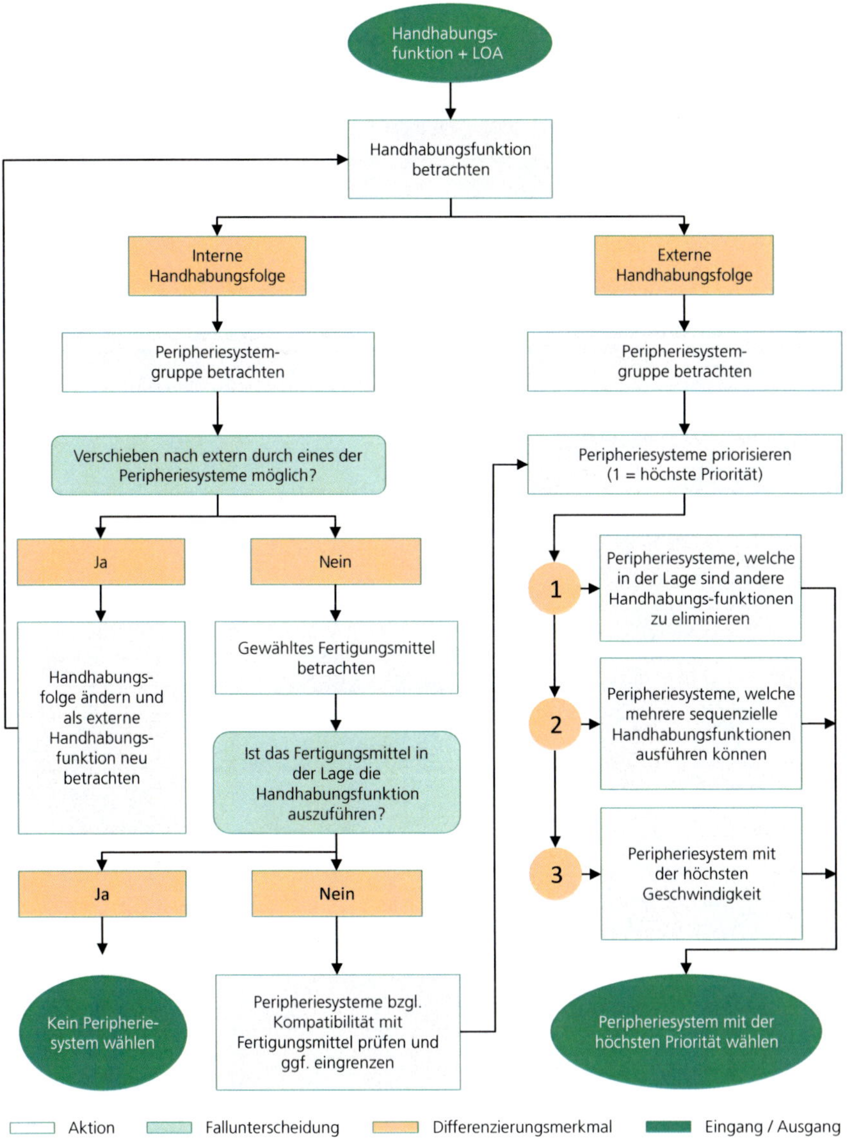

Abbildung 5-11: Vorgehen zur Auswahl der Peripheriesysteme

Procedure for selecting peripheral systems

5.2.4 Stufenweiser Aufbau der Automatisierungslösung

Stepwise configuration of the automation solution

Die Erfahrung des Autors aus verschiedenen Projekten zur Automatisierung von Fertigungsmitteln zeigt, dass typischerweise ein stufenweiser Aufbau der Automatisierungslösung von Unternehmen angestrebt wird. Vorteilhaft ist dies, da notwendige Investitionen über mehrere Geschäftsjahre anfallen, Mitarbeiter schrittweise Erfahrung sammeln können und Prozesse sukzessiv adaptiert werden können. Das Risiko eines Produktionsausfalls während der Implementierungshase kann somit signifikant reduziert werden.

Die auf Basis des mathematischen Modells konzeptionierte Automatisierungslösung wird hinsichtlich eines stufenweisen Aufbaus nach WECK, TAKEDA sowie ROTHER und HARRIS spezifiziert. Demnach werden zunächst Fertigungsprozesse priorisiert, gefolgt von der Entnahme sowie Beladung und schließlich der Werkstücktransfer. [WECK05, S. 17 ff.], [TAKE06, S. 112 ff.], [BERT18, S. 178 f.]

Somit resultieren folgende Stufen:

1. Stufe: Die Fertigungsmittel werden entsprechend der Vorgabe des mathematischen Modells automatisiert. Handhabungsfunktionen werden so weit automatisiert, dass eine ergonomische Arbeitsgestaltung gesichert ist. Die Abschätzung von Belastungen und Gefahren obliegt dem Anwender bzw. Fertigungsplaner.

2. Stufe: Den Fertigungsprozess unterstützende Vorgänge wie der Werkzeugwechsel werden hinsichtlich mechanischer und kognitiver Automatisierungsstufe möglichst so weit automatisiert, wie das entsprechende Fertigungsmittel.

3. Stufe: Die Be- und Entladung der Fertigungsmittel sowie Spannvorgänge werden bzgl. der mechanischen und kognitiven Automatisierungsstufe so weit automatisiert, wie das entsprechende Fertigungsmittel.

4. Stufe: Die Handhabung von Werkstücken, Pulver und Substratplatten zwischen einzelnen Arbeitssystemen wird hinsichtlich mechanischer und kognitiver Automatisierungsstufen möglichst so weit automatisiert, wie die jeweiligen Fertigungsmittel, zwischen denen der Transfer stattfindet. Es gilt die Übergangszustände, bspw. für Reinigung und Pulverkontamination, zu berücksichtigen.

5. Stufe: Die Qualitätssicherung zwischen den Arbeitssystemen wird hinsichtlich mechanischer und kognitiver Automatisierungsstufe möglichst so weit automatisiert, wie die jeweiligen Fertigungsmittel.

5.2.5 Zwischenfazit Generierungsphase

Interim summary of the generation phase

In der Generierungsphase werden fertigungstechnologisch geeignete Betriebsmittel zu ganzheitlichen Automatisierungskonzepten zusammengestellt. Zu diesem Zweck wird zunächst der für das

Unternehmen anforderungsgerechte Automatisierungsgrad bestimmt. Mittels einer mathematischen Beschreibung der fertigungstechnologischen Problemstellung werden anhand einer Optimierungsfunktion algorithmusbasierte Automatisierungskonzepte generiert. Diese werden in den folgenden Schritten mittels Heuristiken spezifiziert und – sofern möglich sowie erforderlich – hinsichtlich einer stufenweisen Inbetriebnahme ausgelegt. Die Erkenntnisse dieser Phase ermöglichen die Beantwortung der zweiten Forschungsfrage hinsichtlich eines Vorgehens zur Entwicklung von Automatisierungskonzepten bei Berücksichtigung unternehmensindividueller Rahmenbedingungen. Insbesondere die in dieser Arbeit entwickelte algorithmusbasierte Auslegung von Automatisierungskonzepten trägt zur Beantwortung der Forschungsfrage bei.

5.3 Detaillierungsphase

Detailing phase

In der Detaillierungsphase werden den konzeptionierten Automatisierungslösungen quantitativen Eigenschaften zugewiesen. Hierfür werden zunächst die Durchlaufzeiten in Abhängigkeit der jeweiligen Automatisierungsstufe abgeschätzt. Anschließend erfolgt eine simulative Betrachtung der verfügbaren Kapazitäten und eine Anpassung der geforderten Produktionsmenge. Abschließend werden die Kosten für die Automatisierungslösung quantifiziert.

5.3.1 Bestimmung von Durchlaufzeiten

Determination of the lead time

In produzierenden Unternehmen wird der Dimension *Zeit* große Bedeutung beigemessen und in verschiedenen Unternehmensbereichen eingesetzt. Es wird zwischen produkt-, mitarbeiter-, produktions- und führungsbezogenen Zeitdaten differenziert [SCHL10, S. 666]. Im Rahmen dieser Dissertation werden insbesondere die produktionsbezogenen Zeitdaten der Fertigung betrachtet, um eine Investitionsentscheidung herbeizuführen. Typischerweise sind die Durchführungszeiten für manuelle und automatisierte Vorgänge auf Basis der vorhandenen Prozesskette bekannt oder können abgeschätzt werden. Wenn dies nicht möglich ist, ist im Anhang (vgl. Anhang I) ein auf der Literatur basierendes Vorgehen zur Ermittlung von manuellen und automatisierten Durchführungszeiten dargelegt.

5.3.1.1 Ermittlung der Durchlaufzeit auf Basis von Durchführungszeiten

Determination of lead time based on processing times

Nach REFA ergibt sich die planmäßige Durchlaufzeit durch Addition der Durchführungszeiten (Haupt- und Nebendurchführungszeit) und den Zeiten für Ablaufbedingtes. Die Unterscheidung der Zeitarten bzw. Ablaufarten ist dabei folgende: [REFA18, S. 161 f.]

Hauptdurchführungszeit: Es liegt eine Gestalt- oder Eigenschaftsänderung des Werkstücks vor.

Nebendurchführungszeit: Die Lage des Werkstücks wird verändert.

Ablaufbedingte Wartezeit: Es liegt keine Eigenschafts- oder Lageveränderung am Werkstück vor.

Bei der Addition der Durchführungszeiten ist eine Differenzierung von Chargen- und Durchlaufprozessen erforderlich. Erstere liegen in der additiven Prozesskette häufig bis zum Abtrennen der Werkstücke von der Substratplatte vor. Es werden mehrere Werkstücke gleichzeitig bearbeitet, sodass, falls die Bearbeitung des gesamten Loses in einer Charge möglich ist, die Durchführungszeit einmalig berücksichtigt wird. Falls eine Losbearbeitung nicht innerhalb einer Charge möglich ist, ist eine zusätzliche Berücksichtigung der Haupt- und Nebendurchführungszeiten erforderlich. In diesem Fall ist die Reduzierung der Losgröße ratsam, um die Durchlaufzeit zu reduzieren [ERLA10, S. 61 f.]. Hinsichtlich der Optimierung der Losgröße für die additive Prozesskette sei auf die Ausführungen von STITTGEN verwiesen [STIT21a]. Bei Durchlaufprozessen ergibt sich die Durchlaufzeit bzgl. eines Fertigungsprozesses aus dem Produkt der Durchführungszeit des Prozesses mit der Losgröße. Nebendurchführungszeiten werden einmalig berücksichtigt.

5.3.1.2 Verteilung von Durchführungszeiten auf Betriebsmittel und Personal

Allocation of processing times to resources and personnel

Für die im nächsten Kapitel folgende Anpassung der Produktionskapazitäten ist eine Verteilung der Durchführungszeiten auf die Betriebsmittel und das Personal notwendig, um bspw. mannlose Laufzeiten berücksichtigen zu können. Während durch die Haupt- und Nebendurchführungszeiten eine direkte Zuordnung der Betriebsmittel gegeben ist, ist dies bei den Mitarbeitern nicht der Fall. In Abhängigkeit des LOA liegt eine variable Einbindung der Mitarbeiter vor. So können Mitarbeiter direkt in die Tätigkeit eingebunden sein oder mittels Überwachungstätigkeiten involviert werden. Eine Übersicht über den Zusammenhang von LOA und Einbindung der Mitarbeiter ist in Abbildung 5-12 gezeigt.

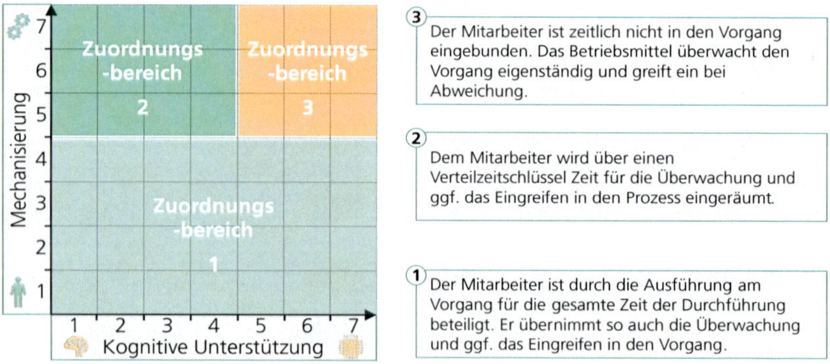

Abbildung 5-12: Vorgangseinbindung der Mitarbeiter in Abhängigkeit vom LOA

Operation integration of the employees depending on the LOA

Liegt eine niedrige mechanisierte sowie kognitive Automatisierungsstufe vor (vgl. Zuordnungsbereich 1), besteht eine dauerhafte Vorgangseinbindung des Mitarbeiters. Es werden essenzielle Tätigkeiten für die Durchführung des Vorgangs übernommen. Zudem erfolgt eine Überwachung und bei Bedarf auftretenden Problemen ein Eingreifen in den Vorgang. Im zweiten Zuordnungsbereich liegt ein hoher mechanisierter LOA und ein geringer kognitiver LOA vor. In diesem Fall wird die Vorgangseinbindung des Mitarbeiters mit sogenannten Verteilzeiten berücksichtigt. Diese geben den Zeitanteil an der Arbeitszeit der Mitarbeiter an, der für Überwachung und Eingreifen bei sporadisch auftretenden Störungen benötigt wird. Die Höhe der Verteilzeiten ist von der Fertigungsorganisation abhängig. Bei automatisierten Vorgängen ist Mehrstellenarbeit üblich. Der dritte Zuordnungsbereich weist eine hohe mechanisierte und kognitive Automatisierungsstufe auf. Demnach ist der Mitarbeiter zeitlich nicht in den Vorgang eingebunden und die Betriebsmittel führen den Vorgang aus, überwachen diesen eigenständig und greifen bei Abweichungen ein.

Bei der Zeitverteilung sind die verschiedenen Zeitarten auf Grundlage der Ablaufarten zu differenzieren. Analog zu den Durchführungszeiten für Aufträge werden planmäßige Zeiten betrachtet. Demnach Haupt- und Nebenzeiten sowie Zeiten für ablaufbedingtes Warten und Rüsten. Die Betrachtung von Rüstzeiten ist notwendig, um bspw. Spannmittelwechsel an einer Fräsmaschine oder einen Pulverwechsel der LPBF-Anlage zu berücksichtigen. Für eine ausführliche Übersicht über die Zeitarten für Personal und Betriebsmittel sei auf den Anhang (vgl. Anhang J) verwiesen [REFA18, S. 164-174].

5.3.2 Anpassung der Produktionskapazitäten

Determination of the required capacities

In diesem Kapitel wird das Kapazitätsangebot der Arbeitssysteme mit dem Kapazitätsbedarf der Produktionsplanung synchronisiert. Als Grundlage fungieren die zuvor ermittelten Durchführungszeiten. Es wird ein kontinuierlicher Materialfluss nach dem First-in-First-out-Prinzip (FiFo) angestrebt. Demnach sind Vorgänge, die im Vergleich zu anderen Tätigkeiten bzw. Prozessschritten lange dauern, sogenannte Bottlenecks, bei denen entweder das Kapazitätsangebot erweitert werden sollte oder die anderen Prozessschritte an die Leistung des Bottlenecks angepasst werden sollten. [ERLA10, S. 102-106]

Für die Ermittlung und Anpassung des Kapazitätsangebots eines Arbeitssystems ist eine Differenzierung anhand des Automatisierungsgrads zweckmäßig. Im Folgenden werden anhand der mechanisierten Automatisierungsstufen drei Arbeitssysteme unterschieden: Manuelle und automatisierte Arbeitssysteme sowie Mehrmaschinensysteme in Form von Fertigungssystemen (vgl. Abbildung 5-13). Jedes der Arbeitssysteme weist einen Nutzungsgrad auf, wobei zwischen Fertigungsmittel und Personal zu differenzieren ist. Die geplante Produktionszeit eines Fertigungsmittels t_{pn} entspricht der Verfügbarkeit für Aufträge. Geplante Stillstände für Wartung und Instandhaltung sind abzuziehen. [ERLA10, S. 71] Für Mitarbeiter wird analog die Arbeitszeit t_a als planmäßig verfügbare Zeit definiert. Es gilt zu berücksichtigen, dass im Fall einer bereichsübergreifenden Nutzung die geplanten Produktions- und Arbeitszeiten entsprechend zu mindern sind.

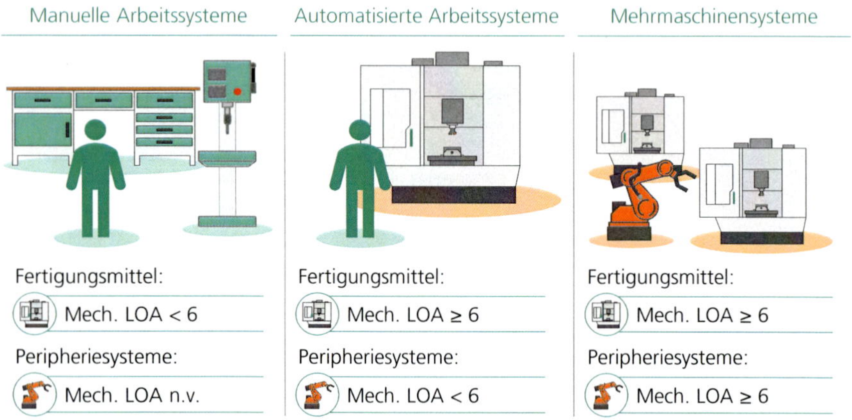

Abbildung 5-13: Differenzierung der Arbeitssysteme bei der Kapazitätsanpassung
Differentiation of work systems for capacity adjustment

5.3.2.1 Kapazitätsermittlung und -anpassung manueller Arbeitssysteme

Capacity determination and adjustment of manual work systems

Fokus bei der Kapazitätsauslegung manueller Arbeitssysteme ist, dass der Mensch den Engpass bildet und folglich detaillierter betrachtet wird. Grundsätzlich steht pro Mitarbeiter und Betrachtungszeitraum die Arbeitszeit t_a zur Verfügung, die um die nichtproduktive Zeit zu reduzieren ist. So sind sachliche Verteilzeiten t_s für sporadische Unterbrechungen bspw. zur Behebung einer Störung sowie persönliche Verteilzeiten für Pausen zur Befriedung persönlicher Bedürfnisse zu berücksichtigen. Mittels der spezifischen Verteilzeitschlüssel z_s bzw. z_p werden die Verteilzeiten bestimmt. Die Verteilzeitschlüssel können auf Basis von Ist-Zeitstudien abgeleitet oder prospektiv abgeschätzt werden. In Form der sogenannten Erholzeit t_{er} ist ein weiterer Subtrahend zu berücksichtigen, wenn körperlich anstrengende Arbeit verrichtet wird. [REFA18, S. 404-412] Im Kontext der additiven Prozesskette mit Pulverbettverfahren sei an dieser Stelle auf die Arbeit unter Atemschutz und PSA aufgrund des feinkörnigen Pulvers hingewiesen, sodass die Einplanung von Erholungszeiten erforderlich ist [VDI18b, S. 14 f.]. Die um die beschriebenen Subtrahenden reduzierte Arbeitszeit wird als Grundzeit t_g bezeichnet. Werden weiterhin die ablaufbedingten Wartezeiten t_w subtrahiert, wird von der Tätigkeitszeit t_t gesprochen. Diese kann auch als die Summe der aufgewendeten Zeiten für Haupttätigkeiten (MH) und Nebentätigkeiten (NH) betrachtet werden [REFA18, S. 162-174]. Eine zusätzliche Betrachtung der individuellen Leistung eines Mitarbeiters anhand von Leistungsgraden wird im Folgenden nicht weiter berücksichtigt, da die Ermittlung prospektiv nicht möglich ist und individuell für die Mitarbeiter angepasst werden muss [REFA18, S. 336-351]. Die beschriebenen Zusammenhänge werden in Abbildung 5-14 zusammengefasst.

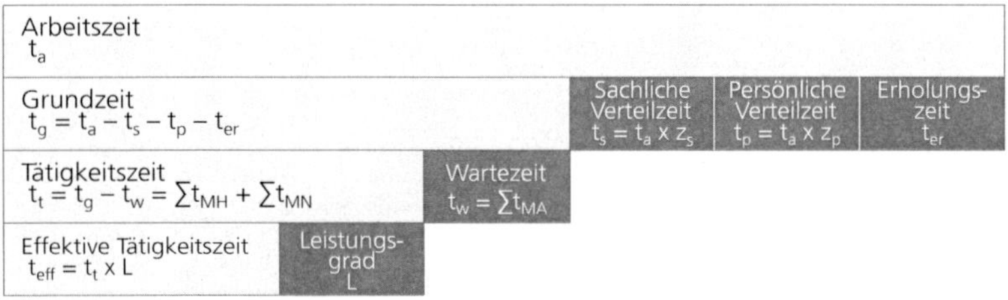

Abbildung 5-14: Zusammenhang zwischen Arbeitszeit und Tätigkeitszeit eines Mitarbeiters

Correlation between working time and activity time of an employee

Die Kapazitätsplanung für ein Arbeitssystem basiert auf einem durchschnittlichen Auftrag. Im Kontext der Methodik wird daher die benötigte Auftragszeit für den ausgewählten Demonstrator betrachtet. Sind mehrere repräsentative Demonstratoren aus dem Produktportfolio Betrachtungsgegenstand der Methodik, sind die Vorgangszeiten entsprechend der im Arbeitssystem ausgeführten Tätigkeiten zu gewichten, sodass eine vergleichbare durchschnittliche Vorgangszeit für das betrachtete Arbeitssystem ermittelt werden kann.

Die Auftragszeit eines Arbeitssystems wird anhand der werkstückspezifischen Zykluszeit definiert. Diese entspricht der Summe der Haupt-, Neben- und Wartezeiten unter Berücksichtigung der sachlichen und persönlichen Verteilzeit sowie der Erholzeit des Mitarbeiters. Es ergibt sich Formel (5-15): [REFA18, S. 139]

$$t_{Z,\,b_j}^{AS_i} = \left(\sum t_{MH,\,b_j}^{AS_i} + \sum t_{MN,\,b_j}^{AS_i} + \sum t_{MA,\,b_j}^{AS_i}\right) * \left(1 + \left(z_s + z_p + z_{er}\right)\right) \tag{5-15}$$

$t_{Z,\,b_j}^{AS_i}$	=	Zykluszeit für Bauteil j an Arbeitssystem i
$t_{MH,\,b_j}^{AS_i}$	=	Zeit für Haupttätigkeiten für Bauteil j an Arbeitssystem i
$t_{MN,\,b_j}^{AS_i}$	=	Zeit für Nebentätigkeiten für Bauteil j an Arbeitssystem i
$t_{MA,\,b_j}^{AS_i}$	=	Wartezeiten für Bauteil j an Arbeitssystem i
z_s, z_p, z_{er}	=	Sachlicher, persönlicher und erholungsbedingter Verteilzeitschlüssel

Rüstzeiten sind einmalige zeitliche Aufwände für die Bearbeitung eines Auftrags bzw. Loses und müssen daher berücksichtigt werden (vgl. Formel (5-16)). Analog zur Zykluszeit sind anteilige – ggf. für das Rüsten spezifizierte – Verteilzeiten zu berücksichtigen. [REFA18, S. 168]

$$t_{r,\,b_j}^{AS_i} = \left(\sum t_{MHR,\,b_j}^{AS_i} + \sum t_{MNR,\,b_j}^{AS_i} + \sum t_{MAR,\,b_j}^{AS_i}\right) * \left(1 + \left(z_s + z_p + z_{er}\right)\right) \tag{5-16}$$

$t_{r,\,b_j}^{AS_i}$	=	Gesamtrüstzeit für Bauteil j an Arbeitssystem i

$t_{MHR, b_j}^{AS_i}$ = Zeit für Hauptrüsttätigkeiten für Bauteil j an Arbeitssystem i

$t_{MNR, b_j}^{AS_i}$ = Zeit für Nebenrüsttätigkeiten für Bauteil j an Arbeitssystem i

$t_{MAR, b_j}^{AS_i}$ = Wartezeiten für Bauteil j an Arbeitssystem i

z_s, z_p, z_{er} = Sachliche, persönliche und erholungsbedingte Verteilzeitschlüssel

Die Auftragszeit ergibt sich schließlich aus dem Produkt der Zykluszeit mit der Losgröße, wobei die einmalig anfallende Rüstzeit addiert wird (vgl. Formel (5-17)): [REFA18, S. 164]

$$t_{Auf, b_j}^{AS_i} = m_{b_j} * t_{z, b_j}^{AS_i} + t_{r, b_j}^{AS_i} \tag{5-17}$$

$t_{Auf, b_j}^{AS_i}$ = Auftragszeit für Bauteil j an Arbeitssystem i

m_{b_j} = Losgröße für Bauteil j

$t_{z, b_j}^{AS_i}$ = Zykluszeit für Bauteil j an Arbeitssystem i

$t_{r, b_j}^{AS_i}$ = Gesamtrüstzeit für Bauteil j an Arbeitssystem

Auf Basis der Auftragszeit der Bauteile kann anhand der Anzahl an Aufträgen bzw. benötigten Bauteilen das sogenannte Full-Time-Equivalent (FTE) berechnet werden, sodass auch nicht ganzzahlige Ergebnisse betrachtet werden können. Das FTE entspricht der Anzahl der benötigten Mitarbeiter für das jeweilige Arbeitssystem, wobei das jeweilige Schichtsystem mit dem Faktor a_S^{MA} berücksichtigt wird – bspw. mit dem Wert 0,5 für ein Zwei-Schicht-System. Es gilt folgender mathematischer Zusammenhang (vgl. Formel (5-18)):

$$n_{FTE}^{AS_i} = \frac{t_{Auf,b_j}^{AS_i} * n_{Auf, ges}}{t_a^{FTE_i}} = \frac{t_{Auf}^{AS_i} * n_{Auf, ges}}{n_S^{AS_i} * t_S^{AS_i} * a_S^{MA}} \tag{5-18}$$

$n_{FTE}^{AS_i}$ = Anzahl benötigter FTE für Arbeitssystem i

$t_{Auf,b_j}^{AS_i}$ = Auftragszeit für Bauteil j an Arbeitssystem i

$n_{Auf, ges}$ = Anzahl der Aufträge

$t_a^{FTE_i}$ = Arbeitszeit für FTE i

$n_S^{AS_i}$ = Anzahl der Schichten für Arbeitssystem i

$t_S^{AS_i}$ = Schichtlänge abzüglich Pausen für Arbeitssystem i

a_S^{MA} = Faktor für Schichtsystem

Die Anzahl benötigter Fertigungsmittel wird auf Grundlage der benötigten FTEs sowie der Anzahl unterschiedlicher bzw. ergänzender Fertigungsmittel wie folgt abgeleitet (vgl. Formel (5-19)):

$$n_F^{AS_i} = \frac{n_{FTE}^{AS_i} * a_S^{MA}}{n_{F_\Delta}^{AS_i}} \qquad (5\text{-}19)$$

$n_F^{AS_i}$	=	Anzahl benötigter Fertigungsmittel für Arbeitssystem i
$n_{FTE}^{AS_i}$	=	Anzahl benötigter FTE für Arbeitssystem i
a_S^{MA}	=	Faktor für Schichtsystem
$n_{F_\Delta}^{AS_i}$	=	Anzahl unterschiedlicher Fertigungsmittel in Arbeitssystem i

5.3.2.2 Kapazitätsermittlung und -anpassung automatisierter Arbeitssysteme

Capacity determination and adjustment of automated work systems

Bei automatisierten Arbeitssystemen bilden die Fertigungsmittel den Engpass im Arbeitssystem. Jedem Fertigungsmittel wird eine geplante Nutzungszeit t_{pn} zugewiesen, wobei Stillstandzeiten für Wartung und Instandhaltung berücksichtigt sind (vgl. Abbildung 5-15). Wenn zusätzlich ablaufbedingte Wartezeiten t_{BA}, Nebenzeiten t_{BN} (bspw. für den Werkstückwechsel), Rüstzeiten t_{BR} (bspw. für den Spannmittelwechsel) und Störungen t_{BS} berücksichtigt werden, liegt die sogenannte Hauptzeit t_h vor. Der Anteil der Hauptzeit an der geplanten Nutzungszeit wird als Verfügbarkeitsfaktor V bezeichnet. Im betrieblichen Einsatz können zudem Leistungsverluste auftreten, wenn das Fertigungsmittel nicht die maximal möglichen Leistung p_{soll} aufweist.

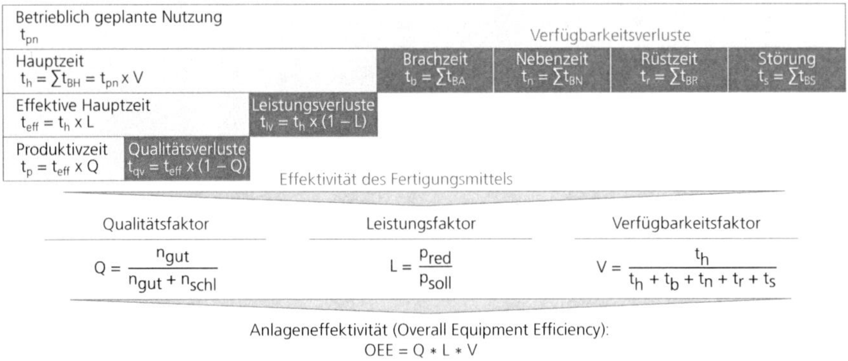

Abbildung 5-15: Effektivitätsverluste eines Fertigungsmittels nach ERLACH und BERTAGNOLLI [ERLA10, S. 70-72], [BERT18, S. 180-182]

Effectiveness losses of a manufacturing equipment according to ERLACH and BERTAGNOLLI

Werden die Leistungsverluste mittels des Leistungsfaktor L berücksichtigt, liegt die effektive Hauptzeit $t_{h,eff}$ vor. Wenn schließlich noch die Qualitätsverluste, also das Verhältnis von anforderungsgerechten Bauteilen zur Anzahl der gesamt hergestellten Bauteile (Qualitätsfaktor Q), betrachtet wird, liegt die Produktivzeit t_p vor. Das Produkt aus Verfügbarkeits-, Leistungs- und Qualitätsfaktor wird als Gesamtanlagen-Effektivität (engl. Overall-Equipment-Effectiveness, OEE) bezeichnet. [ERLA10, S. 70-72], [BERT18, S. 180-182]

Die Determination der Kapazitäten wird analog zum Verfahren für manuelle Arbeitssysteme durchgeführt. Die Anpassung der Kapazitäten erfolgt jedoch für jedes Fertigungsmittel in einem Arbeitssystem einzeln. Zunächst wird die Zykluszeit mittels Addition der Zeiten für Haupt- und Nebentätigkeiten sowie anfallenden Wartezeiten gemäß Formel (5-20) bestimmt: [REFA18, S. 169]

$$t_{Z,\,b_j}^{F_k} = \left(\sum t_{BH,\,b_j}^{F_k} + \sum t_{BN,\,b_j}^{F_k} + \sum t_{BA,\,b_j}^{F_k}\right) \tag{5-20}$$

$t_{Z,\,b_j}^{F_k}$ = Zykluszeit für Bauteil j für Fertigungsmittel k

$t_{BH,\,b_j}^{F_k}$ = Zeit für Haupttätigkeiten für Bauteil j für Fertigungsmittel k

$t_{BN,\,b_j}^{F_k}$ = Zeit für Nebentätigkeiten für Bauteil j für Fertigungsmittel k

$t_{BA,\,b_j}^{F_k}$ = Wartezeiten für Bauteil j für Fertigungsmittel k

Die Rüstzeit für ein Fertigungsmittel entspricht der Zeit, die das Fertigungsmittel belegt ist. Die Addition ist analog Formel (5-16), wobei die jeweiligen Zeiten fertigungsmittelspezifisch zu betrachten sind [REFA18, S. 168]. Des Weiteren ergibt sich die Belegungszeit eines Fertigungsmittels analog zur Ausführungszeit bei manuell geprägten Arbeitssystemen (vgl. Formel (5-17)) und ist für den betrachteten Zeitraum zu berücksichtigen [REFA18, S. 166].

Die Anzahl der benötigten Fertigungsmittel ergibt sich anhand der geforderten Produktionsmenge (vgl. (5-21)). Es ist zu berücksichtigten, dass Fertigungsmittel sprungfixe Kapazitäten bieten.

$$n_{F_k}^{AS_i} = \frac{t_{Bel}^{F_k} * n_{Bel,ges}}{t_{pn}^{F_k}} \tag{5-21}$$

$n_{F_k}^{AS_i}$ = Anzahl der Fertigungsmittel in Arbeitssystem i

$t_{Bel}^{F_k}$ = Belegungszeit von Fertigungsmittel k

$n_{Bel,ges}$ = Zeit für Nebentätigkeiten für Bauteil j für Fertigungsmittel k

$t_{pn}^{F_k}$ = Betrieblich geplante Nutzungszeit für Fertigungsmittel k

Auf Basis der ermittelten Anzahl notwendiger Fertigungsmittel wird die Mitarbeiteranzahl abgeleitet. Das Vorgehen gleicht dem für manuelle Arbeitssysteme. Es wird eine gewichtete durchschnittliche Zeit für jeden Auftrag berechnet, welche Warte-, Neben- und Rüstzeiten beinhaltet. Wenn manuelle, wertschöpfende Tätigkeiten wie das Entgraten von Werkstücken geplant sind, können Hauptzeiten anfallen. Die Hauptzeit des automatisierten Fertigungsmittels wird nur in die Auftragszeit des Mitarbeiters über die sachliche Verteilzeit einbezogen, wenn der Mitarbeiter den Fertigungsprozess überwacht und ggf. Störungen behebt. Ansonsten ist davon auszugehen, dass

Mehrstellenarbeit vorliegt und der Mitarbeiter an mehreren Fertigungsmitteln tätig ist oder anteilig in anderen Arbeitssystemen eingesetzt wird und die Verteilsätze sind entsprechend anzupassen [REFA18, S. 457 ff.].

Für die Ermittlung der benötigten Peripheriesysteme ist zu beachten, an wie vielen Stellen gleichzeitig Peripheriesysteme im Einsatz sind. In Abhängigkeit des zur Verfügung stehenden Budgets kann entschieden werden, ob die Bereitstellung einer entsprechenden Anzahl notwendig ist. Es ist zu berücksichtigen, dass das Fertigungsmittel generell den Engpass bildet und ein ablaufbedingter Stillstand vermieden werden sollte.

5.3.2.3 Kapazitätsermittlung und -anpassung bei Mehrmaschinensystemen

Capacity determination and adjustment of multi machine systems

Mehrmaschinensysteme umfassen FFZ und FFS (vgl. Kapitel 2.4.2) und beinhalten Fertigungs- und Peripheriesysteme mit einem hohen Automationsgrad bzw. -stufe. Der Anteil zu verrichtender menschlicher Arbeit ist gering und beschränkt sich typischerweise auf Kontroll- und Überwachungsaufgaben. Demnach stellen Fertigungsmittel den Engpass dar und die Kapazität der einzelnen Fertigungsmittel kann analog dem zuvor beschriebenen Vorgehen für automatisierte Arbeitssysteme bestimmt werden (vgl. Kapitel 5.3.2.2).

Nach Anpassung der Kapazitäten der Fertigungsmittel wird die synergetische Nutzung der Peripheriesysteme geprüft, sodass gemeinsame FFZ oder FFS gebildet werden können. Liegt ein hoher Anteil ablaufbedingter Wartezeiten vor, ist es sinnvoll, die betreffenden Fertigungsmittel zu einer FFZ oder einem FFS zu kombinieren. Ziel sollte ein Kompromiss zwischen Auslastung und Verfügbarkeit der Fertigungsmittel sein. Ggf. kann auf Basis der Kapazitätsanpassung und Bildung von FFZs oder FFSs eine Adaption der Handhabungsfolgen erforderlich sein, sodass eine Durchführung einzelner Schritte der Generierungsphase sinnvoll sein kann. Typischerweise werden Werkstückspannsysteme in FFZ und FFS als gemeinsame Werkstückträger verwendet. In diesem Fall ist auf Grundlage der Durchlaufzeiten zu ermitteln, wie viele Spannsysteme maximal zur gleichen Zeit im Umlauf sein können. Folglich ist das Werkstückmagazin entsprechend unter Berücksichtigung von mannlosen Schichten zu dimensionieren. Zudem sind Mess- und Prüfsysteme hinsichtlich der vorhandenen Kapazität an die Fertigungsmittel anzupassen. Hierfür kann sich dem Vorgehen der Kapazitätsanpassung der Fertigungsmittel bedient werden. Zusätzlich zu automatisierten Arbeitssystemen wird ein Steuerungsrechner benötigt, dessen Leistungsfähigkeit an die Anzahl der integrierten Fertigungsmittel und Peripheriesysteme angepasst werden sollte. Die Anzahl des benötigten Personals bzw. FTEs ergibt sich analog zum Vorgehen bei automatisierten Arbeitssystemen. Zu berücksichtigen ist jedoch, dass die geplante Nutzungszeit des Fertigungssystems unabhängig vom Schichtsystem der Mitarbeiter ist.

5.3.3 Simulationsmodell für Zeit- und Kapazitätsermittlung

Simulation model for time and capacity determination

Die in den vorherigen Kapiteln beschriebenen Zusammenhänge zur Zeit- und Kapazitätsermittlung weisen einzeln betrachtet eine angemessene Komplexität auf. Erfolgt allerdings eine Anwendung im Kontext einer Investitionsentscheidung, ist ein Simulationsmodell hilfreich. Im Folgenden wird daher zunächst die Konzeptionsmethodik des Simulationsmodells beschrieben, um anschließend das entwickelte Simulationsmodell zu erläutern.

5.3.3.1 Konzeption eines Simulationsmodells für die additive Prozesskette

Conception of a simulation model for the additive process chain

Eine Simulation beschreibt "dynamische[n] Prozesse[n] in einem experimentierbaren Modell, um zu Erkenntnissen zu gelangen, die auf die Wirklichkeit übertragbar sind." [VDI18a, S. 28] Typische Einsatzgebiete der Simulationstechnik sind unter anderem die Entscheidungsunterstützung und Planung, da insbesondere zeitliche Abläufe komplexer Systeme analysiert werden können [JENS07, S. 9 ff.]. Es wird zwischen verschiedenen Simulationsmethoden differenziert. Zur Modellierung physikalisch-technischer Zusammenhänge werden kontinuierliche Simulationsmethoden verwendet, die mittels Differentialgleichungen den stetigen Verlauf von Zustandsvariablen des Modells beschreiben [VDI18a, S. 18]. Diskrete Simulationsmethoden betrachten Zustandsänderungen zu einem diskreten Zeitpunkt [VDI18a, S. 10]. Im Kontext der vorliegenden Dissertation sind insbesondere ereignisorientierte Methoden, sogenannte Ablaufsimulationen, von Bedeutung. Bei dieser Art der Simulationen fungiert das Eintreten atomarer Ereignisse als Initiator für Zustandsänderungen, die bis zum Eintritt des nächsten Ereignisses Gültigkeit besitzen. Typischerweise werden mittels Ablaufsimulationen bewegliche Objekte wie beim Materialfluss abgebildet. [VDI18a]

Zur Entwicklung eines Simulationsmodells für die Automatisierung der additiven Prozesskette wird das konzeptionelle Modell nach Robinson verwendet [ROBI08, S. 291]. Dies basiert auf fünf Schritten: Verstehen des Problems, Bestimmung der Modellierungsziele, Identifizierung der Ausgangsgrößen, Identifizierung der Eingangsgrößen und die Bestimmung des Modellinhalts sowie der Annahmen und Vereinfachungen. [ROBI08, S. 291] Das Simulationsmodell ermöglicht eine transparente Prädiktion relevanter fertigungstechnologischer Kennzahlen für Automatisierungskonzepte der additiven Prozesskette. Anhand des Modells können verschiedene Parameter bspw. die Anzahl für ein Fertigungsmittel variiert und die Auswirkungen hinsichtlich der Gesamtproduktivität analysiert werden. Demnach leiten sich die Modellierungsziele in Form der Ermittlung von fertigungstechnologischen und ökonomischen Kennzahlen für die Quantifizierung von Automatisierungskonzepten ab. Einhergehende Ausgangsgrößen sind demnach Nebenzeiten in Form von Rüst- und Wartezeiten sowie durch den Ablauf bedingte Durchlaufzeiten. Zudem werden im Kontext der Fertigungskonzeption die Auslastung der Fertigungsmittel, des Personals und der Peripheriesysteme betrachtet. Die erforderlichen Eingangsgrößen müssen zum jetzigen Zeitpunkt der Methodik verfügbar sein. Daher ist eine kennzahlenbasierte Abbildung der additiven Prozesskette erforderlich. Es müssen technologiespezifische Fertigungsmittel in variierender Anzahl als Eingangsgröße definiert werden. Eine Angabe zur jeweiligen Automatisierungsstufe ist ebenfalls erforderlich, um entsprechende Implikationen für die Produktivität evaluieren zu können. Des Weiteren muss das verfügbare Personal mit einem Schichtplan als Eingangsgröße benannt und schließlich müssen relevante Peripheriesysteme erfasst werden. Zur Ausführung der Simulation werden zudem Informationen hinsichtlich der Prozesszeiten benötigt. Der Modellinhalt kann entsprechend des definierten Ordnungsrahmens für diese Dissertation (vgl. Kapitel 4.2) eingegrenzt werden, der Detaillierungsgrad liegt auf Peripherieebene vor.

5.3.3.2 Materialflusssimulation der additiven Prozesskette

Material flow simulation of the additive process chain

Das Simulationsmodell ist eine agentenbasierte Modellierung der Fertigungsumgebung. Demnach sind eine Agentenumgebung, Agentenklassen sowie Agenten zu modellieren. Die Umgebung wird durch das real existierende Fertigungslayout und den daraus resultierenden Restriktionen für den Materialfluss beschrieben und die jeweiligen Agentenklassen und Agenten werden entsprechend integriert. Im Rahmen dieser Dissertation wurde die Software Anylogic für die Modellierung der fertigungstechnologischen Implikationen verwendet. Hierdurch wird eine Kombination der klassischen Ablaufsimulation mit agentenbasierten Funktionsweisen ermöglicht, sodass bspw. den Werkstücken oder Fertigungsmitteln spezifische Eigenschaften zugeschrieben werden können. Im Folgenden wird die Funktionsweise der Materialflusssimulation anhand der verwendeten Simulationslogik erläutert. Für die detaillierte Beschreibung der graphischen Oberfläche sei an dieser Stelle auf Kapitel 6.2 verwiesen.

Für die Simulation des Materialflusses ist die Modellierung der ganzheitlichen additiven Prozesskette mitsamt aller Technologien erforderlich (vgl. Abbildung 6-1). Die Fertigungsmittel jedes Prozessschrittes werden als stationäre Agenten, die eine Leistung in Form der Bearbeitung anbieten, modelliert. Verschiedene Anzahlen an Fertigungsmitteln werden über einen sogenannten Ressourcenpool abgebildet. Ressourcen stellen ebenfalls einen Agententypen dar, die im Rahmen des Simulationsmodells als mobile Agenten modelliert werden. Ein solcher Agententypen ist das Personal, dessen Verfügbarkeiten über einen Schichtplan definiert werden. Des Weiteren werden Transportwagen zur Beförderung von materiellen Gegenständen als Ressource modelliert. Eine Vorgabe der Transportwege ist über die modellierte Fertigungsumgebung gegeben. Es liegt eine Personalbindung vor, sodass für das Bewegen eines Transportwagens eine Ressource des Typs Personal benötigt wird. Automatisierte Handhabungssysteme werden ebenfalls als spezifischer Ressourcentyp modelliert. Diese weisen die gleichen Eigenschaften wie Transportwagen auf, jedoch ist keine Personalbindung erforderlich. Zudem werden Handhabungsobjekte wie Werkstücke, Substratplatten, Pulver- und Bauzylinder, die ebenfalls als mobile Ressourcen dargestellt werden, berücksichtigt.

Wie in Abbildung 6-1 zu sehen ist, kann für die Handhabung verschiedener Objekte ein wiederkehrender Ablauf an Handhabungsvorgängen bzw. Sub-Tasks (vgl. Kapitel 5.1.1.7) definiert werden. In Abhängigkeit des jeweiligen Prozessschrittes variieren zwar das Handhabungsobjekt, der Automationsgrad sowie die Zeiten, die zugrundeliegende Abfolge an Tätigkeiten ist dagegen gleichbleibend. Demnach können im Simulationsmodell Sub-Tasks als Aggregation von Handhabungstätigkeiten modelliert und mittels Parametervariation an den spezifischen Handhabungsvorgang angepasst werden. So können fertigungsmittelspezifische Automatisierungsstufen angegeben und die variierenden Personalbindungen und Handhabungszeiten im Simulationsmodell berücksichtigt werden. Eine ganzheitliche Abbildung des Materialflusses der additiven Prozesskette mit Fokus auf automatisierungsspezifische Differenzierungen ist somit gegeben.

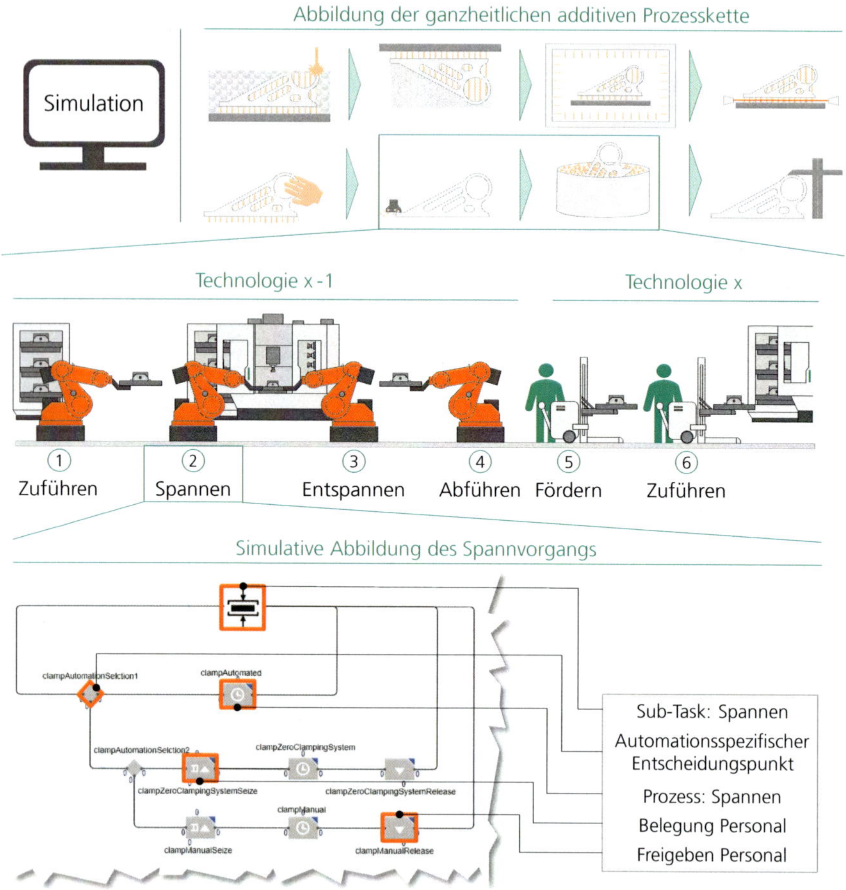

Abbildung 5-16: Aufbau der Materialflusssimulation
Structure of the material flow simulation

Ausgehend von der Modellierung der additiven Prozesskette ist eine Ausführung der Simulation möglich. Entsprechende Kennzahlen wie Kapazitätsauslastungen der Fertigungsmittel und Ressourcen sowie eine Verteilung der Durchlaufzeit hinsichtlich der Rüst- und Transportzeiten beispielsweise können ausgegeben und analysiert werden. Mittels einer automatisierten Parametervariation, sogenannten *Compare Runs* können verschiedene Parametervariationen simuliert und die Ergebnisse verglichen werden. Somit können die Kapazitäten angeglichen und relevante Kennzahlen wie die Durchlaufzeit simulativ bestimmt werden.

5.3.4 Investitionsrechnung für automatisierte additive Prozessketten

Investment calculation for automated additive process chains

Im folgenden Kapitel werden auf Basis der ermittelten Durchlaufzeiten und abgeleiteten Kapazitäten die Investitionskosten berechnet. Hierfür wird zunächst die Auswahl des Investitionsrechnungsverfahrens begründet und anschließend im Kontext der additiven Prozesskette angewendet.

5.3.4.1 Auswahl des Investitionsrechnungsverfahrens

Selection of the investment calculation method

Grundsätzlich können Verfahren der Investitionsrechnung in zwei Kategorien unterteilt werden: Statische und dynamische Verfahren. Erstere basieren auf einer Gleichwertigkeit der Liquidität, sodass eine Durchschnittsperiode bzw. repräsentative Periode betrachtet wird und zeitliche Abläufe einer Investition oder Zahlung nicht berücksichtigt werden. Es werden vier Modelle unterschieden: Kosten-, Gewinn- und Rentabilitätsvergleichsrechnung sowie die statische Amortisationsrechnung. [GÖTZ08, S. 50 ff.] [DAUM18, S. 329 ff.] Ziel der Kostenvergleichsrechnung ist ein Kostenvergleich verschiedener Investitionsalternativen anhand entscheidungsrelevanter Positionen wie Anschaffungs- und Personalkosten. Verschiedene Zeitpunkte anfallender Kosten werden nicht berücksichtigt. Die Gewinnvergleichsrechnung basiert auf den gleichen Annahmen, wobei zusätzlich Erlöse der Investitionsalternativen berücksichtigt werden. Bei der Rentabilitätsrechnung werden die Ergebnisse der Gewinnvergleichsrechnung genutzt, um diese in Relation zum Kapitaleinsatz zu betrachten. Anhand eines relativen Vergleichs der Alternativen erfolgt die Auswahl. Die statische Amortisationsrechnung grenzt sich durch die Betrachtung der Amortisations- bzw. Wiedergewinnungszeit von den zuvor genannten statischen Investitionsrechnungsverfahren ab. Per definitionem ist die Amortisationszeit der Zeitraum, in dem das eingesetzte Kapital mittels erzielter Erlöse wiedergewonnen wird. [GÖTZ08, S. 50-65], [RASS11, S. 33-42], [DAUM18, S. 329-333]

Im Vergleich zu den statischen Investitionsrechnungsverfahren werden bei dynamischen Methoden explizit sämtliche Zahlungsflüsse für einen Betrachtungszeitraum erfasst und alternative Investitionen am Kapitalmarkt berücksichtigt. Anhand des sogenannten Aufzinsungs- bzw. Abzinsungsfaktors werden gegenwärtige und zukünftige Zahlungen unter Annahme eines am Kapitalmarkt erzielbaren Zinssatzes verglichen. Bei kontinuierlich repetitiven Zahlungen wird vom Rentenbarwert- bzw. Annuitätenfaktor gesprochen. Es gibt verschiedene dynamische Investitionsrechnungsverfahren. Im Folgenden wird die Kapitalwertmethode beschrieben. Für weitere Informationen zu statischen und dynamischen Investitionsrechnungsverfahren sei auf die Quellen von GÖTZE, OBERMEIER, RASSPE-DAHMANN und DAUM ET.AL. verwiesen. [GÖTZ08, S. 50-129], [RASS11, S. 33-49], [DAUM18, S. 329-339]

Entsprechend der Definition nach GÖTZE ist „der Kapitalwert [...] die Summe aller auf einen Zeitpunkt ab- bzw. aufgezinsten Ein- und Auszahlungen, die durch Realisation eines Investitionsobjekts verursacht werden." [GÖTZ08, S. 71] Alle anfallenden Zahlungen in der Betrachtungsperiode werden auf den Zeitpunkt unmittelbar vor der Investition mittels des Kalkulationszinsfuß diskontiert. Grundannahme dieser Methode ist die Existenz eines vollkommenen Kapitalmarkts mit gleichen Zinssätzen für Fremdkapital sowie Geldanlagen. Es ergibt sich folgende Formel (vgl. Formel (5-22)): [DAUM18, S. 335]

$$K = \sum_{t=0}^{T} \frac{(E_t - A_t)}{(1+i)^2} \tag{5-22}$$

K	=	Kapitalwert für Betrachtungszeitraum T
E_t	=	Einzahlungen der Periode t
A_t	=	Auszahlungen der Periode t
i	=	Kalkulationszinsfuß

Eine Einzelinvestition gilt als absolut vorteilhaft, wenn der Kapitalwert größer als null ist. Eine relative Vorteilhaftigkeit liegt vor, wenn bei dem Vergleich mehrerer Investitionsalternativen der betrachtete Kapitalwert in Relation zum Kapitalwert der Alternative größer ist. Im Rahmen dieser Dissertation wird die Kapitalwertmethode für die Investitionsrechnung verwendet. Hiermit ist die Möglichkeit gegeben, einen stufenweisen Aufbau des Automatisierungskonzepts mit verschiedenen Investitionszeitpunkten und verschiedene Ausbringungsmengen erlösseitig berücksichtigen zu können. [GÖTZ08, S. 71-92], [RASS11, S. 44-47]

5.3.4.2 Kostenstrukturmodell für die automatisierte additive Prozesskette

Cost structure model for the automated additive process chain

Zur ganzheitlichen Erfassung anfallender Kostenpositionen wurde im Rahmen dieser Dissertation ein Kostenstrukturmodell entwickelt. Hiermit können Fertigungsmittel und Peripheriesysteme in einem iterativen Vorgehen quantifiziert werden. Mit Hinzunahme von Raum- und Personalkosten können verschiedene Automatisierungskonzepte entsprechend der Kapitalwertmethode verglichen werden. Die im Folgenden beschriebenen Kostenpositionen können mittels entwickelter Eingabemasken iterativ für die additive Prozesskette erfasst werden (vgl. Anhang M). Im Folgenden sind die Kostenpositionen entsprechend der Struktur der Eingabemasken kurz beschrieben:

Fertigungsmittel

Zur kostenseitigen Berücksichtigung der Fertigungsmittel muss zunächst zwischen initialen Kosten unmittelbar zum Investitionszeitpunkt und laufenden Kosten während der Nutzungsphase differenziert werden. Erstere beinhalten neben den direkten Investitionskosten für das Fertigungsmittel Installationskosten – beispielsweise für bauliche Maßnahmen am Fundament. Darüber hinaus sind Kosten für die Inbetriebnahme bspw. für den Wissensaufbau zum Umgang mit dem neuen Fertigungsmittel sowie einer initialen Werkzeugausstattung (Werkzeugaufnahmen, etc.) vorzusehen.

Zudem ist die Ausstattung mit erforderlicher Software (bspw. Messsoftware) und den damit einhergehenden Lizenz- und Einrichtungskosten zu berücksichtigen.

Laufende Kosten sind periodisch anfallende Zahlungen. Hierunter zählen der Energiebedarf des Fertigungsmittels während der Produktionszeit, dessen Kosten sich in Abhängigkeit der vertraglich vereinbarten Energiekosten ergeben. Hierbei ist zu berücksichtigen, dass die elektrische Wirkleistung eines Fertigungsmittels variabel ist und vom jeweiligen Betriebsmodus abhängt [WEGE16, S. 117 ff.]. Es empfiehlt sich daher, einen durchschnittlichen Energiebedarf für das Fertigungsmittel zu definieren. Des Weiteren sind bei den laufenden Kosten fertigungsmittelspezifische Verbrauchsmaterial wie Schutzgas beim LPBF-Prozess oder Schmier- und Kühlstoffe bei Zerspanungsprozessen zu berücksichtigen. Dies gilt insbesondere auch für anfallende Werkzeugkosten, die in Relation zum prozessspezifischen Verschleiß regelmäßig neu zu beschaffen sind. Als weitere laufende Kostenposition sind wiederkehrende Wartungs- und Instandhaltungsarbeiten zu nennen. Diese sind erforderlich, um präventiv ungeplante Stillstände aufgrund von Fehlfunktionen des Fertigungsmittels zu vermeiden.

Peripheriesysteme

Im Kontext der Automatisierung von additiven Prozessketten sind Peripheriesysteme von besonderer Bedeutung. Zu unterscheiden sind Systeme, welche in Fertigungsmittel integriert sind (wie Werkzeugwechsler) und externe Systeme wie lineare Handhabungssysteme. Bei der quantitativen Kostenerfassung sind analog zum Fertigungsmittel als initiale Kostenpositionen die Anschaffung, Inbetriebnahme und erforderliche Softwarelizenzen bspw. für das Steuerungssystem zu berücksichtigen. Die Ermittlung der laufenden Kosten kann ebenfalls analog zum Fertigungsmittel betrachtet werden, da die Kostenpositionen Energiebedarf, Verbrauchsmaterial sowie Wartung- und Instandhaltung bei Peripheriesystemen in gleicherweise vorhanden sind.

Infrastruktur und Gemeinkosten

Fertigungsmittel und Peripheriesysteme werden in Produktionsumgebungen im Unternehmen eingesetzt, sodass in Abhängigkeit des Raumbedarfs anteilig Produktionsfläche belegt wird. Demnach sind Instandhaltungskosten für das Gebäude, Kosten für Klimatisierung und Beleuchtung sowie allgemeine Dienstlungen für Reinigung etc. anteilig zu berücksichtigen. Typischerweise sind die Kosten für Infrastruktur periodisch und können demnach den laufenden Kosten zugeschrieben werden. Des Weiteren sind je nach Unternehmen weitere Gemeinkosten für Verwaltung, etc. zu berücksichtigen.

Personal

Die Personalkosten sind periodische Kosten und werden anhand der Lohnkostensätze und nach der jeweiligen Arbeitszeit bestimmt. Weitere Kosten sind bspw. für Weiterbildungen oder den Bezug von externen Fachkräften einzubeziehen. Die Erfassung der Arbeitszeit erfolgt anhand des im Unternehmen eingesetzten Schichtmodells. Je nach Arbeitszeiten können für einzelne Schichten wie für die Nachtschicht Zuschläge gezahlt werden. Die gesamte verfügbare Planzeit des Personals ist demnach die Summe der Schichtplanzeiten an produzierenden Tagen abzüglich der Fehlzeiten.

5.3.4.3 Ermittlung des Kapitalwerts für Automatisierungskonzepte

Determination of the net present value for automation concepts

Die Berechnung des Kapitelwerts basiert auf der simultanen Betrachtung von Ein- und Auszahlungen pro Periode. Die Auszahlungen in Form von Kosten wurden im vorherigen Kapitel anhand des Kostenstrukturmodells erfasst. Die Einzahlungen werden anhand der produzierten Bauteile und dem Stückpreis bestimmt. Auf Basis der Ergebnisse aus dem Simulationsmodell (vgl. Kapitel 5.3.3) können so für verschiedene Automatisierungskonzepte die jeweiligen Ausbringungsmengen betrachtet und mittels des Stückpreises in der Investitionsrechnung berücksichtigt werden. Gegenüber der ausschließlichen Kostenbetrachtung ist auf diese Weise gewährleistet, dass verschiedenene Produktivitäten der Automatisierungskonzepte, ein signifikantes, konzeptuelles Differenzierungsmerkmal, betrachtet werden.

Des Weiteren müssen für die Ermittlung des Kapitalwerts nach Formel (5-22) eine Investitionslaufzeit und ein Kalkulationszinsfuß festgelegt werden. In Abhängigkeit der im Unternehmen angewendeten Rechnungsverfahren kann der Zeitwert der angeschafften Betriebsmittel am Ende der Investitionslaufzeit als Einzahlung zugefügt werden.

Beim Durchführen der Investitionsrechnung ist eine absolute Vorteilhaftigkeit eines Automatisierungskonzepts gegeben, wenn der Kapitalwert größer als null ist. In diesem Fall ist eine Investition lohnend, da die Erlöse die anfallenden Kosten übersteigen. Wenn mehrere Automatisierungskonzepte mittels der Kapitalwertmethode verglichen werden, ist ein relativer Vergleich der Kapitalwerte möglich. Das Automatisierungskonzept mit dem größten Kapitalwert ist am rentabelsten.

5.3.5 Zwischenfazit Detaillierungsphase

Interim summary of the detailing phase

Die Detaillierungsphase dient der Quantifizierung von fertigungstechnologischen und ökonomischen Kennzahlen. Grundlage hierfür ist zunächst die Ermittlung der resultierenden Durchlaufzeit für die generierten Automatisierungskonzepte. Mittels Nutzung eines entwickelten Simulationsmodells zur Zeit- und Kapazitätsermittlung können somit die Produktionskapazitäten angepasst werden. Die dritte Phase der Methodik schließt mit einer Investitionsrechnung für die Automatisierungskonzepte, wobei mit der Kapitalwertmethode eine dynamische Kalkulationsmethode zu Grunde gelegt wird. Das beschriebene Vorgehen stellt somit eine Lösung für die dritte Forschungsfrage hinsichtlich der Quantifizierung der Automatisierungskonzepte mit fertigungstechnologischen und betriebswirtschaftlichen Größen dar. Insbesondere das in dieser Arbeit entwickelte Simulationsmodell sowie die dynamische Investitionsrechnung tragen zur Beantwortung der Forschungsfrage bei.

5.4 Auswahlphase

Selection phase

Die Auswahlphase dient der Bewertung der zuvor generierten und detaillierten Automatisierungskonzepte. Es gilt aus der Vielzahl zur Verfügung stehender Kriterien sinnvolle ökonomische und fertigungstechnologische Eigenschaften der Konzepte zu evaluieren. Typischerweise fokussieren

Automatisierungsprojekte eine Rationalisierung, jedoch können auch andere unternehmensindividuelle Ziele und Restriktionen bei der Entscheidungsfindung bedeutsam sein. Zudem führt die simultane Optimierung aller Zielgrößen oftmals zu einem Zielkonflikt, dem sogenannten „Dilemma der Automatisierung" und die Einheiten der jeweiligen Ziele werden mit variierenden Maßstäben quantifiziert [VDI90a, S. IX]. Es liegt folglich eine multikriterielle Entscheidungssituation vor. Der Lösungsraum wird durch die Menge der generierten Automatisierungskonzepte gebildet. Unter den Voraussetzungen, dass die Kriterien ein kardinales Skalenniveau besitzen und eine hierarchische Gliederung aufweisen, eignet sich der Analytic-Hierarchie-Process (AHP) zur Bewertung. Im Folgenden wird eine Fuzzy-Erweiterung des klassischen AHP betrachtet, um unter anderem bei linguistischen Aussagen unscharfe Bewertungen entsprechend berücksichtigen zu können. Zudem kann die Konsistenz bzw. Widerspruchsfreiheit der Bewertung einfacher für eine größere Anzahl an betrachteten Kriterien geprüft werden. Es liegt somit ein Fuzzy-Analytic-Hierarchie-Process (FAHP) vor. [SCHE96, S. 47 ff.] [TROM01, S. 15] [BULU12, S. 1917] Die nachfolgenden Kapitel basieren auf der konsekutiven Struktur des klassischen AHP. Zunächst wird ein Ziel definiert und Kriterien identifiziert, die eine Quantifizierung der Zielerreichung ermöglichen. Es folgt eine Priorisierung der Kriterien sowie eine Konsistenzprüfung. Abschließend werden die Lösungsalternativen hinsichtlich des Erfüllungsgrads der Kriterien mittels einer normierten Skala bewertet, sodass abschließend durch die Multiplikation der Gewichtungsfaktoren mit dem jeweiligen Erfüllungsgrad eine Rangfolge gebildet werden kann. [SAAT90]

5.4.1 Kriterien für die Zielerfüllung

Criteria for the fulfillment of objectives

Das Ziel für den AHP ist die Auswahl des anforderungsgerechten Automatisierungskonzepts. Die Kriterien zur Erfüllung können von den Eigenschaften der Konzepte aus dem Datenmodell extrahiert werden. Diese umfassen ökonomische Kriterien wie die Durchlaufzeit, Betriebsmittel- oder Personalkosten und fertigungstechnologische Eigenschaften wie Produktivität eines Fertigungsmittels oder Auslastung der Fertigungsmittel. Zudem können die unterstützenden Argumente für und gegen die Mechanisierung und kognitive Unterstützung (vgl. Kapitel 5.2.1.2) berücksichtigt werden. Die im Folgenden genannten Kriterien sind eine initiale Zusammenstellung auf Basis der Praxiserfahrung des Autors sowie des Bewertungssystems für verkettete Fertigungssystem von PRÜMMER und können entsprechend der unternehmensindividuellen Präferenzen ergänzt und adaptiert werden [PRÜM20, S. 75 f.]. Entsprechend des AHP werden die Kriterien in eine Hierarchie strukturiert (vgl. Abbildung 5-17), sodass Hauptkriterien (bspw. Kosten) und Subkriterien (bspw. Personalkosten) differenziert werden können. Die Subkriterien sollten den Detaillierungsgrad wie im Datenmodell aufweisen, sodass eine direkte Auswertung möglich ist. Aufgrund der maximalen psychologischen Vergleichsfähigkeiten des Menschen sollten maximal neun Kriterien einem übergeordneten Kriterium subsummiert werden. [SAAT87], [SAAT90]

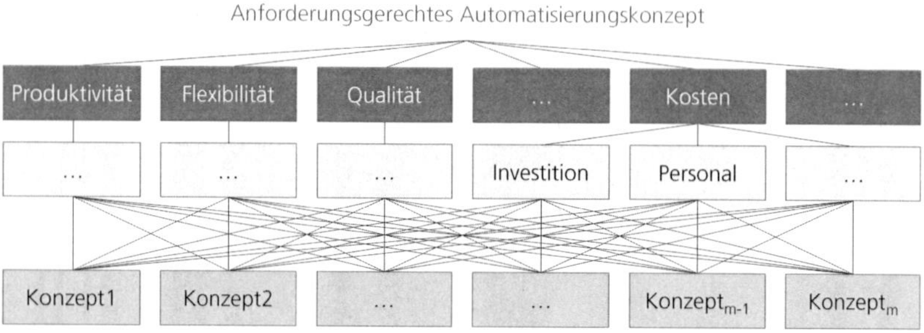

Abbildung 5-17: Hierarchie der AHP-Kriterien
Hierarchy of AHP criteria

Im Kontext der Evaluierung von verketteten Fertigungssystemen sind nach PRÜMMER die Hauptkriterien *Produktivität*, *Flexibilität* sowie *Qualität* zu unterscheiden [PRÜM20, S. 75 f.]. Die Produktivität wird als das Verhältnis des Personal- und Ressourceneinsatzes zum Nutzen in Form von Steigerung der Ausbringungsmenge bzw. reduzierten Durchlaufzeit definiert. Entsprechende Subkriterien sind demnach bspw. *Rüst- und Nebenzeiten*, realisierbare *Hauptzeiten* sowie die *mannlose Nutzung*. Die Adaptionsfähigkeit auf neue Aufgaben wird dahingegen als Flexibilität verstanden. Zugehörige Subkriterien sind demnach die *herstellbare Produktgröße* sowie die *Abmessungen des Automatisierungssystems*. Zudem können mitarbeiterbezogene Aspekte wie erforderliche *Kenntnisse für dem Umgang* mit dem Automatisierungssystem berücksichtigt werden. Für die Bewertung der Qualität sind die Eigenschaften der produzierten Bauteile relevant, sodass deren Präzision und Genauigkeit maßgeblich sind [BILS06, S. 28]. Folglich sind mögliche Subkriterien die *Reproduzierbarkeit* und *Prozesssicherheit*. Da sich das Bewertungssystem von PRÜMMER auf die Evaluierung eines bestehenden Fertigungssystems bezieht, ist es sinnvoll, im Rahmen einer Investitionsentscheidung zusätzlich *Kosten* als Hauptkriterium zu betrachten. [PRÜM20, S. 75 ff.]

5.4.2 Bewertung der Kriterien

Evaluation of the criteria

Die Bewertung im Kontext des FAHP basiert auf der Anwendung von paarweisen Vergleichen innerhalb der jeweiligen Hierarchieebene für jedes Kriterium und den direkt assoziierten Subkriterien. Für jeden erforderlichen paarweisen Vergleich wird eine sogenannte Paarvergleichsmatrix aufgestellt. Im Bewertungsprozess werden linguistische Ausdrücke mittels Fuzzy-Sets dargestellt, um Unsicherheiten und ggf. unvollständige Informationen berücksichtigen zu können. In diesem Fall liegt ein Fuzzy-AHP (FAHP) vor. Fuzzy-Sets sind unscharfe Mengen, das heißt ein Element gehört zu einem bestimmten Grad einer Menge an. Der Zugehörigkeitsgrad wird mit der Zugehörigkeitsfunktion beschrieben, die für Werte in dem Intervall von 0 bis 1 definiert ist. Der Wert 0 entspricht keiner Zugehörigkeit zur unscharfen Menge, wohingegen der Wert 1 mit einer vollen Zugehörigkeit einhergeht. Im Rahmen des FAHP werden linguistische Ausdrücke als unscharfe Menge dargestellt. Typischerweise werden für die mathematische Darstellung der linguistischen Variablen Fuzzy-Sets mit Dreieck-Zugehörigkeitsfunktion verwendet (vgl. Abbildung 5-18).

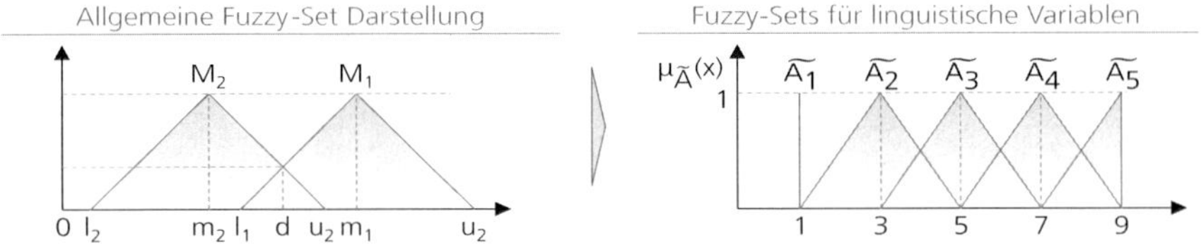

Abbildung 5-18: Fuzzy-Sets für linguistische Variablen nach BULUT [BULU12, S. 1914]
Fuzzy sets for linguistic variables according to BULUT

Es ergibt sich somit folgende mathematische Beschreibung (vgl. Formel (5-23)). Für weitere Ausführungen zu Fuzzy-Sets sei an dieser Stelle auf entsprechende Literatur verwiesen [SCHE96, S. 9], [ÖNÜT08, 444 f.], [BULU12, S. 1912]. Diskrete, unscharfe Mengen können mathematisch auch als Tupel dargestellt werden. Daher wird im Rahmen dieser Dissertation für triangulare Fuzzy-Zahlen folgende Notation entsprechend (5-23) verwendet [BULU12, S. 1912]:

$$\mu_{\tilde{A}}(x) = \begin{cases} 0, & x < l, \\ (x - l)\,(m - l)^{-1}, & l \leq x < m, \\ 1, & x = m, \\ (u - x)\,(u - m)^{-1} & m < x \leq u, \\ 0, & u < x. \end{cases} \tag{5-23}$$

$$\tilde{A} = (l, m, u) \tag{5-24}$$

$\mu_{\tilde{A}}(x)$	=	Zugehörigkeitsfunktion für Fuzzy-Zahl $\tilde{A}$
$\tilde{A}$	=	Fuzzy-Zahl $\tilde{A}$
l	=	Untere Grenze der Fuzzy-Zahl $\tilde{A}$
m	=	Mittelpunkt der Fuzzy-Zahl $\tilde{A}$
u	=	Obere Grenze der Fuzzy-Zahl $\tilde{A}$

Wie der Formel (5-24) zu entnehmen ist, werden Fuzzy-Zahlen mit einer Tilde gekennzeichnet. Grundsätzlich können für Fuzzy-Sets die gleichen Rechenregeln wie für scharfe Mengen verwendet werden. Ggf. ergeben sich in Abhängigkeit der Darstellungsform der Fuzzy-Sets abweichende Rechenregeln [SCHE96, S. 11]. Für die im Rahmen dieser Arbeit betrachteten triangularen Fuzzy-Zahlen sei an dieser Stelle für die anzuwenden Rechenregeln auf den Anhang (vgl. Anhang N) bzw. auf weiterführende Literatur von CHANG und BULUT verwiesen [CHAN96], [BULU12]. Entsprechend der Hierarchie-Stufen und Anzahl definierter Zielkriterien werden die untergeordneten Kriterien gegenübergestellt und die Bedeutung verglichen. Es gilt zu prüfen, ob ein Kriterium eine höhere Bedeutung als das Vergleichskriterium aufweist. Zur Quantifizierung definiert BULUT fünf Fuzzy-Zahlen mit entsprechender Interpretation (vgl. Tabelle 2) [BULU12, S. 1915]. Die Anzahl der Fuzzy-Zahlen und die Interpretation basiert auf dem Bewertungsschema von SAATY, dem Begründer des AHP und können als Fuzzy-Erweiterung verstanden werden [SAAT87, S. 163].

Tabelle 2: Skalenwerte nach BULUT [BULU12, S. 1915]
Scale values according to BULUT

Fuzzy-Zahl	Definition	Interpretation	Zugehörigkeitsfunktion
$\widetilde{A}_1$	Gleiche Bedeutung	Beide Kriterien weisen die gleiche Bedeutung für das übergeordnete Ziel/ Kriterium auf.	(1, 1, 1)
$\widetilde{A}_2$	Mäßige Bedeutung	Auf Basis von implizitem Wissen (Erfahrung etc.) weist ein Kriterium eine etwas größere Bedeutung im Vergleich zu einem anderen auf.	(1, 3, 5)
$\widetilde{A}_3$	Wesentliche Bedeutung	Auf Basis von implizitem Wissen (Erfahrung etc.) weist ein Kriterium eine signifikant größere Bedeutung im Vergleich zu einem anderen auf.	(3, 5, 7)
$\widetilde{A}_4$	Starke Bedeutung	Ein Kriterium wird stark begünstigt und die Dominanz basiert auf Praxiserfahrungen.	(5, 7, 9)
$\widetilde{A}_5$	Extreme Bedeutung	Der größtmögliche Bedeutungsunterschied liegt vor.	(7, 9, 9)

Aufgrund der mathematischen Grundlagen, für die an dieser Stelle auf die Ausführungen von SAATY verwiesen sei [SAAT87], [SAAT90], müssen die Paarvergleichsmatrizen reziprok (vgl. Formel (5-25)) und konsistent (vgl. Formel (5-26)) sein [SAAT87, S. 167].

$$a_{ik}\, a_{k\,j} = a_{i,j},\ \forall\ 1 \leq i, j \text{ und } k \leq n \tag{5-25}$$

$$a_{ij} = \frac{1}{a_{ij}},\ \forall\ i, j \ldots n \tag{5-26}$$

a	=	Matrizenwert
i,k,j	=	Variablen für Verweis auf spezifischen Matrizenwert
n	=	Anzahl der Kriterien

Bei Berücksichtigung dieser Bedingungen ergibt sich die Paarvergleichsmatrix spaltenweise von links nach rechts. Die Reziprozität reduziert hierbei die Anzahl der benötigten paarweisen Vergleiche um die Hälfte und die Bedingung der Konsistenz um den Faktor der Kriterienanzahl. Die Paarvergleichsmatrix ergibt sich entsprechend Formel (5-27) [SCHE96, S. 65 f.], [ÖNÜT08, S. 446]:

$$\widetilde{A} = \begin{pmatrix} 1 & a_{12} & \ldots & a_{1(n-1)} & a_{1n} \\ a_{21} & 1 & \ldots & a_{2(n-1)} & a_{2n} \\ \ldots & \ldots & \ldots & \ldots & \ldots \\ a_{(n-1)1} & a_{(n-1)2} & \ldots & 1 & a_{(n-1)n} \\ a_{n1} & a_{n2} & \ldots & a_{n(n-1)} & 1 \end{pmatrix} \tag{5-27}$$

$\widetilde{A}$	=	Paarvergleichsmatrix mit Fuzzy-Werten
a	=	Spezifischer Matrixwert
n	=	Anzahl der Kriterien

5.4.3 Konsistenzprüfung

Consistency check

Im Rahmen des FAHP ist eine Konsistenzprüfung erforderlich, um zu gewährleisten, dass die durchgeführten Paarvergleiche widerspruchsfrei sind. Im Rahmen dieser Dissertation wird von der Konsistenzprüfung nach SAATY unter Einbezug der Eigenwerte der Paarvergleichsmatrix abgesehen (vgl. [SAAT87, S. 171 f.]) Die exakte Berechnung von Eigenwerten ist für Matrizen größerer Ordnung sehr aufwändig bzw. nur unter Anwendung von numerischen Methoden möglich. Zudem sind anwendungsfreundlichere Näherungsverfahren für die Konsistenzprüfung – bspw. unter Einbezug des zeilenweisen geometrischen Mittels – lediglich für eine geringe Kriterienanzahl ($n \leq 3$) zulässig [SAAT87, S. 170]. Unter Berücksichtigung der Fuzzy-Erweiterung des AHP sowie eines angemessenen Aufwands der Konsistenzprüfung erfolgt diese mittels zentrischen Konsistenzindexes (engl. Centric Consistency Index, CCI). Der CCI entspricht der Fuzzy-Erweiterung geometrischen Konsistenz Index (engl. Geometric Consistency Index, GCI) nach CRAWFORD und berechnet sich nach BULUT gemäß Formel (5-28) für triangulare Fuzzy-Sets in Tupel-Notation [CRAW85, S. 389-393], [BULU12, S. 1916]. Der Gewichtungsvektor der Paarvergleichsmatrix wird hierbei mit Formel (5-29) bestimmt. [BULU12, S. 1916]

$$CCI(A)=\frac{2}{(n-1)\,(n-2)}\sum_{i<j}\left(\begin{array}{c}\log\left(\frac{a_{L,ij}+a_{M,ij}+a_{U,ij}}{3}\right)-\log\left(\frac{w_{L,i}+w_{M,i}+w_{U,i}}{3}\right)\\ +\log\left(\frac{w_{L,j}+w_{M,j}+w_{U,j}}{3}\right)\end{array}\right)^2 \tag{5-28}$$

$$w_i=\frac{\left(\prod_{j=1}^{n} a_{ij}\right)^{n^{-1}}}{\sum_{i=1}^{n}\left(\prod_{j=1}^{n} a_{ij}\right)^{n^{-1}}} \tag{5-29}$$

CCI(A) = Zentraler Konsistenz Index (CCI)

i,j = Variablen für Verweis auf spezifischen Matrixwert

a_L, a_U, a_M = Untere, obere Grenze bzw. Mittelpunkt des Fuzzy-Matrixwerts

w_L w_U, w_M = Untere, obere Grenze bzw. Mittelpunkt des Fuzzy-Gewichtungsvektors

Eine Aussage über die Konsistenz bzw. Inkonsistenz einer Paarvergleichsmatrix ist anhand des CCI-Werts möglich. Ein Wert von 0 bedeutet, die Paarvergleichsmatrix ist konsistent. Für andere CCI-Werte gilt, dass eine tolerierbare Konsistenz vorliegt, wenn der CCI-Wert kleiner der von AGUARÓN ermittelten Schwellenwerte[2] für den GCI ist [AGUA03, S. 142]. Ein direkter Vergleich des zentrischen Konsistenzindex (CCI) mit dem geometrischen Konsistenzindex (GCI) ist zulässig, da der CCI lediglich die Fuzzy-Erweiterung des GCI darstellt. Beim Vorliegen einer Inkonsistenz ist eine erneute Bewertung erforderlich. [AGUA03, S. 139-142], [BULU12, S. 1916]

[2] Schwellenwerte: 3 Kriterien = GCI < 0,3147, 4 Kriterien = GCI < 0,3526, > 4 Kriterien = GCI > 0,370

5.4.4 Auswahl von Automatisierungskonzepten

Selection of automation concepts

Die Auswahl der Automatisierungskonzepte erfolgt anhand der jeweiligen Eigenschaft und den Zielerfüllungsgraden für die gewählten Kriterien (vgl. Kapitel 5.4.1). Hierfür werden die Eigenschaften in der Eigenschaftsmatrix dargestellt. Die Anzahl der Zeilen entspricht der Anzahl der Konzepte und der Anzahl der Kriterienspalten (vgl. Kapitel 5.4.2). Es ist erforderlich, qualitative und quantitative Eigenschaften zu unterscheiden. Erstere können mit den Skalenwerten nach BULUT (vgl. Tabelle 2) verglichen und als Fuzzy-Zahl mit entsprechender Zugehörigkeitsfunktion dargestellt werden [BULU12, S. 1915]. Quantitative Eigenschaften müssen zunächst fuzzifiziert und normiert werden. Bei der Fuzzifizierung wird einer scharfen Zahl eine Zugehörigkeitsfunktion zugeordnet. Nach YUE erfolgt dies in Abhängigkeit der Eigenschaft mittels einer additiven oder multiplikativen Fuzzifizierungsfunktion (vgl. Formeln (5-30) und (5-31)). Die scharfe Zahl entspricht dem Mittelpunkt der Fuzzyzahl und mittels der additiven bzw. multiplikativen Grenzwerte wird die obere bzw. untere Grenze der Fuzzy-Zahl ermittelt. [YUEN17, S. 138]

$$\widetilde{A} = F^{+}\,(A - \delta^{l},\ A,\ A + \delta^{u}) \tag{5-30}$$

$$\widetilde{A} = F^{\times}\,(A\,(1 - \varepsilon^{l}),\ A,\ A\,(1 + \varepsilon^{u})) \tag{5-31}$$

$\widetilde{A}$	=	Fuzzy-Zahl $\widetilde{A}$
$F^{+}(A)$, $F^{\times}(A)$	=	Additive bzw. multiplikative Fuzzifizierungsfunktion
δ^{l}, δ^{u}	=	Unterer bzw. oberer additiver Grenzwert
ε^{l}, ε^{u}	=	Unterer bzw. oberer multiplikativer Grenzwert

Der Vorteil der Fuzzifizierung einer scharfen Zahl liegt darin, mittels der additiven bzw. multiplikativen Grenzwerte Unschärfe und somit Unsicherheiten berücksichtigen zu können [REY20, S. 38]. Der Begriff Unsicherheit bedeutet einen Mangel an Informationen, wobei zwei Kategorien differenziert werden: Aleatorische und epistemische Unsicherheiten. Erstere sind natürliche Schwankungen eines Systems und basieren auf Zufällen und unvorhersehbaren Ereignissen. Bei hinreichender Informationsverfügbarkeit ist eine Beschreibung mittels Wahrscheinlichkeitsverteilungen möglich. Eine Reduzierung der Unsicherheit ist nicht möglich. Epistemische Unsicherheit basiert auf Informationsdefiziten resultierend aus Unklarheiten, Ungenauigkeiten oder Widersprüchen. Eine Reduzierung der Unsicherheit ist mit einem höheren Informationsgehalt möglich. Zudem wird zwischen erkannter und verdeckter epistemischer Unsicherheit unterschieden. [REY20, S. 16] Im Rahmen der Fuzzifizierung ist eine rudimentäre Berücksichtigung von erkannter epistemischer Unsicherheit gegeben. Der Anwender kann bei der Anwendung der additiven oder multiplikativen Fuzzifizierungsfunktion eine Einschätzung der Informationsunsicherheit vornehmen und entsprechend die unteren bzw. oberen Grenzwerte definieren. Der Autor erachtet im Rahmen dieser Dissertation eine Unsicherheitsbetrachtung mittels Fuzzy-Logik als ausreichend. Für qualitative Daten erfolgt ein Vergleich der Eigenschaften auf Basis von Expertenmeinungen, sodass Unsicherheiten im Entscheidungsprozess indirekt impliziert werden [MA17, S. 686]. Zudem ist ein Vorteil der Fuzzy-Set-Theorie die Berücksichtigung der Unschärfe bei den im Entscheidungsprozess verwendeten linguistischen Ausdrücken [REY20, S. 38]. Bei quantitativen Daten ist mit der Fuzzifizierung ein Werkzeug zur Berücksichtigung von Unsicherheiten gegeben. Ist eine umfassendere Berücksichtigung von Unsicherheiten erforderlich, bspw. wenn die verwendeten Informationen aus einer Vielzahl an Quellen stammen, widersprüchlich sind oder dem impliziten Wissen der Experten nicht vertraut werden kann, wird auf weiterführende Literatur von REN UND LÜTZEN, MA ET AL. sowie REY zur Anwendung der Dempster-Shafer-Theorie verwiesen. [REN17], [MA17], [REY20]

Die Normierung der fuzzifizierten numerischen Werte ermöglicht den Vergleich unterschiedlicher Eigenschaften bzgl. des Erfüllungsgrads, sodass keine Dominanz eines Erfüllungsgrads aufgrund eines hohen absoluten Werts vorliegt. Es empfiehlt sich analog zu den Skalenwerten nach BULUT eine Skalierung auf den Bereich von eins bis neun (vgl. Tabelle 2) [BULU12, S. 1915]. In Abhängigkeit der Kriterien ist zu entscheiden, ob ein höherer Erfüllungsgrad bei einem möglichst großen oder kleinen Wert gegeben ist. Folglich ergeben sich für jedes Element der Fuzzy-Zahl folgende Zusammenhänge für die Normierung (vgl. Formel (5-32) und(5-33)): [SCHE96, S. 71 f.]

$$\tilde{E}_{ij,norm} = 1 + 8\,\frac{\tilde{E}_{ij} - \tilde{E}_{i,min}}{\tilde{E}_{i,max} - \tilde{E}_{i,min}} = 1 + 8\,\frac{(\tilde{E}_{ij}) - (\tilde{E}_{i,min})}{(\tilde{E}_{i,max}) - (\tilde{E}_{i,min})} \tag{5-32}$$

$$\tilde{N} = \frac{\min(\{l_{ij}, m_{ij}, u_{ij}\})}{(u_{ij}, m_{ij}, l_{ij})}, \forall\, i \in \{1, \ldots, M\}, \forall\, j \in \{1, \ldots, N\} \tag{5-33}$$

$\tilde{E}$	=	Eigenschaftswert
norm	=	Index für Verweis auf Normierung
min,max	=	Index für Verweis auf Minimal-/ Maximalwerte
$\tilde{N}$	=	Normierte Fuzzy-Zahl
l,u	=	Untere bzw. ober Grenze der Fuzzy-Zahl $\tilde{A}$
m	=	Mittelpunkt der Fuzzy-Zahl $\tilde{A}$
i,j	=	Indizes für Verweis auf Matrixwert mit Maximalwert M, N

Die Eigenschaftsmatrix mit normierten und fuzzifizierten Werten wird mit dem Gewichtungsvektor multipliziert, sodass sich Formel (5-34) ergibt. [SCHE96, S.74]

$$(\tilde{N}_{Ges}) = (w) \otimes (\tilde{E}) \tag{5-34}$$

$(\tilde{N}_{Ges})$	=	Gesamtnutzwertvektor
(w)	=	Gewichtungsvektor
$(\tilde{E})$	=	Eigenschaftsmatrix

Zur Identifikation des optimalen Automatisierungskonzepts hinsichtlich der Anforderungen ist eine sogenannte Defuzzifizierung erforderlich. Hierbei werden die diskreten, unscharfen Mengen der Fuzzy-Zahlen als scharfe Zahlen dargestellt. Somit wird die Bildung einer Rangfolge ermöglicht. Für die Defuzzifizierung existieren verschiedene Methoden wie Maximum- und Mean of Maxima-Methoden, Schwerpunktverfahren oder Toleranzfeldverfahren. Insbesondere das asymmetrische Toleranzfeldverfahren hat sich zur Bewertung von Alternativen im Kontext der Fertigung bewiesen und wird im Folgenden beschrieben. [SCHE96, S. 75-81] Die Toleranzfeldanalyse nutzt für die Defuzzifizierung den Hauptwert, also den Mittelpunkt einer Fuzzy-Zahl, und die Lage des Schwerpunkts. Hierdurch wird gewährleistet, dass bei der Defuzzifizierung die Aufweitung berücksichtigt wird und somit bei gleichem Hauptwert, die Fuzzy-Zahl mit der geringeren Aufweitung einer höheren scharfen Zahl entspricht und somit in der Rangfolge zu bevorzugen ist. Die Formel für die Defuzzifizierung ergibt sich somit wie folgt (vgl. Formel (5-35)):

$$S_b = m - \left(1 - \frac{m-l}{10}\right)\frac{m-l}{3} + \left(1 - \frac{u-l}{10}\right)\frac{u-l}{3} \tag{5-35}$$

S_b = Bewerteter Schwerpunkt

l,u = Untere bzw. ober Grenze der Fuzzy-Zahl $\widetilde{A}$

m = Mittelpunkt der Fuzzy-Zahl $\widetilde{A}$

Nach SCHELL berechnet sich der bewertete Schwerpunkt ausgehend vom Mittelpunkt den Grenzen der Fuzzy-Zahl. Die bewerteten Flächenschwerpunkte der Flanken werden entsprechend der Schwerpunktformel für rechtwinklige Dreiecke berechnet. Weiterhin sind die untere Toleranzfeldgrenze des Fuzzy-Sets mit einem größeren Wert für den bewerteten Schwerpunkt sowie die oberen Toleranzfeldgrenzen der Fuzzy-Sets gemäß Formel (5-36) bzw. Formel (5-37) zu berechnen. [SCHE96, S. 77-80]

$$\Delta_l = \frac{(S_b - m) + 0{,}5\,(m - l)}{10} \tag{5-36}$$

$$\Delta_u = \frac{(m - S_b) + 2\,(u - m)}{10} \tag{5-37}$$

Δ_i = Toleranzfeldbreite

S_b = Bewerteter Schwerpunkt

l,u,m = Untere / obere Grenze bzw. Mittelpunkt der Fuzzy-Zahl $\widetilde{A}$

Grundsätzlich ist die Fuzzy-Zahl mit den größeren bewerteten Schwerpunkt zu bevorzugen. Lediglich wenn der bewertete Schwerpunkt der niedrigeren Fuzzy-Zahl über der unteren Grenze der Fuzzy-Zahl mit dem größeren Schwerpunkt liegt, ist die Größe der oberen Grenzen der Fuzzy-Zahlen entscheidend. Eine Rangfolge der Alternativen lässt sich somit erstellen.

5.4.5 Zwischenfazit Auswahlphase

Interim summary of the selection phase

Die letzte Phase dient der Auswahl eines Automatisierungskonzepts anhand von Zielkriterien. Die Gewichtung der Kriterien sowie die Bewertung der Automatisierungskonzepte folgt dem Prinzip des Analytic Hierarchy Process. Im Rahmen der konzeptionierten Methodik ist hierbei eine zusätzliche Fuzzifizierung vorgesehen, da so einerseits Unsicherheiten bei den zur Verfügung stehenden Daten sowie andererseits linguistische Differenzierungsmerkmale berücksichtigt werden können. Die vierte Forschungsfrage hinsichtlich der Auswahl eines anforderungsgerechten Automatisierungskonzepts kann somit mit dem beschriebenen Vorgehen beantwortet werden.

6 Validierung der Methodik

Validation of the methodology

Das folgende Kapitel beinhaltet die Validierung der zuvor entwickelten Methodik zur Automatisierung der additiven Prozesskette mit Pulverbettverfahren. Ziel ist es, den Praxisbezug aufzuzeigen und die Anwendbarkeit zu demonstrieren. Hierfür wird zunächst das Vorgehen der Validierung im folgenden Unterkapitel beschrieben. Es folgen die Beschreibung der prototypischen Softwareumsetzung, Praxisbeispiele von Industrieunternehmen aus einem Forschungsprojekt und abschließend eine kritische Reflexion.

6.1 Vorgehen bei der Validierung

Procedure of the validation

Eine Validierung ist die „Bestätigung durch Bereitstellung eines objektiven Nachweises, dass die Anforderungen für einen spezifischen beabsichtigten Gebrauch oder eine spezifische beabsichtigte Anwendung erfüllt worden sind." [DIN15, S. 50] Die folgende Validierung basiert auf einer fallweisen empirischen Prüfung der Methodik. Nach ULRICH ist die Forschungshypothese gültig, bis sie falsifiziert wird, sodass das Ziel der folgenden Validierung die Nichtfalsifikation ist [ULRI76, S. 346]. Zur Durchführung einer Validierung können die Daten aus drei Quellen stammen: Es können reale Daten, publizierte Testdaten oder zufällig generierte Daten als Quelle genutzt werden [RARD01], [HEES15, S. 181]. Um dem Praxisbezug der Methodik gerecht zu werden, wird die Validierung anhand von realen Daten angestrebt. Fehlende oder sensible Informationen werden auf Basis von Recherchen oder Annahmen von Experten ergänzt.

6.2 Prototypische Softwareumsetzung

Prototype software implementation

Einzelne zentrale Elemente der im vorigen Kapitel beschriebenen Methodik wurden im Rahmen des Dissertationsvorhabens in Softwareprototypen umgesetzt, um die Anwendbarkeit der Methodik zu unterstreichen. Im Folgenden werden die entwickelten Prototypen für das Optimierungsmodell, die Materialflusssimulation, die Investitionsrechnung sowie die gewichtete Auswahl von Automatisierungskonzepten mittels der FAHP-Methode vorgestellt.

6.2.1 Optimierungsmodell

Optimization model

Das mathematische Optimierungsmodell (vgl. Kapitel 5.2.2.1) wurde in einer Python-Softwareumgebung umgesetzt. Hierfür wurde die Software *Gurobi* als sogenannter numerischer Solver für mathematische Modelle verwendet. Im Rahmen der Validierung wurde die mathematische Beschreibung der Technologien (vgl. Anhang G) in das Softwaretool überführt und ein Eingabeinterface (vgl. Abbildung 6-1) für die Bedienung programmiert. Dieses bietet eine Auswahlmöglichkeit für die betrachteten Technologien und ein Eingabefeld für eine technologiespezifische Gewichtung, sodass eine schnelle Adaption an verschiedene additive Prozessketten ermöglicht wird. Zudem ist die Angabe der Zielwerte für den mechanisierten und kognitiven LOA möglich. Mittels eines Eingabefelds für die Anzahl der zu generierenden Lösungen kann der Lösungsraum an Lösungsalternativen definiert werden. Die Ausgabe der ermittelten Automatisierungskonzepte erfolgt in einer Tabelle, in der entsprechenden Technologien und zugehörigen Sub-Taks spezifische Automatisierungsstufen zugeschrieben werden.

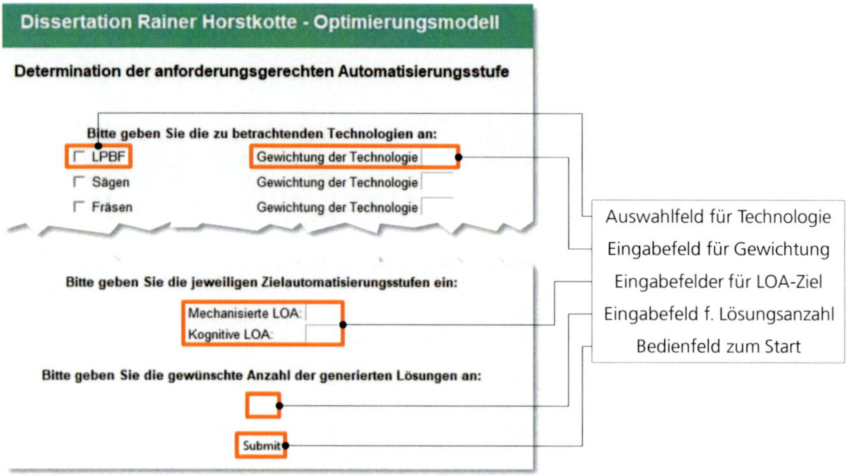

Abbildung 6-1: Eingabefenster des Softwareumsetzung des Optimierungsmodells
Input window of the software implementation of the optimization model

6.2.2 Materialflusssimulation

Material flow simulation

Im Rahmen dieser Dissertation wurde die Software „Anylogic" für die Materialflusssimulation verwendet, da hiermit eine Kombination eines diskreten ereignisorientierten Simulationsansatzes mit einem agentenbasierten Ansatz möglich ist. Die zugrundeliegende Simulationslogik sowie der Aufbau werden in Kapitel 5.3.3 näher beschrieben, sodass im Folgenden das Benutzerinterface zur Eingabe der Parameter und der animierten graphischen Übersicht sowie die ausgegebenen Kennzahlen beschrieben werden.

Bei der Materialflusssimulation gibt es verschiedene Eingabeparameter (vgl. Anhang L). So können für jeden der betrachteten Prozessschritte dedizierte Prozess- und Rüstzeiten sowie die Anzahl der vorhandenen Fertigungsmittel angegeben werden. Zudem ist eine Angabe des Automatisierungsgrads hinsichtlich der Materialhandhabung möglich. Hierbei wird zwischen manueller Handhabung, der Verwendung von Nullpunktspannsystemen, automatisiertem Zuführen und Fördern differenziert. Des Weiteren können allgemeine Parameter wie Anzahl der zu produzierenden Werkstücke, Schichtsystem und vorhandene Mitarbeiteranzahl sowie vorhandene Handhabungsgeräte wie Rollwagen oder Handhabungssysteme angegeben werden. Schließlich besteht die Möglichkeit für den LPBF-Prozess benötigte Handhabungselemente wie Bauplattform, Pulver- und je nach vorhandenem LPBF-Fertigungsmittel Bauraumbehälter zu berücksichtigten. Eine dynamische Anpassung der Parameter während der Simulation ist möglich, sodass die Auswirkung von Änderungen unmittelbar analysiert werden kann.

Zur Visualisierung des aktuellen Status gibt es bei der Materialflusssimulation eine animierte Darstellung der additiven Prozesskette (vgl. Abbildung 6-2). Technologiespezifisch wird die Anzahl der vorhandenen Fertigungsmittel und eine Statusanzeige für den Materialfluss mittels dreier Teilbereiche für animierte Werkstücke dargestellt. Der Erste fungiert als Eingangsbereich, das heißt Handhabungsobjekte, die zum Fertigungsmittel einer Technologie transportiert werden, werden hier zwischengelagert. Es tritt eine Wartezeit auf, die mit der Farbe rot des Handhabungsobjekts illustriert wird. Sobald das Fertigungsmittel frei und eine entsprechende Ressource für den Zuführ- und Spannvorgang verfügbar ist, erfolgt die Bearbeitung. Das Handhabungsobjekt wechselt in den mittleren Teilbereich und nimmt die Farbe grün an. Nach erfolgter Bearbeitung und bei freien Ressourcen werden der Abführ- und Entspannvorgang durchgeführt und die Zeiten entsprechend als Rüst- und Transportzeit aufgenommen. Je nach vorliegender Automatisierungsstufe werden automatisierte oder manuelle Handhabungselemente, die sich entlang der Interaktionspfade bewegen, dargestellt.

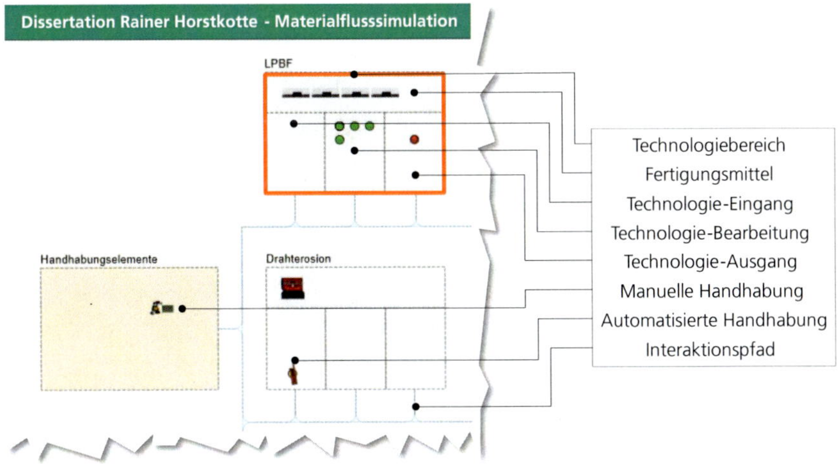

Abbildung 6-2: Beispielhafter Ausschnitt des Animationsbereich der Materialflusssimulation
Sample section of the animation area of the material flow simulation

Kernelement der Materialflusssimulation ist die Kennzahlenübersicht (vgl. Abbildung 6-3). In vier verschiedenen Bereichen werden die relevantesten Kennzahlen zur Kapazitätsauslastung der Fertigungsmittel und zu den Durchlaufzeiten der einzelnen Technologien dargestellt. Im ersten Teilbereich befinden sich zwei Diagramme zur Kapazitätsauslastung der Fertigungsmittel, wobei ein Liniendiagramm den zeitlichen Verlauf darstellt und ein Balkendiagramm die Auslastung zum aktuellen Simulationszeitpunkt. Im Anhang (vgl. Anhang L) ist ergänzend eine detailliertere Darstellung zu finden. Im zweiten Teilbereich sind die Durchlaufzeiten der einzelnen Technologien dargestellt. Hierbei werden die prozentualen Verteilungen für bestimmte Durchlaufzeitbereiche mittels Balken angegeben, wobei zusätzlich die Mittelwerte in Form von Linien dargestellt werden. Der dritte und vierte Teilbereich der Kennzahlenübersicht visualisiert die Kapazitätsauslastungen der Peripheriesysteme wie Handhabungssysteme und LPBF-spezifische Handhabungselemente. Hierbei visualisiert ein Liniendiagramm analog zum ersten Teilbereich den zeitlichen Verlauf und ein Balkendiagramm den aktuellen Simulationszeitpunkt. Eine zusätzliche Detailansicht ermöglicht für jede Technologie die Analyse der Warte-, Rüst-, Transport- sowie Prozesszeiten (vgl. Anhang L). Schließlich ist mittels fünf verschiedener Schaltflächen die Navigation für den Benutzer realisiert, um zwischen animierter Prozessübersicht, zugrundeliegender Animationslogik, der Kennzahlenübersicht und der Eingabemaske für die Parameter zu wechseln.

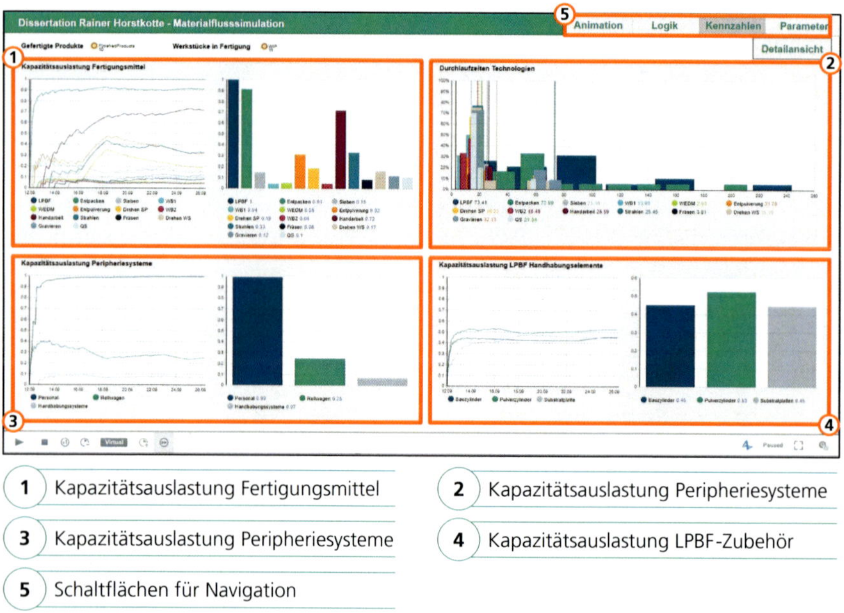

Abbildung 6-3: Darstellung der relevantesten Kennzahlen der Materialflusssimulation
Visualization of key material flow simulation metrics

6.2.3 Investitionsrechnung

Investment calculation

Die Investitionsrechnung wurde ebenfalls prototypisch in einem makrobasierten Tool umgesetzt. Ziel war es, das in Kapitel 5.3.4 vorgestellte Kostenstrukturmodell entsprechend der dynamischen Investitionsrechnung softwareseitig abzubilden. Hierbei wurden zwei Funktionalitäten in der prototypischen Softwareumsetzung berücksichtigt. Zum einen werden für jedes betrachtete Automatisierungskonzept die Ein- und Auszahlungen entsprechend des Kostenstrukturmodells erfasst und der resultierende Kapitalwert berechnet. Zum anderen ist ein Vergleich verschiedener Konzepte möglich, indem die initialen Investitionskosten, die jährlichen Kosten sowie die Amortisationszeit in einem Balkendiagramm dargestellt werden. In Abbildung 6-4 ist das für Ein- und Ausgabe kombinierte Benutzerinterface dargestellt. Während die Angabe von allgemeinen Parametern wie Zinssatz und betrachtete Periodenanzahl auf der Übersichtsseite erfolgt, wird für jedes Fertigungsmittel eines Konzeptes eine eigene Eingabemaske erstellt, in dem initiale und wiederkehrende Kosten angegeben werden können.

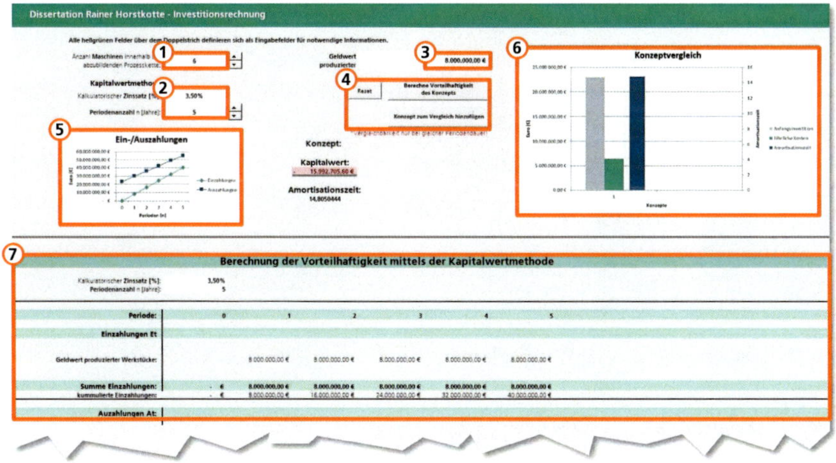

1 Eingabefeld für Maschinenanzahl
2 Eingabefeld für Zinssatz und Perioden
3 Eingabefeld für Einzahlungen
4 Schaltflächen für Navigation
5 Visualisierung Zahlungsströme Konzept
6 Darstellung Konzeptvergleich
7 Zahlungsströme Konzept

Abbildung 6-4: Beispielhafter Ausschnitt der Softwareumsetzung der Investitionsrechnung

Sample section of the software implementation of the investment calculation

6.2.4 Gewichtung von Bewertungskriterien mittels FAHP

Weighting of evaluation criteria using FAHP

Als letzte prototypische Softwareumsetzung wurde die in Kapitel 5 vorgestellte gewichtete Auswahl von Automatisierungskonzepten mittels der Fuzzy-AHP-Methode realisiert. Das entwickelte Tool (vgl. Abbildung 6-5) ermöglicht die Eingabe von bis zu 20 Bewertungskriterien. Diese werden in einer Paarvergleichsmatrix angeordnet. Mittels der linguistischen Bewertungsvariablen erfolgt die Eingabe der paarweisen Vergleiche. Wenn alle Kriterien gegeneinander bewertet wurden, kann die Konsistenz entsprechend geprüft werden. Entsprechend des resultierenden Wertes für den zentrischen Konsistenzindex erfolgt die Anzeige als konsistent oder nicht konsistent.

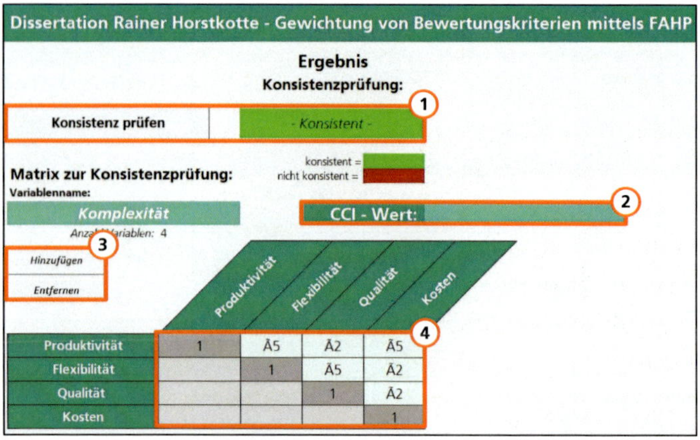

1 Schaltfläche für Konsistenzprüfung

2 Ausgabefeld für CCI-Wert

3 Schaltflächen für Kriterienänderung

4 Matrix für Kriterienvergleich

Abbildung 6-5: Beispielhafter Ausschnitt der Softwareumsetzung der Investitionsrechnung
Sample section of the software implementation of the investment calculation

6.3 Anwendung im Rahmen des Forschungsprojekts IDEA

Application within the IDEA research project

Das Forschungsprojekt „IDEA – Industrialisierung von Digitalem Engineering und Additiver Fertigung" wurde vom Bundesministerium für Bildung und Forschung (BMBF) gefördert und hatte bei einem Projektbudget von 27,5 Mio. Euro eine Laufzeit von 2019 bis 2022 [FRAU19]. Forschungsgegenstand war die Serienfertigung von additiven Bauteilen mittels LPBF. Quantitative Ziele waren die Reduktion der Produkt- und Qualitätskosten sowie der Entwicklungs- und Durchlaufzeiten um jeweils 50 Prozent. Das Konsortium setzte sich aus 14 Partnern, bestehend aus Industrieunternehmen und Forschungsinstituten mit verschiedenen Kompetenzprofilen (bspw. LPBF-

Anlagenhersteller und Endanwender), zusammen. Anhand vierer Bauteildemonstratoren mit verschiedenen Eigenschaftsprofilen konnte eine bauteilbezogene Analyse ermöglicht werden. Im Projekt wurden sowohl die vertikale als auch horizontale Prozesskette betrachtet und in zwei physischen Pilotlinien konnten die Erkenntnisse demonstriert werden. Diese hatten den Anspruch eine vollintegrierte, automatisierte additive Produktionslinie in industriellem Umfeld darzustellen. Die im Rahmen dieser Dissertation vorgestellte Methodik wurde maßgeblich im Forschungsprojekt IDEA entwickelt. [HORS21a], [HORS21d], [HORS21c], [GRON22], [IDEA23] Im Folgenden wird die Anwendung der Methodik anhand der zwei Pilotlinien des IDEA-Forschungsprojekts beschrieben, die sich bei der toolcraft AG sowie bei Siemens Energy AG befinden [IDEA23].

6.3.1 Pilotlinie: toolcraft AG

Pilot line: toolcraft AG

Die toolcraft AG ist ein deutsches, mittelständisches Unternehmen mit mehr als 400 Mitarbeitern und ca. 50 Mio. Euro Umsatz. In vier technologieorientierten Geschäftsbereichen werden Präzisionsbauteile für die Luft- und Raumfahrt, die Medizintechnik sowie die Automobilindustrie gefertigt. Im Bereich der Robotik fungiert toolcraft als ganzheitlicher Dienstleistungsanbieter und führt Machbarkeitsanalysen und Simulationen durch sowie technische Realisationen und Inbetriebnahmen von Automationslösungen. Der Maschinenpark mit 40 Fräsbearbeitungszentren und 14 Drehfräszentren ermöglicht die kundenindividuelle Auftragsfertigung von Bauteilen und kann für die Weiterbearbeitung von additiv gefertigten Werkstücken verwendet werden. Dem Geschäftsbereich der additiven Fertigung sind zwölf LPBF-Anlagen zugeordnet sowie eine pulverbasierte Auftragsschweißanlage. Es können Werkstoffe wie Aluminium- ,Titan- und Nickelbasislegierungen sowie Werkzeugstähle und Kupferlegierungen verarbeitet werden. [TOOL24]

Für die Anwendung der Methodik umfassen die benötigten Informationen für die Analysephase das additive Bauteilportfolio, die additiv-subtraktiven Prozessketten zur Herstellung der Bauteile und verfügbare Fertigungsmittel sowie Peripheriesysteme. Als repräsentatives Bauteil für die additive Fertigung stellte toolcraft im Rahmen des IDEA-Projekts einen repräsentativen Demonstrator in Form eines Leitrads für eine Turbomaschine bereit (vgl. Abbildung 6-6).

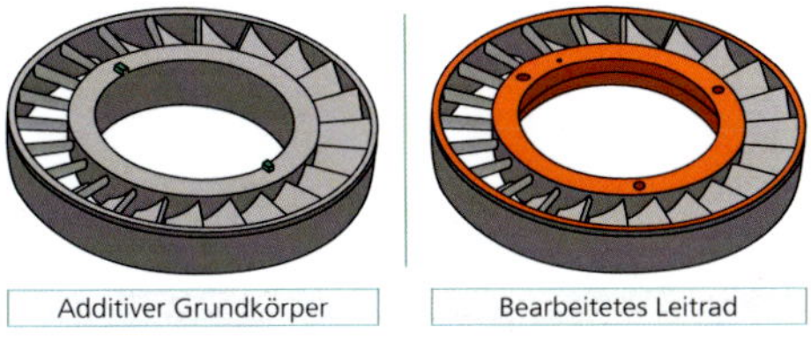

Abbildung 6-6: Demonstrator von toolcraft

Demonstrator of toolcraft

Das Leitrad wird aus der Nickelbasislegierung Inconel 718 gefertigt. Der additive Grundkörper besteht aus zwei ineinanderlegenden Ringen mit unterschiedlichen Durchmessern sowie 23 dazwischenliegenden Schaufeln mit Freiformflächen. Der Außendurchmesser beträgt 263 mm bei eine Bauteilhöhe von 40 mm. Der additive Aufbau mittels LPBF erfolgt so, dass die Flächennormale der Stirnflächen parallel zur Flächennormale der jeweiligen Substratplatte liegt. Demnach sind zwischen den Stirnflächen und der Substratplatte sowie den einzelnen Schaufeln Stützstrukturen vorzufinden. Bei der Weiterbearbeitung des additiven Grundkörpers werden neben der Oberflächenbearbeitung subtraktiv innenliegende Zylinderflächen und die beidseitigen Stirnflächen bearbeitet. Zudem werden mehrere Bohrungen in das Leitrad eingebracht.

Die Fertigungsprozesskette für den Demonstrator wurde von toolcraft bereitgestellt (vgl. Abbildung 6-7). In gemeinsamen Workshops wurden die Automatisierungsstufen für die Fertigungsprozessfolge inklusive der Sub-Tasks und erforderlicher Peripherie bestimmt. Die dargestellten Automatisierungsstufen beziehen sich auf die Sub-Tasks der jeweiligen Prozessdurchführung des Fertigungsmittels, sodass ein gewichteter Durchschnittswert dargestellt wird. Es kann konstatiert werden, dass die Fertigungsprozesse jeweils eine hohe Automatisierungsstufe vorweisen. Ausnahmen liegen in Form der ersten Pulverentfernung, der Stützstrukturentfernung sowie der Oberflächenbearbeitung mittels Strahlkabinen vor. Die Handhabung der Werkstücke erfolgt weitestgehend manuell. Anhand der homogenen Automatisierungsstufen wird deutlich, dass die Einzelprozesse aufeinander abgestimmt sind. Allgemein fällt auf, dass die mechanisierte Automatisierungsstufe bei allen betrachteten Technologien höher als die kognitive Automatisierungsstufe ist.

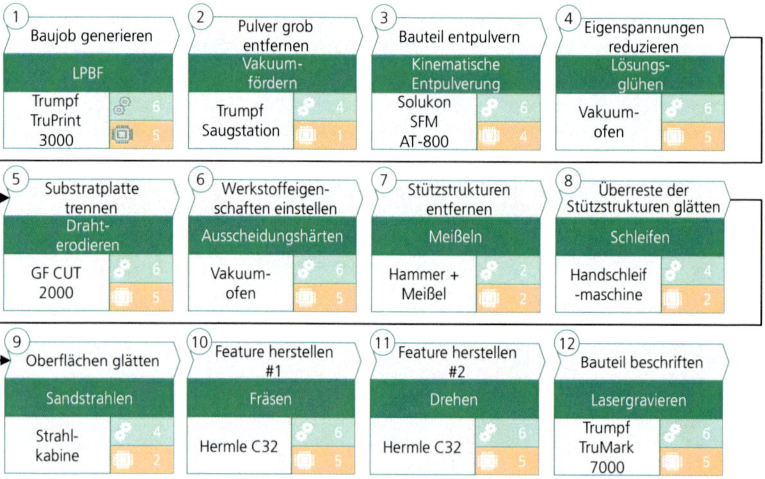

Abbildung 6-7: Ist-Prozesskette des Demonstrators bei toolcraft
As-is process chain of the demonstrator at toolcraft

Im Geschäftsbereich additive Fertigung verfolgt toolcraft das Konzept der kundenindividuellen Auftragsfertigung. Demnach werden verschiedene Bauteile in unterschiedlichen Stückzahlen gefertigt. Die Anzahl der produzierten Bauteile variiert hierbei von kleinen Losgrößen bis hin zu Kleinserien wie das Anwendungsbeispiel für additiv gefertigte Bauteile für Motorensysteme in der

Medizintechnik zeigt [TOOL24]. Demnach liegt bei der Klassifikation der Produktionsszenarien eine High Mix Fertigung vor und es wird ein kognitiver Ziel-LOA von 6 bestimmt. Aufgrund der Variation von geringen Losgrößen und Kleinserie wird ein mechanisierter Ziel-LOA von 5 festgelegt.

Mit den Zielvorgaben und den Ergebnissen der Analysephase liegen die benötigten Eingangsgrößen für das mathematische Optimierungsmodell vor. Das Ergebnis zeigt, dass die Fertigungsprozesse grundsätzlich einen hohen Automatisierungsgrad aufweisen sollten. Einzig die Vakuumreinigung und die kinematische Entpulverung stellen mit einem mechanisierten LOA von vier eine Ausnahme dar. Hinsichtlich der Spannvorgänge zeigt sich, dass ebenfalls hohe mechanische und kognitive LOA anforderungsgerecht sind. Das Ergebnis des Optimierungsalgorithmus gibt lediglich für den additiven Bauprozess, das Drehen, dem Meißeln und der kinematischen Entpulverung statt automatisierten, hauptzeitparallele Rüstvorgänge vor. Für die Handhabungs- und Transportvorgänge ergibt sich ein geringer mechanisierter LOA mit durchschnittlich vier bis fünf. Dies bedeutet, dass für Handhabungs- und Transportvorgänge Fördermittel, Magazine für Werkzeuge und Werkstücke genutzt werden sollten. Eine Automatisierung mit vollständiger Befähigung zum autonomen Betrieb dieser Peripheriesysteme insbesondere des Transportsystems ist demnach nicht anforderungsgerecht. Weitere Tätigkeiten wie die Handhabung von Prozessmedien beim LPBF-Prozess, der Aufbereitung des Dielektrikums oder der Spanabtransport beim Fräsen weisen einen geringen mechanisierten und kognitiven LOA auf. Auf Basis der Ergebnisse des mathematischen Optimierungsmodells wurden die Regeln für die heuristikbasierte Spezifizierung und des stufenweisen Aufbaus zur Implementierung angewendet. Das Ergebnis sind drei aufeinander aufbauende Automatisierungskonzepte. Das erste Konzept fokussiert die Automatisierung der Spannvorgänge, indem maschinenexternes Rüsten mittels Werkstückträgern avisiert wird. Ziel ist die Rüst- und Nebenzeiten mittels hauptzeitparalleler Spannvorgänge zu reduzieren. Entsprechend der additiven Prozesskette bei toolcraft ist eine Anwendung bei mehreren Prozessschritten wie bspw. dem Trennvorgang des Werkstücks von der Substratplatte sowie der Funktionsflächenherstellung möglich. Das zweite Automatisierungskonzept fokussiert automatisierte Zu- und Abführvorgänge bei den Fertigungsmitteln. Dementsprechend werden Werkstückträgersysteme vorausgesetzt, sodass eine automatisierte Zu- und Abführung der Werkstücke möglich ist. In der Kombination mit einem Magazin erfolgt somit die Befähigung zur mannlosen Fertigung der entsprechenden Fertigungsmitteln über einen begrenzten Zeitraum, bspw. ein Wochenende. Entsprechende Automatisierungsperipherie ist für die Prozessschritte des Trennens der Substratplatte, für die Herstellung der Funktionsflächen sowie der Bauteilbeschriftung und Qualitätssicherung erforderlich. Das dritte entwickelte Automatisierungskonzept basiert auf einer Maschinenverkettung. In Anbetracht der vorliegenden Stückzahlen und weiteren Ergebnisse der Analysephase zeigt sich hier, dass eine ganzheitliche Verkettung aller Prozessschritte nicht anforderungsgerecht für toolcraft ist. Unter Berücksichtigung weiterer Produktionsaufträge aus anderen Geschäftsbereichen ist insbesondere die Verkettung der Fertigungsmittel zur Funktionsflächenherstellung sinnvoll. Dies ist damit zu begründen, dass das Verhältnis der hauptzeitbeeinflussenden Rüstzeiten zur Prozesszeit hoch ist. Die Verkettung der Fertigungsmittel wird mittels eines zentralen Handhabungssystems realisiert und die Werkstücke werden über ein Magazin bereitgestellt, sodass lange unbemannte Fertigungszeiten realisiert werden können.

Auf Basis der durchlaufenden Detaillierungsphase mit den für toolcraft generierten Automatisierungskonzepten können relevante Kennzahlen verglichen werden. Es zeigt sich, dass mit zunehmenden Automatisierungsgrad die hauptzeitbeeinflussenden Neben- und Rüstzeiten sukzessiv reduziert werden können. Den größten Einfluss auf die resultierende Durchlaufzeit hat hierbei insbesondere das Automatisierungskonzept mit der automatisierten Be- und Entladung. Begründet werden kann dies mit der Befähigung zur mannlosen Maschinenlaufzeit während unbemannter Schichten bspw. nachts oder am Wochenende. Demzufolge ist in der Materialflusssimulation insbesondere eine Reduktion der Wartezeiten der Werkstücke sowie der Auslastung der Mitarbeiter festzustellen. Die Materialflusssimulation zeigt zudem, dass für die Prozesskette von toolcraft eine technologieübergreifende Verkettung hinsichtlich der Durchlaufzeit nicht zu empfehlen ist, da die Reduktion der Durchlaufzeit im Vergleich zur automatisierten Be- und Entladung lediglich zwei Prozent beträgt. Der Grund hierfür ist die hohe Differenz zwischen einzelnen Bearbeitungszeiten. Während der LPBF-Prozess und die Wärmebehandlung weit mehr als 20 Stunden benötigen, weisen die anderen Prozessschritte mit einer maximalen Bearbeitungszeit von drei Stunden für die Drahterosion signifikant geringere Prozesszeiten auf. Eine Anpassung der Produktionskapazitäten ist mit der Beschaffung weiterer Fertigungsmittel für Prozesse mit langen Bearbeitungszeiten wie für den LPBF-Prozess möglich. In Anbetracht der erforderlichen Invesitionskosten und der zu fertigenden Stückzahlen ist in diesem Fall nicht mehr von einem anforderungsgerechten Automatisierungskonzept auszugehen, da die Amortisationsdauer über zehn Jahre liegt.

Im Anwendungsbeispiel bei toolcraft lag keine spezifische Investitionsabsicht vor, sodass ein umfassender Auswahlprozess nicht direkt erfolgte. Stattdessen wurden die generierten Konzepte im Rahmen des IDEA-Projekts vorgestellt und mit dem Konsortium diskutiert. Die Diskussion erfolgte anhand der resultierenden Durchlaufzeiten, der auf Basis der Investitionsrechnung resultierenden Verrechnungssätze für die einzelnen Automatisierungskonzepte und den resultierenden Stückkosten. Auf Basis der Bewertungskriterien konnte in der Diskussion als anforderungsgerechtes Automatisierungskonzept die Automatisierung der Be- und Entladung identifiziert werden.

Das Fazit der Anwendung der entwickelten Methodik bei der Pilotlinie von toolcraft ist positiv, da ein anforderungsgerechtes Automatisierungskonzept entwickelt worden ist. Zudem war eine Evaluierung anhang von verschiedenen Zielgrößen möglich. Die Validierung am Beispiel eines mittelständischen Unternehmens ist somit abgeschlossen.

6.3.2 Pilotlinie: Siemens Energy AG

Pilot line: Siemens Energy AG

Die Siemens Energy AG ist ein international agierendes Unternehmen mit mehr als 90.000 Mitarbeitern und einem jährlichen Umsatz von ca. 29 Milliarden Euro im Geschäftsjahr 2022. Das Tätigkeitsfeld erstreckt sich entlang der Energie-Wertschöpfungskette, sodass Produkte wie Gasturbinen, Dampfturbinen, Generatoren und Verdichter zum Produktportfolio gehören. Global werden von Siemens Energy mehr als 40 Fertigungsmittel für additive Fertigungsverfahren betrieben, wobei Anlagen verschiedener Hersteller zur Verfügung stehen. Hinsichtlich der additiven Prozesskette sind Fertigungsmittel für die relevanten Prozessschritte wie Pulverentfernung, Stützstrukturentfernung, Wärmebehandlung und Reinigung sowie Qualitätssicherung vorhanden. Gefertigte additive Bauteile sind beispielsweise Gasbrenner, strömungsrelevante Leiträder und Hydraulikverteiler. Es können verschiedenste Werkstoffe wie Titan und Nickelbasislegierungen verarbeitet werden. Im Rahmen von IDEA wurde ein repräsentativer Demonstrator verwendet (vgl. Abbildung 6-8), zudem wurde der Produktionsstandort in Berlin fokussiert. Das Layout und die Prozesskette kann Abbildung 6-9 entnommen werden. [SIEM21], [SIEM22], [IDEA23]

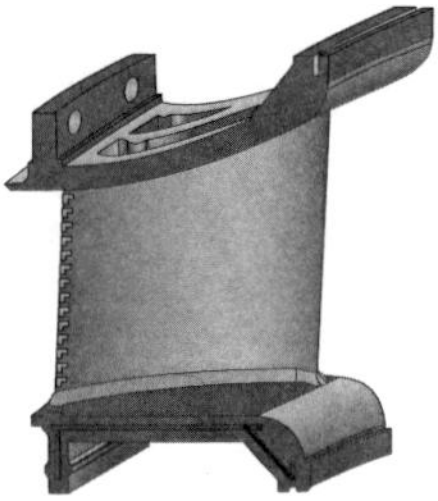

Abbildung 6-8 Demonstrator von Siemens nach IDEA [IDEA23, S. 124]
Siemens demonstrator according to IDEA

Im Kontext der Analysephase konnte für die Pilotlinie festgestellt werden, dass bei direkt wertschöpfenden Prozessschritten in Form von Fertigungsprozessen ein hoher mechanisierter Automatisierungsgrad vorliegt. Lediglich hinsichtlich der Entfernung von Stützstrukturen und Handhabung von Komponenten ist der Automatisierungsgrad geringer. [IDEA23, S. 78f.] Die entwickelten Automatisierungskonzepte basieren auf den identifizierten Schwachstellen und wurden aufeinander aufbauend entwickelt. So ist das Ziel des ersten Konzepts die Automatisierung der Spannvorgänge, um eine Reduzierung der Rüst- und Nebenzeiten zu erzielen. [IDEA23, S. 79f.]

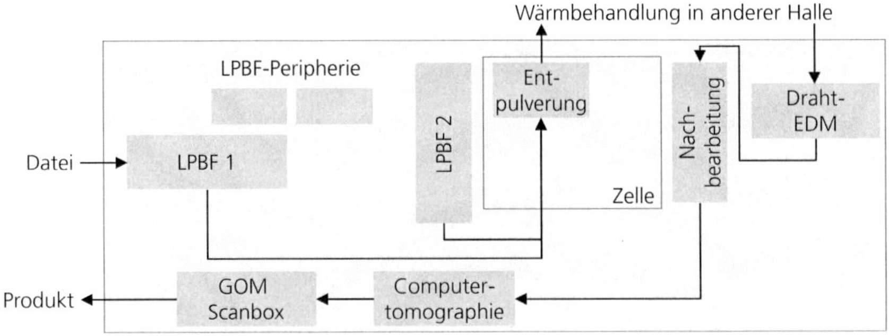

Abbildung 6-9 Layoutentwurf der Pilotlinie mit Prozesskette nach IDEA [IDEA23, S. 122]
Layout design of the pilot line with process chain according to IDEA

Darauf aufbauend ist ein weiteres Konzept realisierbar, dass eine automatisierte Maschinenbeladung fokussiert. Insbesondere für Prozessschritte der Weiterbearbeitung ist eine Realisierung gegeben, da hierfür konventionelle Werkstückträgersysteme verwendet werden können. Das unmittelbare Greifen von komplexen Werkstückgeometrien dagegen ist ein Forschungsthema, bei dem in IDEA signifikante Fortschritte erzielt wurden, wobei eine prozesssichere industrielle Nutzung derzeit noch nicht gewährleistet werden kann. Schließlich wurde ein Automatisierungskonzept mit Maschinenverkettung entwickelt. Eine prozessschrittübergreifende automatisierte Handhabung ist jedoch nicht für die gesamte additive Prozesskette hinsichtlich fertigungstechnologischer und ökonomischer Aspekte sinnvoll, sondern auf die einzelnen Prozessschritte der Weiterbearbeitung beschränkt. [IDEA23, S. 78-80]

Als Fazit kann konstatiert werden, dass im Kontext des Forschungsprojekts IDEA anforderungsgerechte Automatisierungskonzepte für die Pilotlinie bei der Siemens Energy AG etnwickelt werden konnten. Ein weiteres Validierungsbeispiel der Methodik ist somit gegeben.

6.4 Kritische Reflexion

Critical reflection

Entsprechend der Forschungsmethodik nach Ulrich gilt es die empirischen Beobachtungen der beschriebenen Fallbeispiele hinsichtlich der Falsifizierung der Forschungshypothese zu evaluieren [ULRI76]. Demnach ist zu prüfen, ob die mithilfe der Methodik entwickelten Automatisierungskonzepte für die additive Prozesskette mit Pulverbettverfahren anhand fertigungstechnologischer und betriebswirtschaftlicher Zielgrößen bewertet und optimiert wurden. Für die kritische Reflexion werden im Folgenden die in Kapitel 3.1.2 definierten Anforderungskriterien herangezogen.

Hinsichtlich der **automatisierungsbezogenen Anforderungen** zur Bestimmung und Optimierung des Automatisierungsgrads zeigen die Fallbeispiele, dass die entwickelte Methodik einen hohen Erfüllungsgrad aufweist. Insbesondere die für die relevanten Technologien der additiven Prozesskette definierten mechanisierten und kognitiven Automatisierungsstufen geben einen anwendungsorientierten Ordnungsrahmen zur Determination des Automatisierungsgrads vor. So zeigt insbesondere die Prozessanalyse bei den beiden Fallbeispielen, dass die hierarchische Definition und Aufnahme von Sub-Tasks eine effiziente und zugleich detaillierte Analyse der unternehmensspezifischen Prozessketten ermöglicht. Im Rahmen der Validierung wurde insbesondere bei der Evaluierung des kognitiven Automatisierungsgrads deutlich, dass die jeweiligen Automatisierungsstufen in regelmäßigen Intervallen auf Aktualität geprüft werden sollten. Im Kontext der derzeitigen Entwicklungen im Themenfeld Künstlicher Intelligenz ist hier zukünftig von kürzeren Aktualisierungsintervallen auszugehen. Die Kombination des numerischen Optimierungsmodells mit der heuristikbasierten Spezifizierung der Konzepte und der Materialflusssimulation gewährleistet, dass sowohl fertigungstechnologische als auch ökonomische Kennzahlen bei der Optimierung des Automatisierungsgrads berücksichtigt werden. Erst mit Betrachtung der resultierenden Kapazitätsauslastungen für Fertigungsmittel und Peripheriesysteme ist eine vollumfängliche Prädiktion der Auswirkungen eines Automatisierungskonzepts möglich.

Der additive Aufbau mittels LPBF und erforderliche Vor- und Nachbereitungsschritte sowie die Berücksichtigung der Prozesskette sind als **Anforderungen bzgl. der additiven Fertigung** definiert. Anhand der gewählten Fallbeispiele kann demonstriert werden, dass hinsichtlich dieser

Bewertungskriterien der Erfüllungsgrad ebenfalls hoch ist. Die in der Validierung behandelten Bauteildemonstratoren weisen repräsentative Eigenschaften und Geometrien für die additive Fertigung auf. Zudem zeigt der für die Methodik definierte Ordnungsrahmen, der fünfzehn Technologien berücksichtigt, dass hiermit eine Abbildung der additiven Prozesskette im industriellen Umfeld gegeben ist. Auch die pulverbettspezifischen Prozessschritte wie Pulverhandhabung oder Substratplattenvorbereitung werden in sämtlichen Phasen der Methodik bis hin zum Template zur Kalkulation der Investitionsausgaben berücksichtigt.

Die **Anforderungen hinsichtlich der Prozesskette** in Form der ganzheitlichen Betrachtung und Integration in Fertigungsfolgen weisen insbesondere durch die Berücksichtigung der wertschöpfenden und nicht-wertschöpfenden Prozessschritte einen hohen Erfüllungsgrad auf. Die Validierung zeigt zudem, dass eine Ergänzung um weitere Technologien oder Prozessschritte mit vertretbarem Aufwand möglich ist, da die zugrundeliegenden Definitions- und Gewichtungskriterien dargelegt wurden. Lediglich eine Erweiterung um vorgelagerte Prozessschritte wie bspw. die CAM-Programmierung erfordert einen größeren Integrationsaufwand, da die jeweiligen Gewichtungskriterien anzupassen sind. Hinsichtlich der Integration in bestehende Fertigungsfolgen ist insbesondere die Prozessaufnahme mit der Betrachtung der Sub-Task-spezifischen Automatisierungsstufen hilfreich. Hier zeigt die Validierung, dass durch den prozessorientierten Ansatz eine anforderungsgerechte Analyse möglich ist. Des Weiteren zeigt sich anhand der beiden Fallbeispiele, dass eine Anwendung in verschiedenen Unternehmenstypen gegeben ist. Während die Validierung bei der toolcraft AG die Anwendung in einem kleinen bis mittelständischen Unternehmen demonstriert, zeigt das Fallbeispiel bei der Siemens Energy AG eine Praktikabilität der entwickelten Methodik in einem global agierenden Konzern.

Auch bei den **allgemeinen Anforderungen**, Anwendbarkeit und Wirtschaftlichkeit, liegt ein hoher Erfüllungsgrad vor. Hinsichtlich der benötigten Daten zeigt sich, dass zwar ein hoher Aufwand zur Datenerhebung erforderlich ist, der jedoch mit entsprechenden Templates wie der entwickelten Darstellungsweise bei der Prozessaufnahme dem Datenmodell sowie den Templates zur Investitionsplanung reduziert werden kann. Zudem unterstützen die prototypischen Softwareumsetzungen die Anwendbarkeit in hohem Maß. Signifikante, mathematische Zusammenhänge der Methodik wie Lösen des mathematischen Optimierungsmodells, Berechnung der Kapitalwerte oder die Gewichtung von Bewertungskriterien zur Auswahl von Automatisierungskonzepten werden automatisiert durchgeführt. Das Endergebnis sind schließlich anhand von fertigungstechnologischen und ökonomischen Kriterien bewertete Automatisierungskonzepte, sodass eine Rangfolge von Investitionsempfehlungen vorliegt. Der zeitliche Aufwand, der mit der Methodik einhergeht, ist in Anbetracht des Investitionsvolumens zu bewerten. Je größer die Anzahl der betrachteten Fertigungsmittel und Prozessschritte, desto besser ist das monetäre Aufwand-Nutzen-Verhältnis der Methodik, da der Aufwand einzelner Schritte wie der Produktanalyse oder der Gewichtung der Bewertungskriterien unabhängig von der Anzahl der Fertigungsmittel und Prozessschritte ist. Demnach ist eine Anwendung der gesamten Methodik für die Investition eines einzelnen Fertigungsmittels oder Peripheriesystems weniger zu empfehlen. Stattdessen ist die dargelegte Methodik für die Auslegung eines ganzheitlichen technologieübergreifenden Automatisierungskonzepts anzuwenden.

7 Zusammenfassung und Ausblick

Summary and Outlook

Im folgenden Kapitel wird die vorgestellte Arbeit abschließend zusammengefasst. Darüber hinaus folgt ein Ausblick zur zukünftigen Entwicklung der Automatisierung der additiven Prozesskette.

7.1 Zusammenfassung

Summary

Die additive Fertigung konnte sich in den letzten Jahren zunehmend als leistungsfähige Technologie zur Herstellung von Bauteilen in der Forschung, insbesondere aber in der Industrie, etablieren. Additive Fertigungstechnologien zeichnen sich durch einen schichtweisen Materialauftrag aus, sodass komplexe Bauteile mit hohem Individualisierungsgrad, internen Geometriemerkmalen und Funktionsintegration gefertigt werden können [WOHL22, S. 22-28], [WOHL23a]. Eine additive Fertigungstechnologie mit hoher industrieller Relevanz ist Laser Powder Bed Fusion (LPBF), welches auf dem schichtweisen Aufschmelzen von Metallpulver mittels Laserstrahlung basiert [WOLL20, S. 108]. Zwar werden vergleichbare mechanische Werkstückeigenschaften wie bei der konventionellen Bauteilherstellung erzielt, jedoch sind hierfür zusätzliche Prozessschritte zur Weiterbearbeitung erforderlich [BMBF19, S. 4], [WOHL21, S. 5], [BASS22, S. 6]. Es gilt insbesondere Stützstrukturen zu entfernen, Oberflächenrauheiten zu verringern und Eigenspannungen sowie Formabweichungen zu reduzieren [VDI15, 22 ff.]. Während der additive Bauprozess und die Weiterbearbeitungsprozesse überwiegend automatisiert sind, weisen die nicht-wertschöpfenden Tätigkeiten wie die Handhabung von Komponenten einen hohen manuellen Arbeitsanteil auf [ZEYN17, S. 83 ff.], [MÖHR18, S. 15 ff.], [BMBF19, S. 26]. Demzufolge bietet die Automatisierung der additiven Prozesskette das Potenzial, die Produktivität zu steigern und die Herstellkosten zu reduzieren [HESS00, S. 2], [WOHL20, S. 189], [HORS21a, S. 97]. Aufgrund der Vielzahl der Prozessschritte, involvierten Fertigungsmittel und Peripheriesysteme bedarf es hierfür ein systematisches Vorgehen. Zwar existieren im Bereich der konventionellen Fertigung Methodiken zur Entwicklung von Automatisierungskonzepten, jedoch sind diese aufgrund der spezifischen Eigenschaften der additiven Prozesskette wie der notwendigen Berücksichtigung der Pulverhandhabung nicht ohne Weiteres anwend- oder adaptierbar. Demzufolge war das dieser Dissertation zugrundeliegende Ziel, die Entwicklung eines ganzheitlichen Ansatzes zur Entwicklung von Automatisierungskonzepten für die additive Prozesskette mit Pulverbettverfahren unter Berücksichtigung von fertigungstechnologischen, ökonomischen und unternehmensindividuellen Restriktionen.

Die vorgestellte Methodik zur Automatisierung der additiven Prozesskette besteht aus vier konsekutiven Phasen: Analyse-, Generierungs-, Detaillierungs- und Auswahlphase. Ziel der ersten Phase ist die Bildung einer Datengrundlage, indem verfügbare Informationen über Bauteilportfolio, Prozesskette, vorhandene Fertigungsmittel sowie Peripheriesysteme systematisch erfasst werden. Eine Evaluierung des Automatisierungsgrads ist anhand eines im Rahmen der Dissertation entwickelten prozessorientierten Stufenmodells möglich. Hiermit wird eine hierarchische Gliederung der Prozesskette ermöglicht, sodass einzelne wertschöpfende und nicht-wertschöpfende Tätigkeiten bewertet werden können. In der folgenden Generierungsphase wird ein mathematisches Optimierungsmodell verwendet, um verschiedene Automatisierungskonzepte algorithmusbasiert zu generieren. Aufgrund der mit der mathematischen Modellierung einhergehenden Abstraktion erfolgt eine fertigungstechnologische Spezifizierung der Konzepte anhand definierter Heuristiken und einer stufenweisen Auslegung zur erleichterten Inbetriebnahme. Die dritte Phase der Methodik stellt die Detaillierungsphase dar, die der Quantifizierung von fertigungstechnologischen und ökonomischen Kennzahlen dient. Anhand einer spezifisch für die additive Prozesskette entwickelten Materialflusssimulation können die für verschiedene Konzepte resultierenden Durchlaufzeiten sowie weitere Kennzahlen zur Prädiktion der Produktionskapazitäten ermittelt werden. Schließlich ist mit den Kennzahlen im Rahmen einer Investitionsrechnung, die auf der Kapitalwertmethode basiert, ein Vergleich ökonomischer Kennzahlen möglich. Die Auswahlphase dient der finalen Auswahl des Automatisierungskonzepts anhand von Zielkriterien, die unternehmensindividuell adaptiert werden können. Hierfür wird der um eine Fuzzyfizierung erweiterte Analytic Hierarchie Process (FAHP) verwendet, sodass bei der finalen Auswahl eines Automatisierungskonzepts Unsicherheiten bei den zur Verfügung stehenden Daten berücksichtigt werden können.

Im Rahmen der Validierung sind verschiedene prototypische Softwareumsetzungen entwickelt worden. Das mathematische Model zur Generierung von Automatisierungskonzepten wurde in einer Python-Umgebung implementiert, sodass einschlägige Optimierungsalgorithmen verwendet werden können. Zudem wurde eine Materialflusssimulation aufgebaut, die eine Prädiktion verschiedener Kennzahlen wie die Auslastung der Fertigungsmittel oder Durchlaufzeiten für verschiedene Automatisierungsgrade ermöglichen. Zur Unterstützung der Investitionsrechnung wurde ein Softwareprototyp zur systematischen Erfassung monetärer Informationen und Berechnung der resultierenden Kapitalwerte entwickelt. Schließlich wird der Anwender bei der Anwendung des FAHPs bei der Bestimmung der Gewichtung der Bewertungskriterien sowie der Konsistenzprüfung softwareseitig unterstützt. Die Anwendung der Methodik bei zwei Fallbeispielen aus der Industrie zeigt, dass sowohl in kleinen bis mittelständischen Unternehmen sowie in global agierenden Konzernen eine Anwendung möglich ist und die gestellten Anforderungen an die Methodik in hohem Maße erfüllt werden. In beiden Fällen konnten anforderungsgerechte Automatisierungskonzepte für die additive Prozesskette entwickelt werden.

7.2 Ausblick

Outlook

Die Zukunft der additiven Fertigung kann entsprechend einer Studie des Weltwirtschaftsforums in fünf industrierelevante Anwendungsfällen geclustert werden: Dezentrale Produktion auf Basis digitaler Datenbanken, Herstellung von kundenindividuellen Produkten, produktlebenszyklusunterstützende Produktion und Serienfertigung [BASS22, S. 17]. Laut der Studie ist einer der wichtigsten Schlüsselfaktoren zur Realisierung der zukünftigen Produktionsszenarien die signifikante Reduktion der Fertigungskosten, insbesondere durch die Automatisierung der additiven Prozesskette. Darüber hinaus sind Maßnahmen zur Qualifizierung, Qualitätsbewertung, Standardisierung sowie zur digitalen Prozesskette erforderlich.

Die in der Dissertation entwickelte Methodik stellt den ersten ganzheitlichen Ansatz zur anforderungsgerechten Automatisierung der additiven Prozesskette dar. Der Fokus der Arbeit liegt auf der physischen Prozesskette mit wertschöpfenden und nicht wertschöpfenden Tätigkeiten. Anknüpfungspunkte für zukünftige Forschungsarbeiten liegen insbesondere bei der Berücksichtigung der digitalen Prozesskette. Dies betrifft die vorgelagerten Prozessschritte der Konstruktion bis hin zur NC-Programmvorbereitung für das LPBF-Fertigungsmittel. Hier gilt es leistungsfähige, automatisierte Abläufe für die typischerweise komplexen und individuellen additiven Bauteile zu entwickeln. Insbesondere ist hier die automatisierte Planung von fertigungsgerechten Prozessketten von Bedeutung, um eine wirtschaftliche Arbeitsplanerstellung für Bauteile kleiner Losgrößen zu ermöglichen. Zudem kann über die additive Prozesskette hinweg die Interaktion zwischen integrierter Sensorik und Datenauswertung und -verwertung automatisiert werden. Auf diese Weise ist es möglich, die Leistungsfähigkeit der additiven Fertigung mit einer adaptiven Prozessparameteranpassung zur Prozessregelung signifikant zu verbessern. Des Weiteren sind im Kontext einer industrialisierten Fertigung prozessbegleitende Informationen über die Werkstückqualität von Bedeutung. Mit zunehmender Digitalisierung der Fertigungsmittel und Peripherie können relevante Daten zur Qualitätsbeurteilung simultan zur Prozessdurchführung aufgenommen werden. Hier gilt es für die Fertigungsverfahren der additiven Prozesskette technologiespezifisch Sensorik zu integrieren und Automatismen zur Auswertung zu entwickeln. Für eine ganzheitliche Beurteilung der Qualität ist schließlich die Entwicklung eines umfassenden Qualitätsmanagementsystem erforderlich. Neben dem beschriebenen verstärkten Fokus zukünftiger Arbeiten auf den kognitiven Automatisierungsgrad ist zudem eine Erweiterung der Methodik um ökologische Bewertungsaspekte möglich. Zwar können im Rahmen der in dieser Arbeit entwickelten Methodik entsprechende Kriterien in der Auswahlphase berücksichtigt werden, jedoch erfolgt die Evaluierung anhand von subjektiven Einschätzungen der Anwender. Mittels einer technologiespezifischen, kennzahlbasierten Bewertung der Fertigungsmittel wäre eine quantitative Beurteilung möglich.

Literaturverzeichnis

Bibliography

[ADDI24] Additive Industries B.V.: MetalFABG2 Continous Production. Continuous series production over multiple print cores in one system. Print up to 8 sequential jobs autonously. URL: https://www.additiveindustries.com/metalfabg2 [Stand: 04.02.2024]

[ADDU22] AddUp SAS: FormUp 350. Powder Bed Fusion. AddUp SAS. Cébazat, 2022. Firmenschrift

[AGUA03] Aguarón, J.; Moreno-Jiménez, J. M.: The geometric consistency index: Approximated thresholds. In: European Journal of Operational Research, 147. Jg., 2003, Nr. 1, S. 137-145

[ALBE05] Albers, S.: Handbuch Technologie- und Innovationsmanagement. Strategie — Umsetzung — Controlling. 1. Aufl. Wiesbaden: Gabler Verlag, 2005

[ALBE67] Albert, H.: Marktsoziologie und Entscheidungslogik: Ökonomische Probleme in soziologischer Perspektive. 1. Aufl. Neuwied am Rhein: Luchterhand, 1967

[AMF18] Andreas Maier GmbH & CO. KG: Nullpunktspanntechnik ist in der Additiven Fertigung unumgänglich. Additive Fertigung: Die Produktivität liegt in der Null. Fellbach, 2018. Firmenschrift

[BASS22] Basso, M.; Betti, F.; Cronin, I.; Schönfuß, B.; Meboldt, M.; Omidvarkarjan, D.; Horstkotte, R.; Loock, J.; Schmitt, M.; Seidel, C.: An Additive Manufacturing Breakthrough. A How-to Guide for Scaling and Overcoming Key Challenges. World Economic Forum. Cologny/Geneva, 2022. Firmenschrift

[BECK08] Becker, T.: Prozesse in Produktion und Supply Chain optimieren. 2. Aufl. Berlin, Heidelberg: Springer, 2008

[BEER22] Beer Mohamed, S.; Kaviarasu, C.; Danielwillson, A.; Velmurugan, C.; Jayaganthan, R.; Kaviyarasu, K.: Metal Additive Manufacturing: Materials, Methods, Microstructure Evolution and Mechanical Properties via Post-processing Heat Treatments. In: Kasinathan, K.; Elshikh, M. S.; Al Farraj, D. A.-A. (Hrsg.): Nanomaterials for Energy Conversion, Biomedical and Environmental Applications. 1. Aufl. Singapur: Springer, 2022, S. 167-216

[BERN08] Berns, H.; Theisen, W.: Eisenwerkstoffe. Stahl und Gusseisen. 4. Aufl. Berlin: Springer, 2008

[BERT18] Bertagnolli, F.: Lean Management. Einführung und Vertiefung in die japanische Management-Philosophie. 1. Aufl. Wiesbaden: Springer, 2018

[BILS06] Bilsing, A.: Kennzahlengestützte Bewertung der technologischen Leistungsfähigkeit der Fertigung im Werkzeug- und Formenbau. Diss. RWTH Aachen, 2006

[BIND96] Binder, V. A.; Kantowsky, J.: Technologiepotentiale. Neuausrichtung der Gestaltungsfelder des Strategischen Technologiemanagements. 1. Aufl. Wiesbaden: Deutscher Universitätsverlag, 1996

[BLIE13] Bliedtner, J.; Müller, H.; Barz, A.: Lasermaterialbearbeitung. Grundlagen - Verfahren - Anwendungen - Beispiele. 1. Aufl. München: Hanser, 2013

[BLOE14] Bloech, J.; Bogaschewsky, R.; Buscher, U.; Daub, A.; Götze, U.; Roland, F.: Einführung in die Produktion. 7. Aufl. Berlin: Springer, 2014

[BMBF14] BMBF: Innovationen für die Produktion, Dienstleistung und Arbeit von morgen. Bonn, 2014. Firmenschrift

[BMBF19] BMBF: Deutschland druckt dreidimensional. Additive Fertigung revolutioniert die Produktion. Bundesministerium für Bildung und Forschung. Berlin, 2019. Firmenschrift

[BMWI19] BMWi: Industriestrategie 2030. Leitlinien für deutsche und europäische Industriepolitik. Berlin, 2019. Firmenschrift

[BOOS17a] Boos, W.; Arntz, K.; Johannsen, L.; Dröscher, T.; Wollbrink, M.; Prümmer, M.: Erfolgreich Fertigungstechnologien einsetzen im Werkzeugbau. 1. Aufl. Aachen, 2017

[BOOS17b] Boos, W.; Arntz, K.; Johannsen, L.; Prümmer, M.; Wollbrink, M.; Wilms, M.; Horstkotte, R.: Erfolgreich Automatisieren im Werkzeugbau. 1. Aufl. Aachen, 2017

[BREC11] Brecher, C. (Hrsg.): Integrative Produktionstechnik für Hochlohnländer. 1. Aufl. Berlin: Springer, 2011

[BREI97] Breiing, A.; Knosala, R.: Bewerten technischer Systeme. Theoretische und methodische Grundlagen bewertungstechnischer Entscheidungshilfen. 1. Aufl. Berlin: Springer, 1997

[BREM12] Bremen, S.; Meiners, W.; Diatlov, A.: Selective Laser Melting. A manufacturing technology for the future? In: Laser Technik Journal, 2. Jg., 2012, S. 33-38

[BRIN91] Brinksmeier, E.: Prozess- und Werkstückqualität in der Feinbearbeitung. 1. Aufl. Düsseldorf: VDI, 1991

[BROC21] Brockhaus Enzyklopädie Online: Wissenschaft. URL: https://brockhaus.de/ecs/permalink/57D5BDF7556531F5A4A47B3A5A725937.pdf [Stand: 04.02.2024]

[BRÜG12] Brüggemann, H.; Bremer, P.: Grundlagen Qualitätsmanagement. 1. Aufl. Wiesbaden: Vieweg + Teubner, 2012

[BULU12] Bulut, E.; Duru, O.; Keçeci, T.; Yoshida, S.: Use of consistency index, expert prioritization and direct numerical inputs for generic fuzzy-AHP modeling: A process model for shipping asset management. In: Expert Systems with Applications, 39. Jg., 2012, Nr. 2, S. 1911-1923

[CARL23] Carl Zeiss Industrielle Messtechnik GmbH: ZEISS VoluMax F1500 thunder. Upgrade to productivity. Oberkochen, 2023. Firmenschrift

[CERO09] Ceroni, J. A.: Economic Rationalization of Automation Projects. In: Nof, S. Y. (Hrsg.): Springer Handbook of Automation. 1. Aufl. Berlin: Springer, 2009, S. 699-713

[CHAN96] Chang, D.-Y.: Applications of the extent analysis method on fuzzy AHP. In: European Journal of Operational Research, 95. Jg., 1996, Nr. 3, S. 649-655

[CHRI15] Christ, J. P.: Intelligentes Prozessmanagement. Marktanteile ausbauen, Qualität steigern, Kosten reduzieren. 1. Aufl. Wiesbaden: Springer, 2015

[CHRI22] Christian Bewer GmbH: pintec-Power. Formspannsystem zur schnellen Fixierung von Werkstücken jeder Geometrie für die Bearbeitung. Aspach, 2022. Firmenschrift

[CRAW85] Crawford, G.; Williams, C.: A Note on the Analysis of Subjective Judgment Matrices. In: Journal of mathematical psychology, 29. Jg., 1985, S. 387-405

[DAUM18] Daum, A.; Greife, W.; Przywara, R.: BWL für Ingenieurstudium und -praxis. 3. Aufl. Wiesbaden: Springer, 2018

[DAWE08] Dawes, J.: Do Data Characteristics Change According to the Number of Scale Points Used? An Experiment Using 5-Point, 7-Point and 10-Point Scales. In: International Journal of Market Research, 50. Jg., 2008, Nr. 1, S. 61-104

[DIET17] Dietz, S. R.: Prozessentwicklung und ökonomische Bewertung der automatisierten Nachbearbeitung von additiv gefertigten Dentalunikaten. Diss. TU Darmstadt, 2017

[DIN03a] Norm DIN 8590 (2003): Fertigungsverfahren Abtragen. Einordnung, Unterteilung, Begriffe

[DIN03b] Norm DIN 8589-11 (2003): Fertigungsverfahren Spanen. Teil 11: Schleifen mit rotierendem Werkzeug; Einordnung, Unterteilung, Begriffe

[DIN03c] Norm DIN 8589-1 (2003): Fertigungsverfahren Spanen. Teil 1: Drehen; Einordnung, Unterteilung, Begriffe

[DIN03d] Norm DIN 8589-6 (2003): Fertigungsverfahren Spanen. Teil 6: Sägen; Einordnung, Unterteilung, Begriffe

[DIN03e] Norm DIN 8592 (2003): Fertigungsverfahren Reinigen. Einordnung, Unterteilung, Begriffe

[DIN03f] Norm DIN 8589-17 (2003): Fertigungsverfahren Spanen. Teil 17: Gleitspanen; Einordnung, Unterteilung, Begriffe

[DIN03g] Norm DIN 8589-2 (2003): Fertigungsverfahren Spanen. Teil 2: Bohren, Senken, Reiben; Einordnung, Unterteilung, Begriffe

[DIN03h] Norm DIN 8589-9 (2003): Fertigungsverfahren Spanen. Teil 9: Schaben, Meißeln; Einordnung, Unterteilung, Begriffe

[DIN03i] Norm DIN 8589-3 (2003): Fertigungsverfahren Spanen. Teil 3: Fräsen; Einordnung, Unterteilung, Begriffe

[DIN03j] Norm DIN 8580 (2003): Fertigungsverfahren. Begriffe, Einteilung

[DIN15] Norm DIN EN ISO 9000 (2015): Qualitätsmanagementsysteme. Grundlagen und Begriffe

[DIN16a] Norm DIN EN ISO 6385 (2016): Grundsätze der Ergonomie für die Gestaltung von Arbeitssystemen

[DIN16b] Norm DIN EN ISO 17296-2 (2016): Additive Fertigung – Grundlagen. Teil 2: Überblick über Prozesskategorien und Ausgangswerkstoffe

[DIN18] Norm DIN EN ISO / ASTM 52900 (2018): Additive Fertigung. Grundlagen und Terminologie

[DIN20a] Norm DIN 8580 (2020): Fertigungsverfahren. Begriffe, Einteilung

[DIN20b] Norm DIN EN ISO / ASTM 52911-1 (2020): Additive Fertigung - Konstruktion. Teil 1: Pulverbettfusion von Metallen

[DIN74] Norm DIN 69651 (1974): Klassifizierung der Werkzeugmaschinen für Metallbearbeitung. Nummernschema, Kennzahlenschlüssel für Maschinengattungen

[DIN94] Norm DIN 17022-1 (1994): Verfahren der Wärmebehanldung. Teil 1: Härten, Bainitisieren, Anlassen und Vergüten von Bauteilen

[DMG22] DMG MORI AG: Additive Manufacturing. Reinvent Your Metal Production. Website, 2022. Firmenschrift

[DROS71] Drosdowski, G.; Grebe, P.; Köster, R.; Mentrup, W.; Müller, W.: Der große Duden. Fremdwörterbuch. 1. Aufl. Mannheim, 1971

[DUDE24a] Duden; Cornelsen Verlag: Methodologie. URL: https://www.duden.de/node/96418/revision/96454 [Stand: 04.02.2024]

[DUDE24b] Duden; Cornelsen Verlag: Werkstück. URL: https://www.duden.de/rechtschreibung/Werkstueck [Stand: 04.02.2024]

[DUDE24c] Duden; Cornelsen Verlag: Ordnungsrahmen. URL: https://www.duden.de/node/106368/revision/106404 [Stand: 04.02.2024]

[EOS19a] EOS GmbH Electro Optical Systems: EOS demonstriert Lösungen für flexiblen und automatisierten Metall-3D-Druck. Krailling, 2019. Firmenschrift

[EOS19b] EOS GmbH Electro Optical Systems: NextGenAM – Pilotprojekt für automatisierten metallischen 3D-Druck ein voller Erfolg. Krailling, 2019. Firmenschrift

[EOS22] EOS GmbH Electro Optical Systems: EOS M 400 Series. Production Platform for Additive Manufacturing of High-Quality Metal Parts. Krailling, 2022. Firmenschrift

[ERLA10] Erlach, K.: Wertstromdesign. Der Weg zur schlanken Fabrik. 2. Aufl. Berlin: Springer, 2010

[FALL00] Fallböhmer, M.: Generieren alternativer Technologieketten in frühen Phasen der Produktentwicklung. Diss. RWTH Aachen, 2000

[FAVR04] Favre-Bulle, B.: Automatisierung komplexer Industrieprozesse. Systeme, Verfahren und Informationsmanagement. 1. Aufl. Wien: Springer, 2004

[FELD14] Feldmann; K.; Schöppner Volker; Spur, G.; Feldmann, K.; Schöppner, V.: Handbuch Fügen, Handhaben, Montieren. 2. Aufl. München: Hanser, 2014

[FERC21] Ferchow, J.: Additive Manufacturing towards Industrial Series Production: Post-Processing Strategies and Design. Diss. ETH Zürich, 2021

[FERC22a] Ferchow, J.; Bühler, M.; Schlüssel, M.; Zumofen, L.; Klahn, C.; Hofmann, U.; Kirchheim, A.; Meboldt, M.: Design and validation of a sheet metal clamping system for additive manufacturing and post-processing. In: The International Journal of Advanced Manufacturing Technology, 119. Jg., 2022, Nr. 11-12, S. 7947-7967

[FERC22b] Ferchow, J.; Kälin, D.; Englberger, G.; Schlüssel, M.; Klahn, C.; Meboldt, M.: Design and validation of integrated clamping interfaces for post-processing and robotic handling in additive manufacturing. In: The International Journal of Advanced Manufacturing Technology, 118. Jg., 2022, Nr. 11-12, S. 3761-3787

[FRAU19] Fraunhofer IPT: IDEA. Industrialisierung von Digitalem Engineering und Additiver Fertigung. URL: https://www.ipt.fraunhofer.de/de/projekte/idea.html [Stand: 10.02.2024]

[FREN22] Frenz, W.: Handbook Industry 4.0. 1. Aufl. Berlin, Heidelberg: Springer, 2022

[FRIT10] Fritz, A. H.; Schulze, G.: Fertigungstechnik. 1. Aufl. Berlin: Springer, 2010

[FROH08] Frohm, J.: Levels of automation in production systems. Diss. Chalmers University of Technology Göteborg, 2008

[GADA19] Gadatsch, A.: Datenmodellierung. Einführung in die Entity-Relationship-Modellierung und das Relationenmodell. 2. Aufl. Wiesbaden: Springer, 2019

[GEA24] GE Additive: Concept Laser M Line. Metal additive for serial production. URL: https://www.ge.com/additive/additive-manufacturing/machines/dmlm-machines/mline [Stand: 10.02.2024]

[GEBH16] Gebhardt, A.: Additive Fertigungsverfahren. Additive Manufacturing und 3D-Drucken für Prototyping - Tooling - Produktion. 5. Aufl. München: Hanser, 2016

[GEVA06] Gevatter, H.-J.; Grünhaupt, U.: Handbuch der Mess- und Automatisierungstechnik in der Produktion. 2. Aufl. Berlin: Springer, 2006

[GFMA19] GF Machining Solutions: DMP Factory 500. Scalable metal additive manufacturing for seamless large parts. Biel, 2019. Firmenschrift

[GFMA23] GF Machining Solutions; 3D Systems Corporation: CUT AM 500. Neue Drahterodiermaschine zur Unterstützung des 3D-Drucks. Biel, 2023. Firmenschrift

[GIBS10] Gibson, I.; Rosen, D. W.; Stucker, B.: Additive Manufacturing Technologies. Rapid Prototyping to Direct Digital Manufacturing. 1. Aufl. New York: Springer, 2010

[GIBS21] Gibson, I.; Rosen, D.; Stucker, B.; Khorasani, M.: Additive Manufacturing Technologies. 3. Aufl. Cham: Springer, 2021

[GIRO97] Girod, B.; Rabenstein, R.; Stenger, A.: Einführung in die Systemtheorie. 1. Aufl. Wiesbaden: Springer, 1997

[GOME20] Gomeringer, R.; Kilgus, R.; Menges, V.; Oesterle, S.; Rapp, T.; Scholer, C.; Stenzel, A.; Stephan, A.; Wieneke, F.: Tabellenbuch Metall. 48. Aufl. Haan-Gruiten: Europa-Lehrmittel, 2020

[GÖTZ08] Götze, U.: Investitionsrechnung. Modelle und Analysen zur Beurteilung von Investitionsvorhaben. 6. Aufl. Berlin: Springer, 2008

[GRON22] Groneberg, H.; Horstkotte, R.; Pruemmer, M.; Bergs, T.; Döpper, F.: Concept for the reduction of non-value-adding operations in Laser Powder Bed Fusion (L-PBF). In: Procedia CIRP, 107. Jg., 2022, S. 344-349

[GROT18] Grote, K.-H.; Bender, B.; Göhlich, D. (Hrsg.): Dubbel. Taschenbuch für den Maschinenbau. 25. Aufl. Berlin: Springer, 2018

[GUAL20] Gualtieri, L.; Palomba, I.; Merati, F. A.; Rauch, E.; Vidoni, R.: Design of Human-Centered Collaborative Assembly Workstations for the Improvement of Operators' Physical Ergonomics and Production Efficiency: A Case Study. In: Sustainability, 12. Jg., 2020, Nr. 9

[GUBA94] Guba, E. G.; Lincoln, Y. S.: Competing Paradigms in Qualitative Research. In: Handbook of qualitative research, 1994, S. 105-117

[HABE12] Haberfellner, R.; Weck, O. d.: Systems Engineering. Grundlagen und Anwendung. 12. Aufl. Zürich: Orell Füssli, 2012

[HAFE19] Hafenstein, S.: Heißisostatisches Pressen von Aluminiumgusslegierungen mit integrierter Wärmebehandlung. 1. Aufl. Wiesbaden: Springer, 2019

[HEES15] Heeschen, D.: Kennzahlenbasierte Auswahl der Fertigungstechnologien und - ressourcen im industriellen Werkzeugbau. Diss. RWTH Aachen, 2015

[HEHE11] Hehenberger, P.: Computerunterstützte Fertigung. Eine kompakte Einführung. 1. Aufl. Berlin: Springer, 2011

[HEIN20] Heinrich, B.; Linke, P.; Glöckler, M.: Grundlagen Automatisierung. Erfassen - Steuern - Regeln. 3. Aufl. Wiesbaden: Springer, 2020

[HERR10] Herrmann, C.: Ganzheitliches Life Cycle Management. Nachhaltigkeit und Lebenszyklusorientierung in Unternehmen. 1. Aufl. Berlin: Springer, 2010

[HESS00] Hesse, S.: Fertigungsautomatisierung. Automatisierungsmittel, Gestaltung und Funktion. 1. Aufl. Wiesbaden: Vieweg, 2000

[HESS13] Hesse, S.: Grundlagen der Handhabungstechnik. 3. Aufl. München: Carl Hanser, 2013

[HEYN99] Heyn, M.: Methodik zur schnittstellenorientierten Gestaltung von Entwicklungskooperationen. Diss. RWTH Aachen, 1999

[HINT18] Hintze, W.; Schötz, R.; Mehnen, J.; Köttner, L.; Möller, C.: Helical milling of bore holes in Ti6Al4V parts produced by selective laser melting with simultaneous support structure removal. In: Procedia Manufacturing, 18. Jg., 2018, S. 89-96

[HIRS16] Hirsch, A.: Werkzeugmaschinen. Anforderungen, Auslegung, Ausführungsbeispiele. 3. Aufl. Wiesbaden: Springer, 2016

[HOFM65] Hofmann, F.: Zur Problematik der Begriffsbestimmung. Technologie als Wissenschaft. In: Die Technik, 20. Jg., 1965, Nr. 11, S. 727-733

[HÖLL19] Höller, C.; Hinterbuchner, T.; Schwemberger, P.; Zopf, P.; Pichler, R.; Haas, F.: Direct Machining of selective laser melted components with optimized support structures. In: Procedia CIRP, 81. Jg., 2019, S. 375-380

[HORS21a] Horstkotte, R.; Heinrich, F.; Prümmer, M.; Arntz, K.; Bergs, T.: Generation and evaluation of automation concepts of additive process chains with Laser Powder Bed Fusion (L-PBF). In: Procedia CIRP, 96. Jg., 2021, S. 97-102

[HORS21b] Horstkotte, R.; Hohenstein, S.: Benchmarking of Post-Processing Methods (Metals & Plastics). In: Schleifenbaum, J. H.; Arntz, K. (Hrsg.): ACAM Research Report 2020, 2021, S. 22-29

[HORS21c] Horstkotte, R.; Heinrich, F.; Prümmer, M.; Arntz, K.; Bergs, T.: Development of handling system concepts for additive process chains with Laser Powder Bed Fusion (L-PBF). In: Procedia CIRP, 104. Jg., 2021, S. 1173-1178

[HORS21d] Horstkotte, R.; Bruning, B.; Prümmer, M.; Arntz, K.; Bergs, T.: Determination Of The Level Of Automation For Additive Manufacturing Process Chains. In: Proceedings of the Conference on Production Systems and Logistics CPSL, 2021, S. 585-594

[HULL84] Schutzrecht, US 4,575,330 (11.03.1986) Hull, C.: Apparatus for production of three-dimensional objects by stereolithography

[IDEA23] Sjarov, M.; Geiger, K. L.; Horstkotte, R.; Laag, T.; Kosche, T.; Langer, M.; Zielinski, J.; Reich, S.; Natterer, N.; Goldbach, S.; Glötter, P.; Danzig, A.; Drewietzki, L.; Wagner, J.; Liebl, C.; Schöpf, M.; Pfalz, T.; Geisbauer, M.; Schurb, J.; Schmidt, S.: IDEA - Industrialisierung von Digitalem Engineering und Additiver Fertigung. Gesammelte Ergebnisse des geförderten Verbundforschungsprojekts. 1. Aufl. München: Fraunhofer-Gesellschaft, 2023

[IHME06] Ihme, J.: Logistik im Automobilbau. Logistikkomponenten und Logistiksysteme im Fahrzeugbau. 1. Aufl. München: Hanser, 2006

[ILIC21] Ilic, J.: Der weltweite Umsatz der 3D-Druckindustrie soll um 155% steigen und bis 2024 einen Wert von 40.8 Mrd. USD erreichen. URL: https://learnbonds.com/de/news/global-3d-printing-industry-revenue-to-surge-155-and-hit-40-8bn-value-by-2024/ [Stand: 14.02.2021]

[INNO22] Innoclamp GmbH: InnoClicker. Flexibles Spannsystem mit schnellster Bereitstellungszeit. Innoclamp GmbH. Aachen,. Firmenschrift

[IRPD22] IRPD AG: Impact 4530. Additive Werkzeugmaschine. St. Gallen, 2022. Firmenschrift

[JARO10] Jarosch, H.: Grundkurs Datenbankentwurf. Eine beispielorientierte Einführung für Studenten und Praktiker. 3. Aufl. Wiesbaden: Vieweg+Teubner, 2010

[JENS07] Jensen, S.: Eine Methodik zur teilautomatisierten Generierung von Simulationsmodellen aus Produktionsdatensystemen am Beispiel einer Jobshop-Fertigung. Diss. Universität Kassel, 2007

[JINA97] Jina, J.; Bhattacharya, A. K.; Walton, A. D.: Applying lean principles for high product variety and low volumes: some issues and propositions. In: Logistics Information Management, 10. Jg., 1997, Nr. 1, S. 5-13

[KAST23] KASTO Maschinenbau GmbH & Co. KG: KASTO win amc. additive manufacturing cutting. Achern, 2023. Firmenschrift

[KEFE18] Keferstein, C. P.; Marxer, M.; Bach, C.: Fertigungsmesstechnik. Alles zu Messunsicherheit, konventioneller Messtechnik und Multisensorik. 9. Aufl. Wiesbaden: Springer, 2018

[KETT10] Kett, I.; Kett, I. W.; Schewe, G.: Management Skills. Beziehungen nutzen, Probleme lösen, effektiv kommunizieren. 1. Aufl. Wiesbaden: Springer, 2010

[KIEF17] Kief, H. B.; Roschiwal, H. A.; Schwarz, K.: CNC-Handbuch. 30. Aufl. München: Hanser, 2017

[KIRW92] Kirwan, B.; Ainsworth, L. K.: A Guide To Task Analysis. 1. Aufl. London: Taylor and Francis, 1992

[KLIN18] Klink, A.; Arntz, K.; Johannsen, L.; Holsten, M.; Chrubasik, L.; Winands, K.; Wollbrink, M.; Bletek, T.; Gerretz, V.; Bergs, T.: Technology-based assessment of subtractive machining processes for mold manufacture. In: Procedia CIRP, 71. Jg., 2018, Nr. 1, S. 401-406

[KLIN19] Klingvall Ek, R.: Electron beam melting: Impact of part surface properties on metal fatigue and bone ingrowth. Dissertation Mid Sweden University Östersund, 2019

[KLOC07] Klocke, F.; König, W.: Fertigungsverfahren 3. Abtragen, Generieren und Lasermaterialbearbeitung. 4. Aufl. Berlin: Springer, 2007

[KLOC15] Klocke, F.: Fertigungsverfahren 5. Gießen, Pulvermetallurgie, Additive Manufacturing. 4. Aufl. Berlin: Springer, 2015

[KLOC18a] Klocke, F.: Fertigungsverfahren 2. Zerspanung mit geometrisch unbestimmter Schneide. 6. Aufl. Berlin: Springer, 2018

[KLOC18b] Klocke, F.: Fertigungsverfahren 1. Zerspanung mit geometrisch bestimmter Schneide. 9. Aufl. Berlin: Springer, 2018

[KOLL22] Koller, J.; Häfner, R.; Döpper, F.: Decentralized Spare Parts Production for the Aftermarket using Additive Manufacturing - A Literature Review. In: Procedia CIRP, 107, 2022, S. 894-901

[KOPF18] Kopf, R.: Kostenorientierte Planung von Fertigungsfolgen additiver Technologien. Diss. KIT Karlsruhe, 2018

[KUBI77] Kubicek, H.: Heuristische Bezugsrahmen und heuristisch angelegte Forschungsdesign als Elemente einer Konstruktionsstrategie empirischer Forschung. 1. Aufl. Stuttgart: Poeschel, 1977

[KUHL13] Kuhlmann, K. K.: Methodik zur Gestaltung von Geschäftsprozessen im industriellen Werkzeugbau. Diss. RWTH Aachen, 2013

[KUHN01] Kuhn, T. S.: Die Struktur wissenschaftlicher Revolutionen. 2. Aufl. Frankfurt: Suhrkamp, 2001

[LACH18] Lachmayer, R.; Lippert, R. Bastian; Kaierle, S. (Hrsg.): Additive Serienfertigung. Erfolgsfaktoren und Handlungsfelderfür die Anwendung. 1. Aufl. Berlin: Springer, 2018

[LAKA74] Lakatos, I.: Falsifikation und die Methodologie wissenschaftlicher Forschungsprogramme. 9. Aufl. Wiesbaden: Vieweg + Teubner, 1974

[LANZ16] Lanza, G.; Stähr, T.; Sapin, S.: Planung einer Montagelinie mit skalierbarem Automatisierungsgrad. In: Zeitschrift für wirtschaftlichen Fabrikbetrieb ZWF, Jg. 111, 2016

[LARS94 Schutzrecht, DE 694 19 924 T2 (24.11.1994) Larson, R.: Verfahren und Vorrichtung zur Herstellung dreidimensionaler Körper

[LAUF95] Laufenberg, L.: Methodik zur integrierten Projektgestaltung für die situative Umsetzung des simultaneous engineering. Diss. RWTH Aachen, 1995

[LIKE32] Likert, R.: A Technique for the Measurement of Attitudes. In: Archives of Psychology, 22. Jg., 1932, Nr. 140, S. 5-55

[LITZ13] Litz, L.; Bonertz, M.: Grundlagen der Automatisierungstechnik. Regelungssysteme, Steuerungssysteme, Hybride Systeme. 2. Aufl. München: Oldenbourg, 2013

[LOTT16] Lotter, B.; Deuse, J.; Lotter, E.: Die Primäre Produktion. Ein praktischer Leitfaden zur verlustfreien Wertschöpfung. 1. Aufl. Berlin: Springer, 2016

[MA17] Ma, W.; Luo, X.; Jiang, Y.: Multicriteria Decision Making with Cognitive Limitations: A DS/AHP-Based Approach. In: International Journal of Intelligent Systems, 32. Jg., 2017, Nr. 7, S. 686-721

[MALA22] Malakizadi, A.; Mallipeddi, D.; Dadbakhsh, S.; M'Saoubi, R.; Krajnik, P.: Post-processing of additively manufactured metallic alloys – A review. In: International Journal of Machine Tools and Manufacture, 179. Jg., 2022

[MATR24] Matrix GmbH: Matrix Silverclamp in der Zerspanung bei der Daimler AG. URL: https://www.matrix-innovations.de/daimler-silver-clamp/ [Stand: 10.02.2024]

[MEIE07] Meier, A.: Relationale und postrelationale Datenbanken. 6. Aufl. Berlin: Springer, 2007

[MEIN96] Schutzrecht, DE 196 49 865 C1 (12.02.1998) Meiners, W.; Wissenbach, K.; Gasser, A.: Verfahren zur Herstellung eines Formkörpers

[MENG07] Menges, G.; Michaeli, W.; Mohren, P.: Spritzgießwerkzeuge. Auslegung, Bau, Anwendung. 6. Aufl. München: Hanser, 2007

[MOHE09] Moher, D.; Liberati, A.; Tetzlaff, J.; Altman, D. G.: Preferred reporting items for systematic reviews and meta-analyses: the PRISMA statement. In: BMJ (Clinical research ed.), 339. Jg., 2009

[MÖHR17] Möhrle, M.; Müller, J.; Emmelmann, C.: Industrialisierungsstudie Additive Fertigung - Herausforderungen und Ansätze. In: RTejorunal - Forum für Rapid technologie, 14. Jg., 2017, S. 1-10

[MÖHR18] Möhrle, M.: Gestaltung von Fabrikstrukturen für die additive Fertigung. Diss. TU Hamburg-Harburg, 2018

[MONA87] Monahan, G. E.; Smunt, T. L.: Optimal Acquisition of Automated Flexible Manufacturing Processes. Faculty Working Paper No. 1386, University Illinois, 1987

[MÜLL07] Müller, S.: Methodik für die entwicklungs- und planungsbegleitende Generierung und Bewertung von Produktionsalternativen. Diss. Technische Universität München, September 2007

[NABE23] Nabertherm GmbH: Additive Fertigung. Lilienthal, 2023. Firmenschrift

[NAU12] Nau, B. R.: Anlauforientierte Technologieplanung zur Auswahl von Fertigungstechnologien. Diss. RWTH Aachen, 2012

[NEUG12] Neugebauer, R.: Werkzeugmaschinen. Aufbau, Funktion und Anwendung von spanenden und abtragenden Werkzeugmaschinen. 1. Aufl. Berlin: Springer, 2012

[ÖNÜT08] Önüt, S.; Soner Kara, S.; Efendigil, T.: A hybrid fuzzy MCDM approach to machine tool selection. In: Journal of Intelligent Manufacturing, 19. Jg., 2008, Nr. 4, S. 443-453

[PATZ82] Patzak, G.: Systemtechnik - Planung komplexer innovativer Systeme. Grundlagen, Methoden, Techniken. 1. Aufl. Berlin: Springer, 1982

[PENG21] Peng, X.; Kong, L.; Fuh, J. Y. H.; Wang, H.: A Review of Post-Processing Technologies in Additive Manufacturing. In: Journal of Manufacturing and Materials Processing, 5. Jg., 2021, Nr. 2, S. 38

[PEPE03] Pepels, W.: Produktmanagement. Produktinnovation - Markenpolitik - Programmplanung - Prozessorganisation. 4. Aufl. München: Oldenbourg, 2003

[PERE21] Pereira, J. C.; Moreno, R.; Tenbrock, C.; Herget, A.; Wittich, T.; Hamilton, K.: Advances in Multi-Process Hybrid Production Cells for Rapid Individualised Laser-Based Production. In: Applied Sciences, 11. Jg., 2021, Nr. 4

[PERG19] Pergler, R.; Gutmayr, J.; Fritsch, M.: Champions im Hintergrund. Hybrid-Fertigung. In: fertigung, 2019, Nr. 5, S. 14-16

[PERN09] Pernul, G.; Unland, R.: Datenbanken im Unternehmen. Analyse, Modellbildung und Einsatz. 2. Aufl. München: Oldenbourg, 2009

[PETE21] Peter Lehmann AG: AM-Lock. Nullpunktspannsystem für 3D-Metalldruck. Bärau, 2021. Firmenschrift

[POPP35] Popper, K.: Logik der Forschung. Zur Erkenntnistheorie der Modernen Naturwissenschaft. In: Schriften zur wissenschaftlichen Weltauffassung, 1935, Nr. 9

[POPP75] Popper, K. R.: Die Logik der Sozialwissenschaften. Der Positivismusstreit in der deutschen Soziologie. In: Sonderausgabe der Sammlung Luchterhand, 4. Aufl., 1975, S. 103-113

[PRÜM20] Prümmer, M.: Kennzahlenbasiertes Bewertungssystem der Leistungsfähigkeit verketteter Fertigungssysteme in der mechanischen Fertigung des Werkzeugbaus. Diss. RWTH Aachen, 2020

[RAPP99] Rapp, T.: Produktstrukturierung. 1. Aufl. Wiesbaden: Springer, 1999

[RARD01] Rardin, R. L.; Uzsoy, R.: Experimental Evaluation of Heuristic Optimization Algorithms: A Tutorial. In: Journal of Heuristics, 7. Jg., 2001, Nr. 3, S. 261-304

[RASS11] Rasspe-Dahmann, W.: Investitionsmanagement. Praxishandbuch für Unternehmer und Führungskräfte. 1. Aufl. Stuttgart: Schäffer-Poeschel, 2011

[REFA15] REFA-Bundesverband e.V.: Industrial Engineering. Standardmethoden zur Produktivitätssteigerung und Prozessoptimierung. 2. Aufl. München: Hanser, 2015

[REFA18] REFA-Bundesverband e.V.: REFA Kompakt-Grundausbildung 2.0. Das Basis-Know-how in Industrial Engineering. 4. Aufl. Darmstadt: REFA, 2018

[REN17] Ren, J.; Lützen, M.: Selection of sustainable alternative energy source for shipping: Multi-criteria decision making under incomplete information. In: Renewable and Sustainable Energy Reviews, 74. Jg., 2017, S. 1003-1019

[RENA23] RENA Technologies GmbH: Let's talk about Post-Processing. Gütenbach, 2023. Firmenschrift

[REY20] Rey, J.: Methodik zur hochiterativen Gestaltung von Fertigungsprozessfolgen. Dissertation RWTH Aachen, 2020

[ROBI08] Robinson, S.: Conceptual modelling for simulation Part II: a framework for conceptual modelling. In: Journal of the Operational Research Society, 59. Jg., 2008, Nr. 3, S. 291-304

[ROSS02] Ross, P.: Bestimmung des wirtschaftlichen Automatisierungsgrades von Montageprozessen in der frühen Phase der Montageplanung. Diss. Technische Universität München, 2002

[RUDO18] Rudolph, J.-P.; Emmelmann, C.: Organisation von Nachbearbeitungsprozessen in additiven Produktionsstrukturen. In: Zeitschrift für wirtschaftlichen Fabrikbetrieb, 113. Jg., 2018, Nr. 11, S. 738-741

[SAAT87] Saaty, R. W.: The analytic hierarchy process – what it is and how it is used. In: Mathematical Modelling, 9. Jg., 1987, Nr. 3-5, S. 161-176

[SAAT90] Saaty, T. L.: How to make a decision: The Analytic Hierarchy Process. In: European Journal of Operational Research, 48. Jg., 1990, S. 9-26

[SABI91] Sabisch, H.: Produktinnovationen. 1. Aufl. Stuttgart: Poeschel, 1991

[SALM16] Salmi, A.: Early Phase Assembly Systems Design, Automation Alternatives Description, and Optimization. A Support to Automation Decision. Diss. Universität Grenoble, 2016

[SCHA87] Schanz, G.: Wissenschaftstheoretische Grundfragen der Führungsforschung. In: Kieser, A. (Hrsg.): Handwörterbuch der Führung. Stuttgart: Schäffer-Poeschel, 1987, S. 2039-2047

[SCHD12] Schmidt, G.: Prozessmanagement. Modelle und Methoden. 3. Aufl. Berlin: Springer, 2012

[SCHE96] Schell, H.: Bewertung alternativer Handhabungs- und Fertigungsfolgen. Diss. RWTH Aachen, 1996

[SCHI14] Schindler, S.: Strategische Planung von Technologieketten für die Produktion. Diss. Technische Universität München, 2014

[SCHI17] Schmidt, M.; Merklein, M.; Bourell, D.; Dimitrov, D.; Hausotte, T.; Wegener, K.; Overmeyer, L.; Vollertsen, F.; Levy, G. N.: Laser based additive manufacturing in industry and academia. In: CIRP Annals, 66. Jg., 2017, Nr. 2, S. 561-583

[SCHL10] Schlick, C. M.; Bruder, R.; Luczak, H.; Schlick, C.: Arbeitswissenschaft. 3. Aufl. Berlin: Springer, 2010

[SCHM15] Schmitt, R.: Basiswissen Qualitätsmanagement. 1. Aufl. Düsseldorf: Symposion, 2015

[SCHU14] Schuh, G.; Schmidt, C.: Produktionsmanagement. Handbuch Produktion und Management 5. 2. Aufl. Berlin: Springer, 2014

[SEIF17] Seifermann, S.: Methode zur angepassten Erhöhung des Automatisierungsgrades hybrider, schlanker Fertigungszellen. Diss. Technische Universität Darmstadt, 2017

[SENC20] Senck, S.; Happl, M.; Reiter, M.; Scheerer, M.; Kendel, M.; Glinz, J.; Kastner, J.: Additive manufacturing and non-destructive testing of topology-optimised aluminium components. In: Nondestructive Testing and Evaluation, 35. Jg., 2020, Nr. 3, S. 315-327

[SIEM21] Siemens Energy AG: Additive Manufacturing. München, 2021. Firmenschrift

[SIEM22] Siemens Energy AG: Siemens Energy Geschäftsbericht 2022. München, 2022. Firmenschrift

[SLM23] SLM Solutions Group AG: SLM 800. Selective Laser Melting Machine. Lübeck, 2023. Firmenschrift

[SOLU22] Solukon Maschinenbau GmbH: Solukon Entpulverungssysteme im Vergleich. Augsburg, 2022. Firmenschrift

[SPÖC16] Spöcker, G.: Modular Programming of Adaptive CAx Manufacturing Process Chains. Diss. RWTH Aachen, 2016

[SPUR98] Spur, G.: Technologie und Management. Zum Selbstverständnis der Technikwissenschaft. 1. Aufl. München: Hanser, 1998

[STAC13] Stachowiak, H.: Allgemeine Modelltheorie. 1. Aufl. Wien: Springer, 2013

[STEI14] Steiner, R.: Grundkurs Relationale Datenbanken. Einführung in die Praxis der Datenbankentwicklung für Ausbildung, Studium und IT-Beruf. 8. Aufl. Wiesbaden: Springer, 2014

[STEV20] Steven, M.; Dennerlein, B.: Betriebsmittel. URL: https://wirtschaftslexikon.gabler.de/definition/betriebsmittel-29295/version-252905 [Stand: 03.06.2020]

[STEV24] Steven, M.: Betriebsmittel. URL: https://wirtschaftslexikon.gabler.de/definition/betriebsmittel-29295 [Stand: 04.02.2024]

[STIT20] Stittgen, T.; Schleifenbaum, J. H.: Towards Operating Curves of Additive Manufacturing Equipment: Production Logistics and its Contribution to Increased Productivity and Reduced Throughput Time. In: Procedia CIRP, 93. Jg., 2020, S. 14-19

[STIT21a] Stittgen, T.: Grundlagen zur produktionslogistischen Positionierung im Umfeld der Additiven Fertigung am Beispiel des Laser Powder Bed Fusion. Diss. RWTH Aachen, 2021

[STIT21b] Stittgen, T.; Schleifenbaum, J. H.: Simulation of utilization for LPBF manufacturing systems. In: Production Engineering, 15. Jg., 2021, S. 45-56

[STOL17] Stoll, J.: Bewertung konkurrierender Fertigungsfolgen mittels Kostensimulation und stochastischer Mehrzieloptimierung. Diss. KIT Karlsruhe, 2017

[TAKE06] Takeda, H.: LCIA - Low Cost Intelligent Automation. Produktivitätsvorteile durch Einfachautomatisierung. 2. Aufl. Landsberg am Lech: mi-Fachverlag, 2006

[THOM16] Thompson, M. K.; Moroni, G.; Vaneker, T.; Fadel, G.; Campbell, R. I.; Gibson, I.; Bernard, A.; Schulz, J.; Graf, P.; Ahuja, B.; Martina, F.: Design for Additive Manufacturing: Trends, opportunities, considerations, and constraints. In: CIRP Annals, 65. Jg., 2016, Nr. 2, S. 737-760

[TOMC92] Tomczak, T.: Forschungsmethoden in der Marketingwissenschaft. Ein Plädoyer für den qualitativen Forschungsansatz. In: Marketing ZFP, 14. Jg., 1992, Nr. 2, S. 77-87

[TOOL24] toolcraft AG: Unsere Historie. URL: https://www.toolcraft.de/unternehmen/historie/ [Stand: 10.02.2024]

[TROM01] Trommer, G.: Methodik zur konstruktionsbegleitenden Generierung und Bewertung alternativer Fertigungsfolgen. Diss. RWTH Aachen, 2001

[TRUM20] TRUMPF Laser- und Systemtechnik GmbH: TruPrint Serie. Industrielles Teile- und Pulvermanagement. Ditzingen, 2020. Firmenschrift

[TRUM21] TRUMPF Laser- und Systemtechnik GmbH: TruPrint 5000. Hochproduktiver 3D-Druck für die industrielle Serienfertigung. Ditzingen, 2021. Firmenschrift

[ULLR14] Ullrich, G.: Fahrerlose Transportsysteme. Eine Fibel - mit Praxisanwendungen - zur Technik - für die Planung. 2. Aufl. Wiesbaden: Springer, 2014

[ULRI71] Ulrich, H.: Der systemorientierte Ansatz in der Betriebswirtschaftslehre. In: Kortzfleisch, G. v. (Hrsg.): Wissenschaftsprogramm und Ausbildungsziele der Betriebswirtschaft. Bericht von der wissenschaftlichen Tagung in St. Gallen vom 2. - 5. Juni 1971. Berlin: Duncker & Humboldt, 1971, S. 43-60

[ULRI76] Ulrich, P.; Hill, W.: Wissenschaftstheoretische Grundlagen der BWL (Teil 1 und 2). In: Wirtschaftswissenschaftliches Studium, 8. Jg., 1976, S. 304-350

[ULRI84] Ulrich, H.; Dyllick, T.; Probst, G. J.: Management. 1. Aufl. Bern: Haupt, 1984

[VAJN18] Vajna, S.; Weber, C.; Zeman, K.; Hehenberger, P.; Gerhard, D.; Wartzack, S.: CAx für Ingenieure. 3. Aufl. Berlin: Springer, 2018

[VDI05] VDI-Richtlinie 2510 (2005): Fahrerlose Transportsysteme (FTS)

[VDI13] VDI-Richtlinie 3405-2 (2013): Additive Fertigungsverfahren. Strahlschmelzen metallischer Bauteile. Qualifizierung, Qualitätssicherung und Nachbearbeitung

[VDI14] VDI-Richtlinie 3405 (2014): Additive Fertigungsverfahren. Grundlagen, Begriffe, Verfahrensbeschreibungen

[VDI15] VDI-Richtlinie 3405-3 (2015): Additive Fertigungsverfahren. Konstruktionsempfehlungen für die Bauteilfertigung mit Laser-Sintern und Laser-Strahlschmelzen

[VDI17] VDI-Richtlinie 3405-2.3 (2017): Additive Fertigungsverfahren. Strahlschmelzen metallischer Bauteile. Charakterisierung von Pulverwerkstoffen

[VDI18a] VDI-Richtlinie 3633 (2018): Simulation von Logistik-, Materialfluss- und Produktionssystemen. Begriffe

[VDI18b] VDI-Richtlinie 3405-6.1 (2018): Additive Fertigungsverfahren. Anwendersicherheit beim Betrieb der Fertigungsanlagen. Laser-Strahlschmelzen von Metallpulvern

[VDI90a] Verein Deutscher Ingenieure: Flexible Fertigung (FFS). Rechnerintegrierte Konstruktion und Produktion. Aufl. Düsseldorf: VDI, 1990

[VDI90b] VDI-Richtlinie 2860 (1990): Montage- und Handhabungstechnik. Handhabungsfunktionen, Handhabungseinrichtungen; Begriffe, Definitionen, Symbole

[VDIE95] VDI-Richtlinie 2740 (1995): Greifer für Handhabungstechnik und Industrieroboter

[VDMA21] VDMA e. V.: Additive Manufacturing: Metall-Pulverbett Automatisierungs – Roadmap: SMART FACTORY. Frankfurt, 2021. Firmenschrift

[VOIG24] Voigt, K.-I.: Automatisierung. Definition: Was ist "Automatisierung"? URL: https://wirtschaftslexikon.gabler.de/definition/automatisierung-27138 [Stand: 10.02.2024]

[WECK05] Weck, M.; Brecher, C.: Werkzeugmaschinen 1. Maschinenarten und Anwendungsbereiche. 6. Aufl. Berlin: Springer, 2005

[WECK06] Weck, M.: Werkzeugmaschinen 4. Automatisierung von Maschinen und Anlagen. 6. Aufl. Berlin, Heidelberg: Springer, 2006

[WEGE16] Wegener, M.: Ressourceneffiziente Gestaltung von Prozessketten mit additiven Fertigungsverfahren. Diss. RWTH Aachen, 2016

[WEIß12] Weißbach, W.: Werkstoffkunde. Strukturen, Eigenschaften, Prüfung. 18. Aufl. Wiesbaden: Vieweg + Teubner, 2012

[WEST16] Westkämper, E.; Löffler, C.: Strategien der Produktion. Technologien, Konzepte und Wege in die Praxis. 1. Aufl. Berlin: Springer, 2016

[WILL08] Willms, H.: Methodisches System zur Auslegung von kostenoptimalen und prozessstabilen Fertigungsverkettungen. Diss. RWTH Aachen, 2008

[WILL14] Willner, O.; Schönesleben, P.: Grenzenlose Automatisierung. Herausforderung kundenindividuelle Produkte. In: ZWF, 109. Jg., 2014, Nr. 11, S. 835-838

[WIND12] Windmark, C.; Gabrielson, P.; Andersson, C.; StŒhl, J. E.: A Cost Model for Determining an Optimal Automation Level in Discrete Batch Manufacturing. In: Procedia CIRP, 3. Jg., 2012, S. 73-78

[WINZ16] Winzer, P.: Generic Systems Engineering. Ein methodischer Ansatz zur Kkomplexitätsbewertung. 2. Aufl. Berlin, Heidelberg: Springer, 2016

[WIRT90] Wirth, S. (Hrsg.): Flexible Fertigungssysteme. Gestaltung und Anwendung in der Teilefertigung. 1. Aufl. Heidelberg: Hüthig, 1990

[WOHL17] Wohlers, T.; Campbell, I.; Diegel, O.; Kowen, J.; Fidan, I.; Bourell, D. L.; Campbell, R. Ian (Hrsg.): Wohlers Report 2017. 3D Printing and Additive Manufacturing State of the Industry Annual Worldwide Progress Report. 1. Aufl. Fort Collins: Wohlers Associates, Inc, 2017

[WOHL20] Wohlers, T.; Campbell, R. I.; Diegel, O.; Huff, R.; Kowen, J.: Wohlers report 2020. 3D Printing and Additive Manufacturing State of the Industry. 1. Aufl. Fort Collins: Wohlers Associates, Inc, 2020

[WOHL21] Wohlers Associates, Inc.: Post-Processing of AM and 3D-Printed Parts. 1. Aufl. Fort Collins: Wohlers Associates, Inc., 2021

[WOHL22] Wohlers, T.; Campbell, R. Ian; Diegel, O.; Kowen, J.; Mostow, N. (Hrsg.): Wohlers Report 2022. 3D Printing and Additive Manufacturing Global State of Industry. 1. Aufl. Fort Collins: Wohlers Associates, Inc., 2022

[WOHL23a] Wohlers, T.; Campbell, R. Ian; Diegel, O.; Huff, R.; Kowen, J. (Hrsg.): Wohlers Report 2023 - Executive summary. 3D Printing and Additive Manufacturing Global Atate of the Industry. 1. Aufl. Fort Collins: Wohlers Associates, Inc, 2023

[WOHL23b] Wohlers, T.; Campbell, R. Ian; Diegel, O.; Huff, R.; Kowen, J. (Hrsg.): Wohlers Report 2023. Analysis. Trends. Forecasts. 3D Printing and Additive Manufacturing State of the Industry. 1. Aufl. Fort Collins: Wohlers Associates Inc., 2023

[WOLF94] Wolfrum, B.: Strategisches Technologiemanagement. 1. Aufl. Wiesbaden: Gabler, 1994

[WOLL19] Wollbrink, M.; Prümmer, M.; Kristian, A.; Bergs, T.: Methodology for Integration of Additive Manufacturing in Tool Manufacturing Process Chains. In: Proceedings of the 18th International Manufacturing Conference (IMCC) in China, 18. Jg., 2019

[WOLL20] Wollbrink, M.; Maslo, S.; Zimmer, D.; Abbas, K.; Arntz, K.; Bergs, T.: Clamping and substrate plate system for continuous additive build-up and post-processing of metal parts. In: Procedia CIRP, 93. Jg., 2020, S. 108-113

[WOLL22] Wollbrink, M.: Methodik zur Integration pulverbettbasierter additiver Fertigungstechnologien in Fertigungsprozessketten. Diss. RWTH Aachen, 2022

[YUEN17] Yuen, K. K. F.: The fuzzy cognitive pairwise comparisons for ranking and grade clustering to build a recommender system: An application of smartphone recommendation. In: Engineering Applications of Artificial Intelligence, 2017, Nr. 61, S. 136-151

[ZAHN95] Zahn, E. O. K.: Handbuch Technologiemanagement. Aufl. Stuttgart: Schäffer-Poeschel, 1995

[ZELE99] Zelewski, S.: Grundlagen. In: Corsten, H.; Becker, J. (Hrsg.): Betriebswirtschaftslehre. 3. Aufl. München: Oldenbourg, 1999, S. 3-92

[ZEYN17] Zeyn, H.: Industrialisierung der Additiven Fertigung. Digitalisierte Prozesskette - von der Entwicklung bis zum einsetzbaren Artikel. 1. Aufl. Berlin: Beuth, 2017

Anhang

Appendix

A Forschungsansatz

Research approach

Im Folgenden wird der zugrundeliegende Forschungsansatz erläutert, da wissenschaftliche Forschung stets einer gewissen Subjektivität unterliegt [ULRI71, S. 43], [BIND96, S. 3]. Durch die Beschreibung der Grundprinzipien werden diese intersubjektiv überprüfbar, sodass der Forschungsprozess nachvollziehbar ist [GUBA94, S. 107], [BIND96, S. 3]. Daher erfolgen zunächst eine grundlegende wissenschaftliche Einordnung sowie eine Offenlegung der Überzeugungen des Autors gefolgt von der Methodologie der Arbeit. Der zugrundeliegende Forschungsansatz basiert auf wissenschaftlichen Methoden, die am Fraunhofer-Institut für Produktionstechnologie IPT in der Gruppe Technologieorganisation und am Lehrstuhl für Produktionssystematik des Werkzeugmaschinenlabors WZL der RWTH Aachen in der Vergangenheit mehrfach erfolgreich angewendet wurden.[3]

A.1 Grundlegende Erkenntnisperspektive

Basic scientific classification

Zur Ermöglichung der wissenschaftlichen Einordnung wird zunächst der Begriff der Wissenschaft definiert:

DEFINITION: „Als Wissenschaft bezeichnet man die Gesamtheit von Erkenntnissen, die sich auf einen Gegenstandbereich beziehen, nach bestimmten Regeln erworben und nach bestimmten Mustern, gegebenenfalls institutionell organisiert beziehungsweise geordnet und in einem intersubjektiv nachvollziehbaren Begründungszusammenhang stehen." [BROC21]

Die vorliegende Arbeit beschreibt vollumfänglich (Gesamtheit von Erkenntnissen) ein Vorgehen zur Automatisierung von additiven Prozessketten (Gegenstandsbereich). Hierbei wird der Forschungsansatz beschrieben (Begründungszusammenhang) und der systemtheoretische Ansatz von ULRICH verwendet (Regeln und Muster) [ULRI76, S. 308].

ULRICH differenziert beim Spektrum der Wissenschaften zwischen den Formalwissenschaften und den Realwissenschaften (vgl. Abbildung A-1). Erstere befassen sich mit der Konstruktion von Sprachen in Form von Zeichensystemen und den zughörigen Regeln. Es liegt kein Realitätsbezug vor, sodass eine Validierung über die logische Wahrheit erfolgt. Demnach sind u. a. die Philosophie, Logik und die Mathematik den Formalwissenschaften zuzuordnen. Bei Realwissenschaften wird die Beschreibung, Erklärung und Gestaltung empirischer Wirklichkeitsausschnitte fokussiert. Hier

---

[3] Beispiele für den zugrundeliegenden Forschungsansatz finden sich u. a. in: [KUHL13], [HEES15], [PRÜM20], [WOLL22].

ist eine weitere Untergliederung in Grundlagenwissenschaften und Handlungswissenschaften zweckmäßig. Die Bildung von Erklärungsmodellen zur empirischen Beschreibung von Wirklichkeitsausschnitten beschreibt die Grundlagenwissenschaften. Dieses theoretische Ziel wird in den Naturwissenschaften verfolgt. Die Handlungswissenschaften dagegen weisen ein praktisches Zielverständnis auf, indem die Analyse menschlicher Handlungsalternativen zur Gestaltung sozialer und technischer Systeme fokussiert wird. Es werden Entscheidungsmodelle entwickelt, die wie für Realwissenschaften üblich, in der Praxis validiert werden. Ein Beispiel für die Handlungswissenschaften sind die Sozialwissenschaften. [ULRI76, S. 305], [SCHA87, S. 2039 f.]

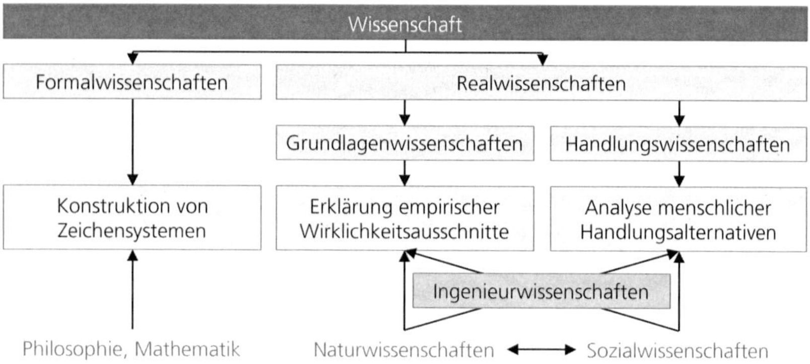

Abbildung A-1: Wissenschaftssystematik i. A. a. ULRICH [ULRI76, S. 305]
Scientific systematics according to ULRICH

Die vorliegende Arbeit befindet sich im Themenfeld der Ingenieurwissenschaften, in dem die Grundlagenwissenschaften und Handlungswissenschaften gleichermaßen aufgegriffen werden. Der Fokus der Arbeit liegt auf der Entwicklung eines ganzheitlichen Ansatzes zur Automatisierung der additiven Prozesskette. Demnach werden theoretische Grundlagen aus der Forschung mit Erkenntnissen aus der Praxis verbunden. Da der Ansatz auch als Grundlage für Entscheidungsprozesse in Unternehmen genutzt werden soll, lässt sich das Ziel der Arbeit in die Handlungswissenschaften einordnen. [ULRI76, S. 305]

Auf Basis der wissenschaftlichen Einordnung kann die Offenlegung der Überzeugungen des Autors erfolgen, um den Forschungsprozess intersubjektiv überprüfbar zu gestalten [GUBA94, S. 107], [BIND96, S. 3]. Nach ULRICH ermöglicht eine Offenlegung der zugrundeliegenden Wertvorstellungen des Autors die Überwindung des sogenannten Subjektivitätskriteriums wissenschaftlicher Arbeiten [ULRI76, S. 306]. Entsprechend der Wissenschaftstheorie werden die Wertvorstellungen als Leitidee oder eines Grundmodells als Paradigma [KUHN01, S. 25], als Forschungs- [LAKA74, S. 89 ff.] oder als Erkenntnisprogramm [ALBE67] bezeichnet. Zur Beschreibung kann der faktortheoretische Ansatz von GUTENBERG, der systemtheoretische Ansatz von ULRICH oder der entscheidungstheoretische Ansatz von HEINEN verwendet werden [ULRI76, S. 307 ff.].

Der systemtheoretische Ansatz von ULRICH kann als interdisziplinär, integrativ, offen und praxisnah beschrieben werden. Allgemein ist dieser Ansatz gut für die Ingenieurwissenschaften geeignet, da Probleme der Gestaltung und Lenkung sowie Entwicklung von Systemen fokussiert werden [ULRI76, S. 308]. Hierbei liegt kein ausschließliches Theorieverständnis zugrunde, sondern eine Führungslehre, die auf reale Problemstellungen ausgerichtet ist [ULRI84, S. 168]. Für die vorliegende Arbeit wird der systemtheoretische Ansatz gewählt, da dieser Ansatz die Weltsicht des Autors am besten repräsentiert. Bei der zu wählenden Forschungsmethodologie wird der systemtheoretische Ansatz berücksichtigt und somit als Kern der Arbeit implementiert.

A.2 Methodologie

Methodology

Damit die Überzeugungen des Autors vollumfänglich offengelegt sind, wird im folgenden Unterkapitel die Forschungsmethodologie beschrieben. Nach dem DUDEN ist eine Methodologie der Weg der wissenschaftlichen Erkenntnis [DROS71, S. 443]. Die Erkenntnis widerum beginnt gemäß POPPER nicht mit der Wahrnehmung oder Kollektion von Informationen bzw. Daten, sondern Probleme fungieren als Ausgangspunkt [POPP75, S. 104]. Hinsichtlich der Identifizierung von Problemen ist eine grundlegende Differenzierung zwischen den Grundlagen- und Handlungswissenschaften zu treffen. Erstere streben nach Erkenntnissen um den Erkenntniswillen und fokussieren somit die Beleuchtung von Diskrepanzen zwischen Theorie und Praxis [ULRI84, S. 172], [SCHA87, S. 2041]. Die Handlungswissenschaften dagegen weisen eine pragmatische Zielsetzung auf, bei der aus Erkenntnissen praktischer Nutzen generiert wird [KUBI77, S. 5], [SCHA87, S. 2041].

Eine geeignete Forschungsmethodologie für die pragmatische Zielsetzung der Handlungswissenschaften ist die explorative Forschung, die mittels systematischen Erfahrungswissen das Entwickeln theoretischer Aussagen ermöglicht [KUBI77, S. 13]. TOMCZAK entwickelte einen strukturierten Forschungszyklus, in dessen Mittelpunkt der heuristische Bezugsrahmen steht (vgl. Abbildung A-2) [TOMC92, S. 83 f.]. Dieser expliziert das Vorverständnis des Forschers, steuert den Forschungsprozess und gibt Orientierungshilfen für die Lösung praxisrelevanter Probleme [TOMC92, S. 84], [PRÜM20, S. 7]. Demnach kann der Forschungsprozess als iterativer Lernprozess verstanden werden, in dem wissenschaftliche Aussagen auf Basis von systematischen Erfahrungswissen abgeleitet werden. Ziel ist mit gezielten Fragen an die Realität und Verwertung von gewonnen Erkenntnissen der Theorie neue Fragen zu stellen und somit neue Erkenntnisse zu ermöglichen [KUBI77, S. 13 f.]. Für die vorliegende Dissertation ist der explorative Forschungsprozess in Abbildung A-2 dargestellt.

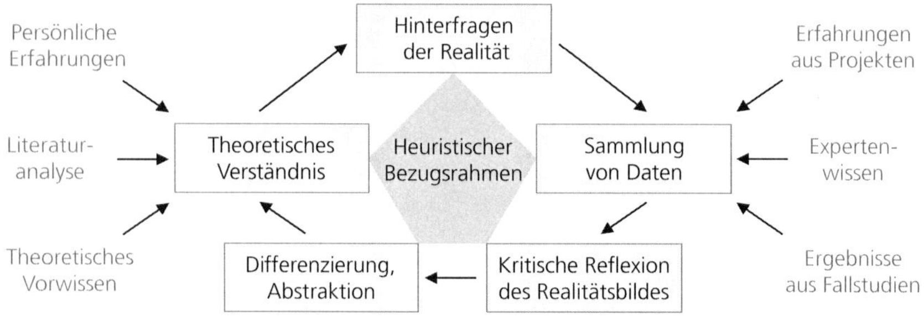

Abbildung A-2: Explorativer Forschungszyklus nach Tomczak [TOMC92, S. 84]
Explorative research cycle according to Tomczak

Im Zentrum des explorativen Forschungsprozesses steht der heuristische Bezugsrahmen. Der Bezugsrahmen enthält nach Tomzcak „eine genaue Definition des Problems und Erklärungen sowie Hinweise auf mögliche Lösungen" [TOMC92, S. 84]. Es ist erforderlich das Problem zu konkretisieren, indem relevante Größen, Beziehungen und Mechanismen identifiziert werden [HEES15, S. 11]. Bei der Identifizierung der sogenannten Analyseeinheiten steht der mögliche Erkenntnisgewinn im Vordergrund. Somit ist gewährleistet, dass eine Betrachtung der kausalen Wirkzusammenhänge ermöglicht wird. In Abbildung A-3 ist das erste Konzept des heuristischen Bezugsrahmens dieser Dissertation dargestellt, wobei lediglich die für die Problemstellung relevanten Analyseeinheiten berücksichtigt sind. Zentrale Analyseeinheit sind demnach die Fertigungsressourcen und -prozesse, da diese die für verschiedenen Technologien der additiven Fertigung und konventionellen Fertigung für die Weiterbearbeitung zu spezifizieren sind. Des Weiteren bilden verkettete Fertigungsmittel über entsprechende Automatisierungstechnik eine Prozesskette. Demnach stellen die zuletzt genannten Analyseeinheiten die direkte Schnittstelle zur Methodik für die Automatisierung der additiven Prozesskette dar.

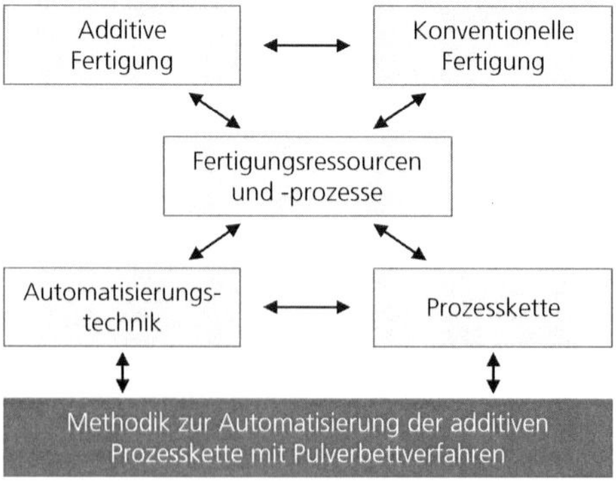

Abbildung A-3: Heuristischer Bezugsrahmen nach Tomczak [TOMC92, 84]
Heuristic frame of reference according to Tomczak

B Vorstellung von Ansätzen über allgemeine Prozessketten

Presentation of approaches from conventional manufacturing

STOLL *(2017): „Bewertung konkurrierender Fertigungsfolgen mittels Kostensimulation und stochastischer Mehrzieloptimierung"*

Der Ansatz von STOLL verfolgt das Ziel eine praxisrelevante Auswahl von alternativen Fertigungsfolgen zu ermöglichen. Die Methodik ist in drei Module unterteilt. Im Konfigurationsmodul werden alternative Fertigungsfolgen auf Grundlage von verschiedenen Technologien generiert und hinsichtlich der fertigungstechnologischen Machbarkeit eingegrenzt. Die Identifizierung, Auswahl und Bestimmung von Ausprägungen für relevante Bewertungskriterien ist Betrachtungsgegenstand des Bewertungsmoduls. Dies bildet die Grundlage für ein detailliertes Kostenmodell, welches die Kostenverursachung unter zusätzlicher Nutzung stochastischer Daten zur Berücksichtigung von Unsicherheiten inkludiert. Das abschließende Entscheidungsmodul berücksichtigt die individuelle Risikoaversion des Anwenders und ermöglicht die Auswahl einer geeigneten Fertigungsfolge bei Berücksichtigung verschiedener Zielgrößen. [STOL17]

MÜLLER *(2007): „Methodik für die entwicklungs- und planungsbegleitende Generierung und Bewertung von Produktionsalternativen"*

In seiner Dissertation beschreibt MÜLLER eine Vorgehensweise zur Generierung und Identifizierung der optimalen Fertigungsfolge. Die Methodik ist in verschiedene Partialmodelle gegliedert und berücksichtigt als Bewertungskriterien die Zielgrößen Innovation, Innovationsrisiko sowie die Wirtschaftlichkeit. Dass Wissensmodell fokussiert die Sammlung vorhandener Informationen hinsichtlich Technologien und Betriebsmittel. Im Interdependenzenmodell werden Relationen zwischen den Produkten und Fertigungsverfahren betrachtet, womit die Grundlage für die Kostenbewertung unter Berücksichtigung von Prozesszeiten im folgenden Modell gegeben ist. Schließlich werden qualitative Aspekte wie bspw. die Arbeitssicherheit sowie die Bewertung von Initialaufwänden in jeweils einem separaten Modell betrachtet. Abschließend werden die Partialmodelle in einer Synthese zusammengeführt. [MÜLL07]

TROMMER *(2001): „Methodik zur konstruktionsbegleitenden Generierung und Bewertung alternativer Fertigungsfolgen"*

Der Ansatz von TROMMER beschreibt ein sechsstufiges Vorgehen zur Auswahl der unternehmensspezifischen optimalen Fertigungsfolge. Zunächst wird mit dem Aufbau eines Datenmodells in Form sogenannter Produktionsmittelmatrizen eine Datengrundlage für Bauteilvarianten, Technologien und Betriebsmittel geschaffen. Mittels einer zweistufigen Eignungsanalyse werden automatisiert direkt-wertschöpfende Betriebsmittel vorselektiert, indem bauteilneutral und -spezifisch anhand von Geometriemerkmalen Eignungsanalysen der Betriebsmittel durchgeführt werden. Im vierten Schritt der Methodik werden auf Basis der verbleibenden Betriebsmittel kombinatorisch oder entsprechend der Anwenderpräferenzen Fertigungsfolgen generiert. Anschließend wird mit Hilfe der resultierenden Interdependenzen der direkt-wertschöpfenden Betriebsmittel bei indirekt-wertschöpfenden Prozessschritten eine Eignungsanalyse der Betriebsmittel durchgeführt. Hierbei ist bspw. der Automatisierungsgrad eine Anforderung der bauteilneutralen Eignungsprüfung. Abschließend werden die generierten Fertigungsfolgen anhand eines entwickelten Kennzahlensystems bewertet. [TROM01]

FALLBÖHMER *(2000): „Generieren alternativer Technologieketten in frühen Phasen der Produktentwicklung"*

Ziel der von FALLBÖHMER entwickelten vierstufigen Methodik ist die Kostenreduktion durch eine in die Konstruktion integrierte Technologieplanung. Der erste Schritt umfasst die Kopplung der operativen Technologieplanung durch die Integration einer technologieorientierten Gestaltungsphase. Im zweiten Schritt werden auf Grundlage von Technologiedaten- und Produktdatenmodellen alternative Technologieketten generiert. Ermöglicht wird dies durch eine Systematisierung der Vorgehensweise zur Produkt-Technologie-Zuordnung, sodass innerhalb von sogenannten Technologieklassen bspw. in Form von fügenden Verfahren potenzielle Technologien identifiziert werden können. Der dritte Schritt umfasst die Technologiebewertung und -auswahl mittels des Softwaretools RATECH. Der letzte Schritt der Methodik beschreibt die EDV-Umsetzung. [FALL00]

C Abgrenzung der Modellarten

Delimitation of the model types

In der wissenschaftlichen Literatur existiert eine Vielzahl an Modellen, die je nach Kontext und vorliegendem Problem variierende Eigenschaften aufweisen. Im Folgenden werden die in dieser Arbeit verwendeten Modellarten erläutert und voneinander abgegrenzt. Für eine Übersicht sei auf Abbildung C-1 und auf weiterführende Literatur wie bspw. PATZAK [PATZ82] oder ZELEWSKI [ZELE99] verwiesen.

Grundsätzlich ist zwischen sprachlichen und physikalischen Modellen zu differenzieren. Letztere beschreiben mittels naturwissenschaftlicher Gesetze und entsprechender mathematischer Zusammenhänge die Realität [ZELE99, S. 46]. Bei den explizit formalsprachlichen Modellen ist je nach Erkenntnisziel zwischen Beschreibungs- und Analysemodellen zu unterscheiden. Beschreibungsmodelle dienen der reinen Problembeschreibung des Status quo und verfolgen kein eigenständiges Erkenntnisziel. Des Weiteren werden keine Ursache-Wirkungszusammenhänge betrachtet, weshalb sie weder deduktive noch induktive Schritte beinhalten [PATZ82, S. 313], [ZELE99, S. 46], [BREC11, S. 483]. Demnach sind alle Modelle, deren Fokus auf der Erzielung von betriebswirtschaftlichen und technologischen Erkenntnissen liegen, den Analysemodellen subsummiert. Weiterhin werden die oftmals formalsprachlichen Analysemodelle anhand des Erkenntnisziels unterschieden. Liegt ein mittelbares Erkenntnisziel vor, wird das Modell als Prognosemodell bezeichnet, das potenzielle Resultate in Abhängigkeit von Annahmen bestimmt [PATZ82, S. 154], [ZELE99, S. 48]. Die Erkenntnisse werden somit deduktiv hergeleitet [PATZ82, S. 314]. Fokussiert das Modell unmittelbare Erkenntnisziele ist zwischen Erklärungs- und Gestaltungsmodellen zu differenzieren. Erstere untergliedern sich wiederum in Kausal- und Interpretationsmodelle, wobei beide Modelle eine logisch-induktive Vorgehensweise verwenden [PATZ82, S. 313]. Nach POPPER gilt, „einen Vorgang ‚kausal erklären' heißt, einen Satz, der ihn beschreibt, aus Gesetzen und Randbedingungen deduktiv ableiten" [POPP35, S. 26]. Demnach liegt ein Kausalmodell vor, wenn mittels Ursache-Wirkungs-Zusammenhängen das Erkenntnisziel erreicht wird [ZELE99, S. 46]. Das Kausalmodell kann dabei von Prognosemodellen unterstützt werden. Wenn das Modell dagegen auf einem hermeneutischen Ansatz basiert, also wenn „versucht [wird], das ‚Wesen' eines realen Sachverhalts zu ergründen" [ZELE99, S. 27] anhand einer iterativen Detaillierung, liegt ein Interpretationsmodell vor. Im Fokus dieses Modells steht das tiefgründige Verständnis ohne unmittelbare Verwendung von Ursache-Wirkungs-Zusammenhängen. Gestaltungsmodelle fokussieren das Gestaltungsziel sowie die Lösungsentwicklung. Hierfür werden entsprechende Wirkmechanismen kombiniert und verschiedene Modelle gekoppelt, sodass die optimale Handlungsalternative bestimmt werden kann [PATZ82, S. 314], [BREC11, S. 483]. Erforderlich hierfür ist jedoch zunächst die Problemerklärung in Form eines Erklärungsmodells. In diesem werden die Ursache-Wirkungs-Zusammenhänge modelliert und physikalische Gesetzmäßigkeiten berücksichtigt [ZELE99, S. 47], [BREC11, S. 483]. Wird das Gestaltungsmodell dahingehend spezifiziert, so dass eine Auswahlsituation vorliegt, liegt ein Entscheidungsmodell vor [ZELE99, S. 48].

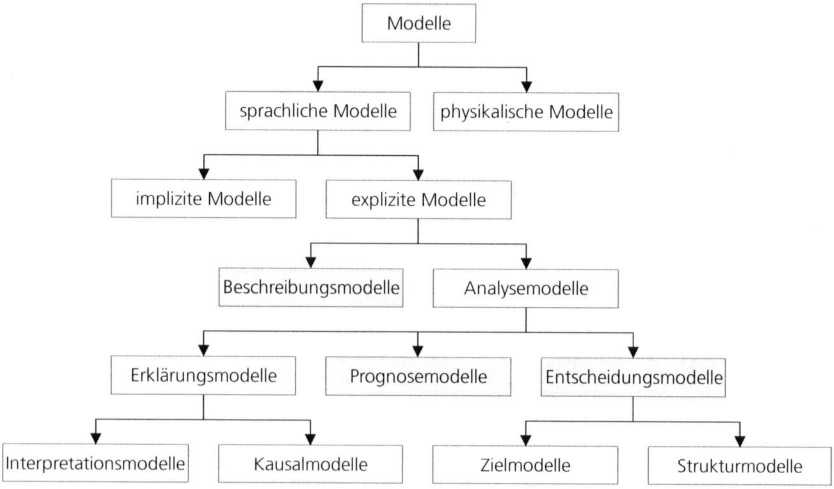

Abbildung C-1: Modellklassifizierungen nach ZELEWSKI [ZELE99, S. 48]
Model classifications according to ZELEWSKI

D Datenmodell

Data model

D.1 Erklärung des Datenmodells

Explanation of the data model

Datenmodelle in Tabellenform

Fertigungsmittel			
Inventar-ID	Typ	Technologie	...
I1	Hermle C12	T1	...
I2	EOS M400	T2	...
I3	Fanuc Robocut	T3	...

Technologie		
Tech-ID	Bezeichnung	...
T1	Fräsen	...
T2	LPBF	...
T3	Drahterodieren	...

Technologiekette			
Tech-Kette-ID	Reihenfolge	Technologie	...
TK1	1	T2	...
TK1	2	T1	...
TK1	3	T3	...
TK2	1	T2	...
TK2	2	T3	...
TK2	3	T1	...

Eindeutige Identifizierung über Kombination aus zwei Attributen

Alle Tabellen sind normalisiert

Unter Normalisieren versteht man die Vermeidung von Redundanzen sowie „Atomisierung" der Daten. Die Daten müssen daher so abgespeichert werden, dass jedes Datenelement als Attribut abgespeichert werden kann

Beispielhafte Abfrage mittels SQL

Möchte man herausfinden an welcher Stelle in den Technologieketten die Fräsmaschine „Hermle 12" eingesetzt werden kann, dann kann dies über eine Abfrage mittels SQL ermittelt werden

```
SELECT Fertigungsmittel.Typ, Technologiekette.Reihenfolge
FROM (Technologie INNER JOIN Fertigungsmittel ON
Technologie.[Tech-ID] = Fertigungsmittel.Technologie) INNER JOIN
Technologiekette ON Technologie.[Tech-ID] =
Technologiekette.Technologie
WHERE (((Fertigungsmittel.Typ)="Hermle C12"));
```

Abfrage „Einsatz Fräsmaschine in Technoligie-Kette"	
Typ	Reihenfolge
Hermle C12	2
Hermle C12	3

Beziehungsarten im ER-Modell

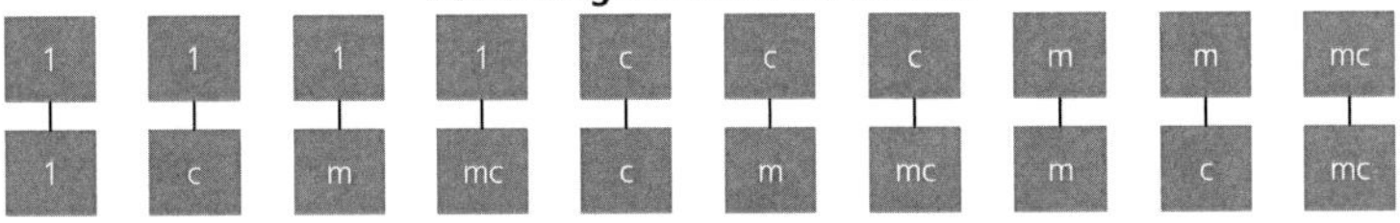

1 Objekt ist genau ein mal in Objekttyp vorhanden

c Objekt kann gar nicht oder ein mal in Objekttyp vorhanden sein

m Objekt ist mindestens ein mal in Objekttyp vorhanden

mc Objekt ist gar kein mal, ein mal oder mehrfach im Objekttyp vorhanden

Abbildung D-1: Datenmodell in Tabellenform und beispielhafte Abfrage

Data model in tabular form and exemplary query

D.2 Bauteilportfolio

Product portfolio

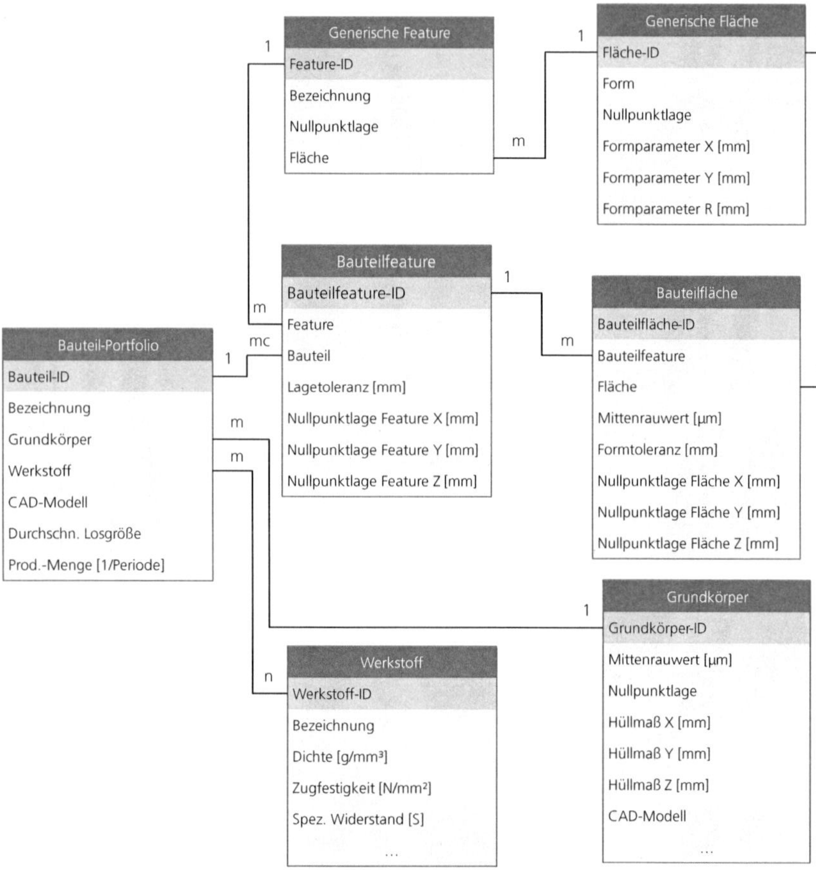

Abbildung D-2: Datenmodell zur Beschreibung des Bauteilportfolios

Data model for the description of the product portfolio

D.3 Technologieketten

Technology chains

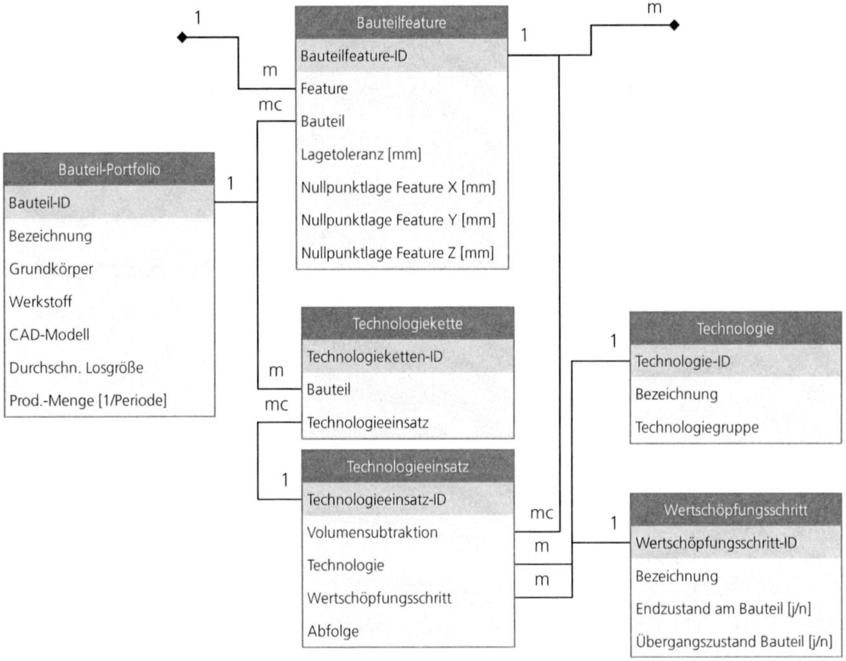

Abbildung D-3: Datenmodell zur Beschreibung der Technologieketten

Data model for the description of the technology chains

D.4 Fertigungsmittel

Manufacturing resources

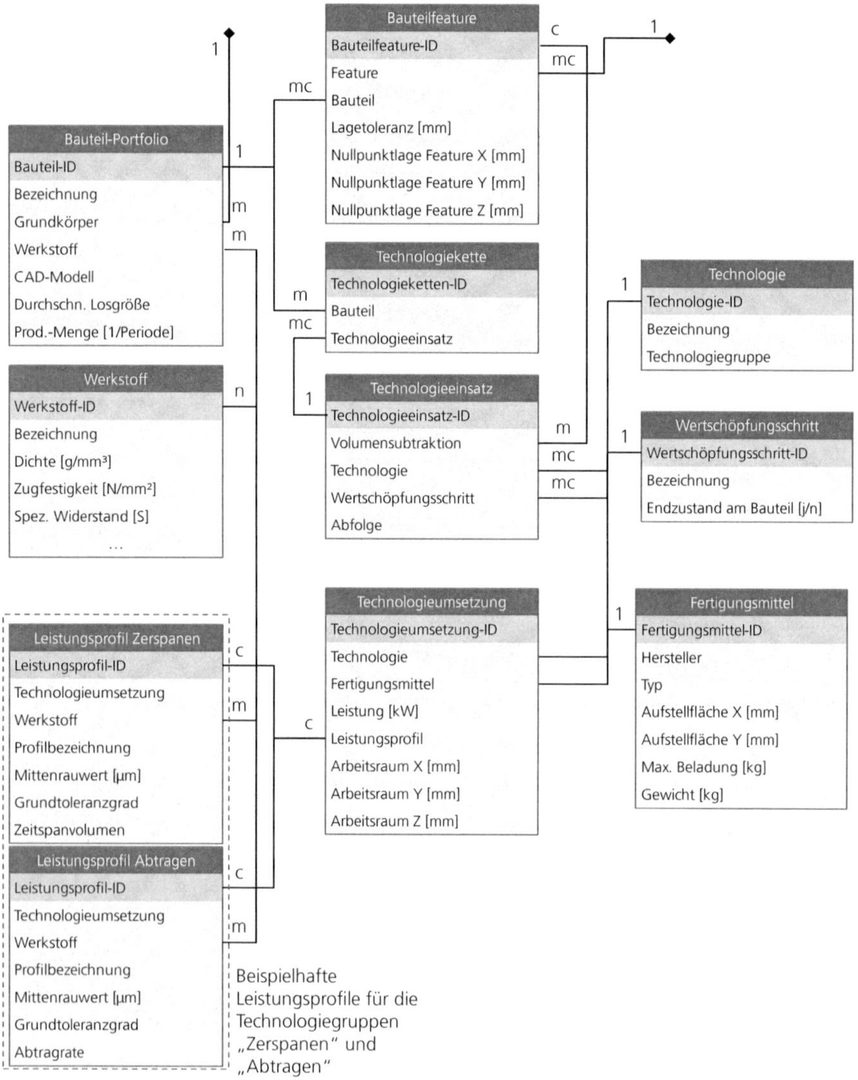

Abbildung D-4: Datenmodell zur Beschreibung der Fertigungsmittel

Data model for the description of manufacturing resources

D.5 Arbeitssystem

Operating system

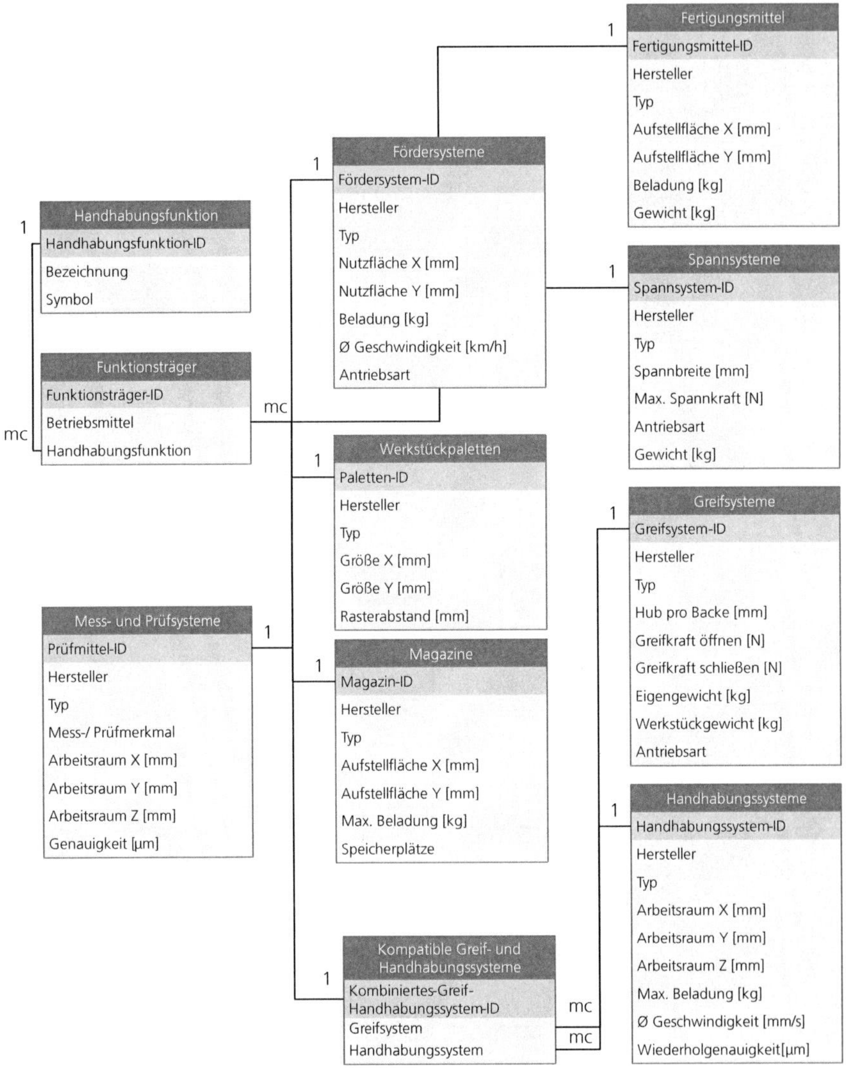

Abbildung D-5: Datenmodell zur Beschreibung eines Arbeitssystems

Data model for the description of operating systems

D.6 Peripheriesystem

Periphery system

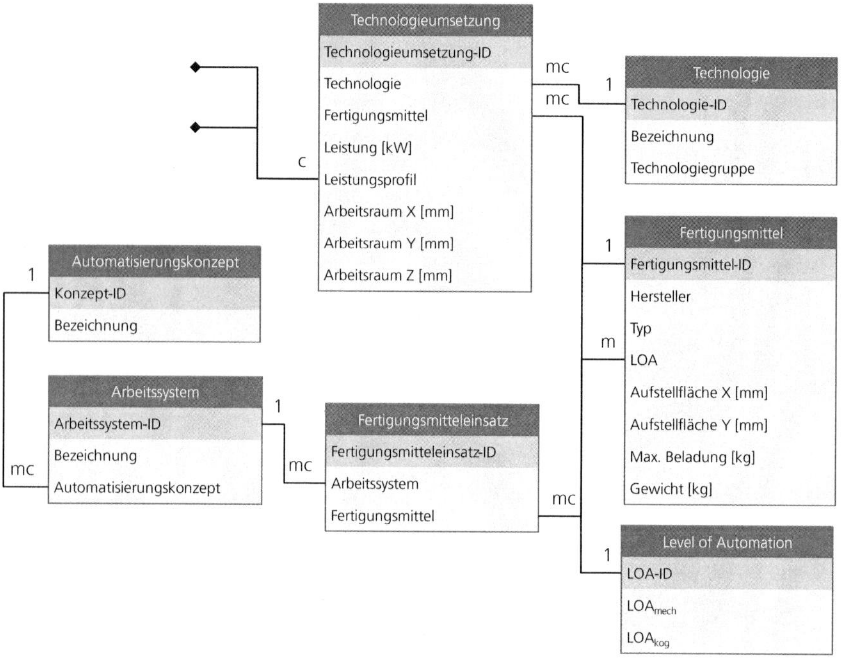

Abbildung D-6: Datenmodell zur Beschreibung eines Peripheriesystems

Data model for the description of periphery systems

D.7 Handhabungsfolge

Handling sequences

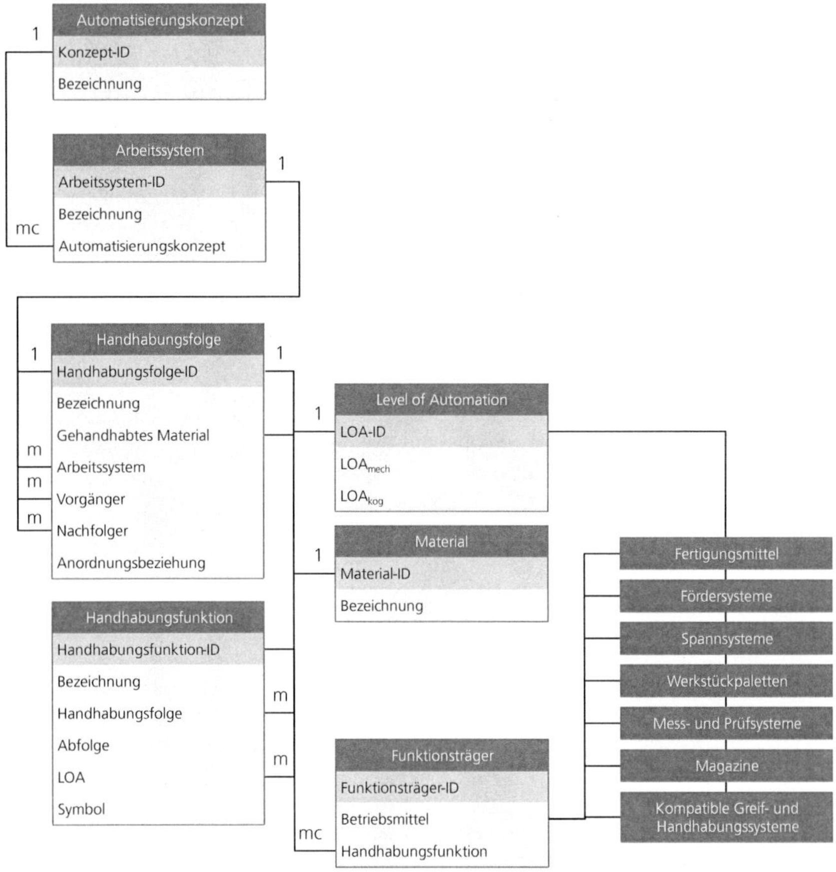

Abbildung D-7: Datenmodell zur Beschreibung einer Handhabungsfolge
Data model for the description of handling sequences

E Handhabungsfunktionen nach VDI 2860

Handling functions according to VDI 2860

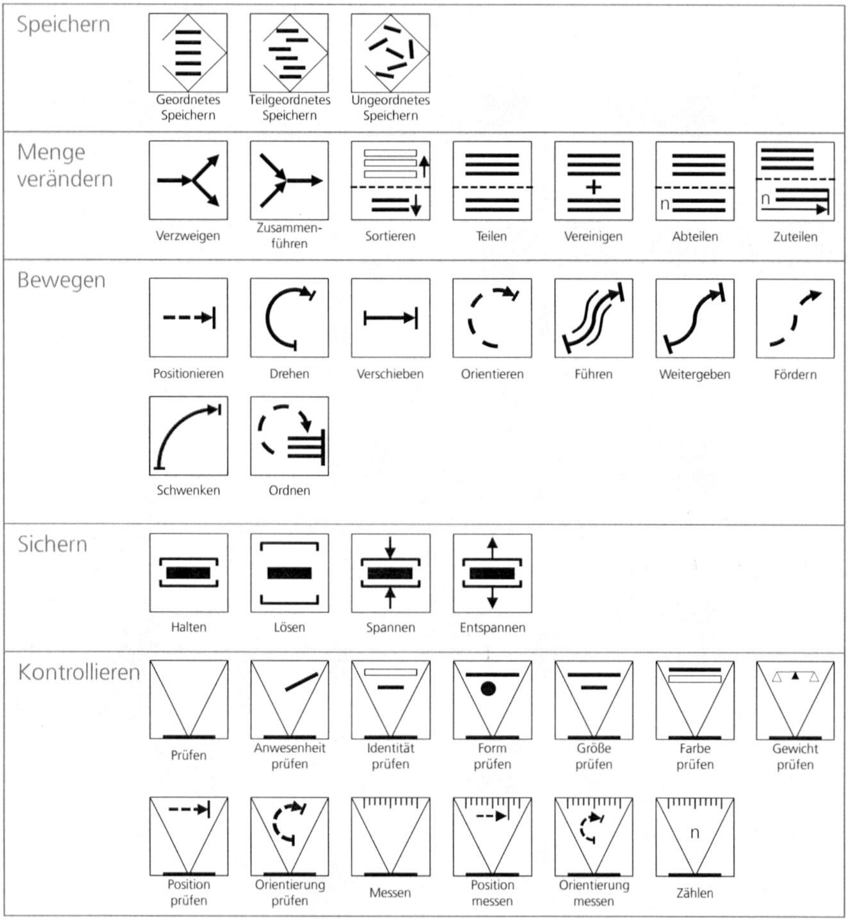

Abbildung E-1: Symbole für Handhabungsfunktionen nach VDI-Richtlinie 2860 [VDI90b]

Symbols for handling functions according to VDI guideline 2860

F Sub-Task-spezifische Automatisierungsstufen

Sub-task-specific level of automation

F.1 Handhabungsfunktionen

Handling

Tabelle F-1 Automatisierungsstufen für das Fördern

Level of automation for conveying

Stufe	Mechanisierung	Kognitive Unterstützung
1	Das Fördern des Werkstücks wird von einem Mitarbeiter ohne Einsatz zusätzlicher Hilfsmittel durchgeführt.	Der Mitarbeiter entscheidet selbst, wie er das Werkstück fördert und greift dafür auf eigenes Wissen zurück.
2	Zum Fördern des Werkstücks bedient sich der Mitarbeiter eines Fördermittels ohne Antrieb (z. B. Hubwagen).	Der Mitarbeiter erhält Informationen bzw. einen Vorschlag darüber, wie er das Werkstück fördern soll.
3		Es liegt eine Checkliste vor, mit der der Mitarbeiter unterwiesen wird, wie er das Fördern des Werkstücks ausführen soll.
4	Ein Fördermittel mit Antrieb (z. B. Kran) wird zum Fördern des Werkstücks eingesetzt.	
5	Es ist ein Transportsystem mit definierten Förderwegen (z. B. Rollbahnen, Kettenförderer) vorhanden, die zum Fördern eingesetzt werden können.	Der Mitarbeiter entscheidet eigenständig über die Durchführung des Fördervorgangs, wird durch die Technologie durch Signale aufmerksam gemacht (z. B. auf Start und Endpunkt der Fördervorgangs).
6		Sämtliche Informationsflüsse und die Steuerung werden von der Fördertechnologie übernommen. Der Mitarbeiter greift nur bei Störungen ein.
7	Das Werkstück wird durch ein Handhabungssystem (z. B. Roboter) gefördert. Dies geschieht vollautomatisch ohne Beteiligung eines Mitarbeiters.	Sämtliche Informationsflüsse und die Steuerung werden von der Fördertechnologie übernommen. Der Mitarbeiter ist daran nicht beteiligt.

Tabelle F-2 Automatisierungsstufen für das Speichern

Level of automation for storing

Stufe	Mechanisierung	Kognitive Unterstützung
1	Es ist kein vorgesehener Lagerplatz für Werkstücke vorhanden.	Der Mitarbeiter entscheidet eigenständig, wo das Werkstück gelagert werden soll.
2	Die Werkstücke werden in einem Regallager mit nicht definierter Position gelagert.	
3	Die Werkstücke werden in einem Regallager mit definierter Position gelagert.	Dem Mitarbeiter liegen Informationen darüber vor, die den Speicherbereich des Werkstücks vorgeben.
4	Ein Magazin mit weniger als 10 Werkstückplätzen wird zur Lagerung der Werkstücke genutzt.	
5	Ein Magazin mit mehr als 50 Werkstückplätzen wird zur Lagerung der Werkstücke genutzt.	Dem Mitarbeiter liegen Informationen darüber vor, die die genaue Speicherposition des Werkstücks vorgeben.
6	Ein Magazin mit mehr als 100 Werkstückplätzen wird zur Lagerung der Werkstücke genutzt.	

7	Ein Magazin mit mehr als 200 Werkstückplätzen wird zur Lagerung der Werkstücke genutzt.	Ein Identifikationssystem sorgt dafür, dass die Lagerposition des Werkstücks eindeutig zugeordnet werden kann.

Tabelle F-3 Automatisierungsstufen für das Zu- bzw. Abführen

Level of automation for the feeding or removal

Stufe	Mechanisierung	Kognitive Unterstützung
1	Werkstücke werden manuell vom Mitarbeiter zu- bzw. abgeführt.	Der Mitarbeiter entscheidet selbstständig, wie er das Werkstück zu- bzw. abführt.
2		Der Mitarbeiter verfügt über Anweisungen, wie er das Werkstück zu bzw. abführen soll.
3	Der Mitarbeiter wird beim Zu- bzw. Abführen des Werkstücks physisch unterstützt (z. B. durch Hallenkran).	Der Mitarbeiter verfügt über eine Checkliste, wie die Zu- bzw. Abführung des Werkstücks ausgeführt werden soll.
4	Es ist ein Transportsystem mit Handhabungswegen (z. B. Rollbahnen) vorhanden, die zum Zu- bzw. Abführen eingesetzt werden können.	
5		Die Technologie gibt durch Signale Hinweise an den Mitarbeiter über das Zu- bzw. Abführen des Werkstücks.
6		Das Handhabungssystem übernimmt alle Informations- und Steuerungsflüsse. Bei Abweichungen oder Störungen greift der Mitarbeiter ein.
7	Die Zu- bzw. Abführung des Werkstücks erfolgt vollautomatisiert durch ein Handhabungssystem (z. B. Roboter).	Das Handhabungssystem übernimmt alle Informations- und Steuerungsflüsse, auch wenn es zu Abweichungen kommt. Der Mitarbeiter ist nicht beteiligt.

Tabelle F-4 Automatisierungsstufen für das (Um-/Ent-)Spannen

Level of automation for (re)clamping

Stufe	Mechanisierung	Kognitive Unterstützung
1	Das (Ent-/Um-)Spannen des Werkstücks erfolgt manuell am Fertigungsmittel.	Der Mitarbeiter entscheidet eigenständig, wie er das (Ent-/Um-)Spannen des Werkstücks durchführt.
2	Zum (Ent-/Um-)Spannen des Werkstücks wird ein Schnellspannsystem am Fertigungsmittel genutzt.	Es liegen Anweisungen für den Mitarbeiter vor, die den Ablauf des (Ent-/Um-)Spannens vorgeben.
3		Es liegt eine Checkliste für den Mitarbeiter vor, die vorgeben, wie der (Ent-/Um-)Spannvorgang ablaufen soll.
4	Das Werkstück wird hauptzeitparallel außerhalb des Fertigungsmittels manuell aufgespannt (bzw. umgespannt / entspannt).	
5	Das (Ent-/Um-)Spannen des Werkstücks erfolgt hauptzeitparallel. Dazu nutzt der Mitarbeiter ein Schnellspannsystem.	Der Mitarbeiter startet und überwacht den (Ent-/Um-)Spannvorgang, um bei Störungen eingreifen zu können.
6		Das System steuert alle Informationsflüsse sowie die Steuerung. Der Mitarbeiter greift nur im Störfall ein.
7	Ein automatisiertes Spannsystem wird genutzt.	Das System steuert alle Informationsflüsse sowie die Steuerung. Der Mitarbeiter ist nicht eingebunden.

Tabelle F-5 Automatisierungsstufen für das Messen der Position

Level of automation for measuring the position

Stufe	Mechanisierung	Kognitive Unterstützung
1	Das Messen des Bauteils wird von einem Mitarbeiter am Fertigungsmittel durch Sichtkontrolle durchgeführt.	Der Mitarbeiter entscheidet eigenständig über die Vorgehensweise zum Messen des Werkstücks.
2	Das Messen des Bauteils wird von einem Mitarbeiter am Fertigungsmittel unter Einsatz von Messmitteln durchgeführt.	Der Mitarbeiter erhält Anweisungen zum Messen des Werkstücks.
3		Der Mitarbeiter erhält Informationen über den Ablauf des Messens (z. B. über Messpunkte).
4		
5	Das Messen wird auf einem externem Peripheriesystem zum Messen hauptzeitparallel durch einen Mitarbeiter durchgeführt.	Der Messvorgang wird vom Mitarbeiter gestartet und überwacht, sodass er bei Störungen eingreifen kann.
6		Die Vorgehensweise für das Messen wird vom System vorgegeben. Der Mitarbeiter greift bei Störungen ein.
7	Ein im Fertigungsmittel integriertes Messsystem führt die Messung vollautomatisiert durch.	Die Vorgehensweise für das Messen wird vom System vorgegeben. Ein Eingreifen des Mitarbeiters ist nicht vorgesehen.

F.2 LPBF

LPBF

LPBF (I/II)	Gewichtung [%]	Fördern	Speichern	Zuführen	Spannen	Pulveraufbereitung	Additiver Aufbau	Pulverabsaugung	Bauraumreinigung
Mannlose Nutzung	25%	◔	◔	◑	◕	◕	●	◕	◔
Hauptzeiten	30%	●	●	●	●	◑	●	●	◔
Rüst- und Nebenzeiten	20%	◑	◔	◔	●	◕	◑	●	●
Mitarbeiterbez. Größen	25%	●	◑	◕	◔	●	◔	●	●
Gewichtungsfaktor [%]		6,5%	3,9%	7,6%	9,4%	12,3%	12,8%	13,3%	10,7%

LPBF (II/II)	Gewichtung [%]	Entspannen	Abführen	Prozessmedien handhaben					
Mannlose Nutzung	25%	◕	◑	◑					
Hauptzeiten	30%	●	●	●					
Rüst- und Nebenzeiten	20%	◑	◔	◑					
Mitarbeiterbez. Größen	25%	◔	◕	◕					
Gewichtungsfaktor [%]		7,3%	7,6%	8,6%					

Abbildung F-1: Gewichtung der Sub-Tasks für LPBF
Weighting of the sub-tasks for LPBF

Tabelle F-6 Automatisierungsstufen für die Pulveraufbereitung
Level of automation for powder preparation

Stufe	Mechanisierung	Kognitive Unterstützung
1	Das abgesaugte Pulver wird der Aufbereitungsstation von einem Mitarbeiter zugeführt und mit frischem Pulver vermischt.	Der Mitarbeiter entscheidet aus eigener Erfahrung über die Pulvermenge und Mischung.
2		Der Mitarbeiter erhält Informationen für die richtige Pulvermenge und Mischung.
3	Das abgesaugte Pulver wird in Pulverbehältern mit der Hilfe eines Hubwagens zur Aufbereitungsstation transportiert.	Eine Checkliste gibt dem Mitarbeiter die nötigen Informationen der durchzuführenden Schritte.

4		
5		Der Mitarbeiter überwacht den Prozess, um bei Störungen einzugreifen.
6		Die Informationsflüsse werden vom System gesteuert, der Mitarbeiter greift nur im Störfall ein.
7	Das abgesaugte Pulver wird automatisch der Aufbereitungsstation übergeben und nach dem Aufbereitungsvorgang automatisch weitergefördert.	Der Mitarbeiter ist in diesem Stadium nicht miteingebunden. Das System steuert alle Informationsflüsse sowie die Steuerung selbstständig.

Tabelle F-7 Automatisierungsstufen für den additiven Fertigungsprozess

Level of automation for the additive process

Stufe	Mechanisierung	Kognitive Unterstützung
1	Das Fertigungsmittel wird während der Bauteilbearbeitung von einem Mitarbeiter bedient.	Die nötigen Informationen zur Prozesssteuerung müssen vom Mitarbeiter eingegeben werden.
2		
3		Der Mitarbeiter erhält eine Checkliste der nötigen durchzuführenden Aufgaben.
4		
5		Das Fertigungsmittel benötigt den Input des Mitarbeiters (z. B. zum Start des Bearbeitungsvorgangs).
6		
7	Das Fertigungsmittel führt die Bauteilbearbeitung eigenständig und prozessstabil durch.	Das Fertigungsmittel führt die Steuerung des Bearbeitungsvorgangs eigenständig ohne Unterstützung des Mitarbeiters durch.

Tabelle F-8 Automatisierungsstufen für die Reinigung des Bauraums

Level of automation for cleaning the build chamber

Stufe	Mechanisierung	Kognitive Unterstützung
1	Der Mitarbeiter muss den Bauraum reinigen. Es stehen keine integrierten Systeme zur Reinigung zur Verfügung.	Der Mitarbeiter entscheidet nach eigenem Ermessen über die Bauraumreinigung.
2		
3	Der Mitarbeiter muss den Bauraum reinigen. Es stehen integrierte Systeme zur Reinigung zur Verfügung.	Der Mitarbeiter erhält Anweisungen für die Bauraumreinigung.
4		
5		Der Reinigungsvorgang wird vom Mitarbeiter gestartet und überwacht.
6		Der Reinigungsvorgang wird vom System gesteuert, der Mitarbeiter greift nur im Störfall ein.

7	Der Bauraum wird automatisiert vom Fertigungsmittel gereinigt.	Der Reinigungsvorgang wird vom System gesteuert. Das Eingreifen des Mitarbeiters ist nicht nötig.

Tabelle F-9 Automatisierungsstufen für das Absaugen des Pulvers

Level of automation for the extraction of the powder

Stufe	Mechanisierung	Kognitive Unterstützung
1	Der Mitarbeiter entfernt das Pulver manuell. Es stehen keine integrierten Systeme zur Absaugung zur Verfügung.	Der Mitarbeiter entscheidet selbst über die Vorgehensweise.
2		Der Mitarbeiter bekommt die nötigen Informationen zum Vorgang.
3	Der Mitarbeiter entfernt das Pulver manuell. Es stehen integrierte Systeme zur Absaugung zur Verfügung.	Der Mitarbeiter bekommt Arbeitsanweisungen beispielsweise in Form einer Checkliste.
4		
5		Der Mitarbeiter überwacht den Vorgang und greift im Störfall ein.
6		Das System steuert den Vorgang und alle Informationsflüsse. Der Mitarbeiter muss nur im Störfall eingreifen.
7	Die Absaugung des Pulvers erfolgt automatisiert mittels integrierter Systeme.	Das System steuert den Vorgang und alle Informationsflüsse. Der Mitarbeiter ist nicht in den Prozess mit eingebunden.

Tabelle F-10 Automatisierungsstufen für die Handhabung der Prozessmedien

Level of automation for handling of process media

Stufe	Mechanisierung	Kognitive Unterstützung
1	Prozessmedien wie Schutzgas etc. werden vom Mitarbeiter reguliert.	Der Mitarbeiter entscheidet eigenständig über die Vorgehensweise zum Zugeben von Prozessmedien.
2		
3		Der Mitarbeiter erhält Informationen zum Hinzugeben von Prozessmedien.
4		
5		Der Mitarbeiter wird durch ein Signal auf das Hinzugeben von Prozessmedien hingewiesen.
6		
7	Ein Dosiersystem übernimmt die Zufuhr von Prozessmedien.	Die Zufuhr von Prozessmedien wird durch die Automatisierungstechnologie gesteuert. Ein Eingreifen des Mitarbeiters ist nicht vorgesehen.

F.3 Sägen

Sawing

Sägen	Gewichtung [%]	Fördern	Speichern	Zuführen	Spannen	Bauteilbearbeitung	Entspannen	Abführen	Absaugen
Mannlose Nutzung	25%	◔	◔	◑	◑	●	◑	◑	◔
Hauptzeiten	30%	●	●	●	●	●	●	●	●
Rüst- und Nebenzeiten	20%	◑	◔	◔	●	◑	◑	◔	◑
Mitarbeiterbez. Größen	25%	●	◑	◕	◔	◑	◔	◕	◔
Gewichtungsfaktor [%]		10,7%	6,4%	12,4%	13,2%	23,1%	9,8%	12,4%	12,0%

Abbildung F-2: Gewichtung der Sub-Tasks für das Sägen
Weighting of the sub-tasks for sawing

Tabelle F-11 Automatisierungsstufen für die Bauteilbearbeitung beim Sägen
Level of automation for component processing for sawing

Stufe	Mechanisierung	Kognitive Unterstützung
1	Das Fertigungsmittel wird während der Bauteilbearbeitung von einem Mitarbeiter bedient.	Alle Informationsflüsse sowie die Steuerung des Bearbeitungsvorgangs werden vom Mitarbeiter abgewickelt.
2		Der Mitarbeiter erhält Anweisungen zur Bauteilbearbeitung.
3		Eine Checkliste gibt den Ablauf der Bauteilbearbeitung vor.
4		
5		Das Fertigungsmittel erfordert den Input des Mitarbeiters (z. B. Start es Bearbeitungsvorgangs).
6		Das Fertigungsmittel führt die Steuerung des Bearbeitungsvorgangs eigenständig durch. Der Mitarbeiter greift bei Störungen ein.
7	Das Fertigungsmittel führt die Bauteilbearbeitung eigenständig und prozessstabil durch.	Das Fertigungsmittel führt die Steuerung des Bearbeitungsvorgangs eigenständig durch. Ein Eingreifen des Mitarbeiters ist nicht vorgesehen.

Tabelle F-12 Automatisierungsstufen für das Absaugen beim Sägen

Level of automation for suction for sawing

Stufe	Mechanisierung	Kognitive Unterstützung
1	Der Mitarbeiter führt während der Bauteilbearbeitung das Absaugen durch.	Der Mitarbeiter entscheidet eigenständig, ob eine Absaugung eingesetzt werden muss.
2		Dem Mitarbeiter liegen Informationen vor, wann eine Absaugung durchzuführen ist.
3	Der Mitarbeiter führt die Absaugung manuell durch. Es stehen integrierte Systeme zur Absaugung zur Verfügung.	Dem Mitarbeiter wird durch Arbeitsanweisungen vorgegeben, ob eine Absaugung durchzuführen ist.
4		
5		Durch ein Signal wird der Mitarbeiter darauf hingewiesen, dass eine Absaugung stattfinden soll.
6		
7	Eine automatische Absaugung ist in die Maschine integriert.	Die Steuerung der Absaugung wird vollständig von der Automationslösung übernommen. Der Mitarbeiter ist nicht beteiligt.

F.4 Fräsen

Milling

Fräsen (I/II)	Gewichtung [%]	Fördern	Speichern	Zuführen	Spannen	Position messen	Bauteilbearbeitung	Werkzeugwechsel	Umspannen
Mannlose Nutzung	25%	◔	◔	◑	◕	◑	●	◑	◑
Hauptzeiten	30%	●	●	●	●	◑	●	●	◔
Rüst- und Nebenzeiten	20%	◑	◔	◔	●	◑	◑	●	◔
Mitarbeiterbez. Größen	25%	●	◑	◕	◔	◔	◑	◔	◔
Gewichtungsfaktor [%]		6,8%	4,1%	7,9%	10,0%	7,4%	14,9%	8,5%	6,8%

Fräsen (II/II)	Gewichtung [%]	Entspannen	Abführen	Späneförderer	Werkzeug messen	KSS zuführen			
Mannlose Nutzung	25%	◕	◑	◑	◑	◑			
Hauptzeiten	30%	●	●	●	●	●			
Rüst- und Nebenzeiten	20%	◑	◔	◑	◑	●			
Mitarbeiterbez. Größen	25%	◔	◕	◕	◔	◔			
Gewichtungsfaktor [%]		7,7%	7,9%	9,0%	6,3%	2,7%			

Abbildung F-3: Gewichtung der Sub-Tasks für das Fräsen
Weighting of the sub-tasks for milling

Tabelle F-13 Automatisierungsstufen für die Bauteilbearbeitung beim Fräsen
Level of automation for component processing for milling

Stufe	Mechanisierung	Kognitive Unterstützung
1	Das Fertigungsmittel wird während der Bauteilbearbeitung von einem Mitarbeiter bedient.	Alle Informationsflüsse sowie die Steuerung des Bearbeitungsvorgangs werden vom Mitarbeiter abgewickelt.
2		Der Mitarbeiter erhält Anweisungen zur Bauteilbearbeitung.
3		Eine Checkliste gibt vor, wie die Bauteilbearbeitung ablaufen soll.
4		

5		Die Maschine erfordert den Input des Mitarbeiters (z. B. Start es Bearbeitungsvorgangs).
6		Die Maschine führt die Steuerung des Bearbeitungsvorgangs eigenständig durch. Der Mitarbeiter greift bei Störungen ein.
7	Das Fertigungsmittel führt die Bauteilbearbeitung eigenständig und prozessstabil durch.	Die Maschine führt die Steuerung des Bearbeitungsvorgangs eigenständig durch. Ein Eingreifen des Mitarbeiters ist nicht vorgesehen.

Tabelle F-14 Automatisierungsstufen für den Werkzeugwechsel beim Fräsen

Level of automation for tool change for milling

Stufe	Mechanisierung	Kognitive Unterstützung
1	Der Mitarbeiter führt den Werkzeugwechsel manuell durch. Die Werkzeugaufnahme verbleibt im Fertigungsmittel.	Der Mitarbeiter entscheidet aus eigener Erfahrung und eigenem Wissen über die Durchführung des Werkzeugwechsels.
2	Der Mitarbeiter führt den Werkzeugwechsel manuell durch. Die Werkzeugaufnahme wird hauptzeitparallel vorbereitet.	Der Mitarbeiter erhält Anweisungen zur Durchführung des Werkzeugwechsels.
3		Eine Checkliste gibt dem Mitarbeiter Informationen zur Durchführung des Werkzeugwechsels.
4		
5	Ein integriertes Werkzeugwechselsystem führt den Werkzeugwechsel vollautomatisiert durch. Es stehen dafür weniger als 30 Werkzeugwechslerplätze zur Verfügung.	Der Mitarbeiter überwacht den Werkzeugwechsel, um bei Störungen eingreifen zu können.
6	Ein integriertes Werkzeugwechselsystem führt den Werkzeugwechsel vollautomatisiert durch. Es stehen dafür mehr als 30 Werkzeugwechslerplätze zur Verfügung.	Das System steuert alle Informationsflüsse sowie die Steuerung. Der Mitarbeiter greift nur im Störfall ein.
7	Ein integriertes Werkzeugwechselsystem führt den Werkzeugwechsel vollautomatisiert durch. Es stehen dafür mehr als 80 Werkzeugwechslerplätze zur Verfügung.	Das System steuert alle Informationsflüsse sowie die Steuerung. Der Mitarbeiter ist nicht eingebunden.

Tabelle F-15 Automatisierungsstufen für das Werkzeugvermessen beim Fräsen

Level of automation for measuring tools for milling

Stufe	Mechanisierung	Kognitive Unterstützung
1	Der Mitarbeiter nimmt eine Sichtprüfung vor, ob das Werkzeug beeinträchtigt ist.	Der Mitarbeiter entscheidet eigenständig über die Vorgehensweise zum Messen des Werkzeugs.
2	Der Mitarbeiter nimmt unter Zuhilfenahme von Messmitteln die Messung des Werkzeuges vor.	Der Mitarbeiter erhält Informationen zum Messen des Werkzeugs.
3		Der Mitarbeiter erhält Anweisungen zum Ablauf des Messens (z. B. über Messpunkte).
4		
5	Das Messen wird auf einem externen Peripheriesystem zum Messen hauptzeitparallel durch einen Mitarbeiter durchgeführt.	Der Messvorgang wird vom Mitarbeiter gestartet und überwacht, sodass er bei Störungen eingreifen kann.

6		Die Vorgehensweise für das Messen wird vom System vorgegeben. Der Mitarbeiter greift bei Störungen ein.
7	Ein in das Fertigungsmittel integriertes Werkzeugmesssystem führt die Messung vollautomatisiert durch.	Die Vorgehensweise für das Messen wird vom System gesteuert. Ein Eingreifen des Mitarbeiters ist nicht vorgesehen.

Tabelle F-16 Automatisierungsstufen für die KSS-Zufuhr beim Fräsen

Level of automation for the coolant supply for milling

Stufe	Mechanisierung	Kognitive Unterstützung
1	Es ist keine KSS-Zufuhr am Fertigungsmittel vorgesehen.	Der Mitarbeiter entschiedet nach eigenem Ermessen über die Kühlschmierstoffzufuhr.
2	Der Kühlschmierstoff wird manuell durch einen Mitarbeiter hinzugegeben.	
3		Der Mitarbeiter erhält Anweisungen über die Kühlschmierstoffzufuhr.
4		
5		Der Mitarbeiter wird über ein Warnsignal auf die Kühlschmierstoffzufuhr aufmerksam gemacht.
6		
7	Das Fertigungsmittel verfügt über eine automatische Kühlschmierstoffzufuhr.	Die Kühlschmierstoffzufuhr wird automatisch gesteuert. Der Mitarbeiter greift dabei nicht ein.

F.5 Drehen

Turning

Drehen (I/II)	Gewichtung [%]	Fördern	Speichern	Zuführen	Spannen	Position messen	Bauteilbearbeitung	Werkzeugwechsel	Umspannen
Mannlose Nutzung	25%	◔	◔	◑	◕	◑	●	◑	◑
Hauptzeiten	30%	●	●	●	●	◑	●	●	◔
Rüst- und Nebenzeiten	20%	◑	◔	◔	●	◑	◑	◕	◔
Mitarbeiterbez. Größen	25%	●	◑	◕	◔	◔	◑	◔	◔
Gewichtungsfaktor [%]		6,8%	4,1%	7,9%	10,0%	7,4%	14,9%	7,4%	5,2%

Drehen (II/II)	Gewichtung [%]	Entspannen	Abführen	Späneförderer	Stangenförderer	Werkzeug messen	KSS zuführen		
Mannlose Nutzung	25%	◕	◑	◑	◔	◑	◑		
Hauptzeiten	30%	●	●	●	●	●	●		
Rüst- und Nebenzeiten	20%	◑	◔	◑	●	◑	●		
Mitarbeiterbez. Größen	25%	◔	◕	◕	◔	◔	◔		
Gewichtungsfaktor [%]		7,7%	7,9%	9,0%	2,7%	6,3%	2,7%		

Abbildung F-4: Gewichtung der Sub-Tasks für das Drehen
Weighting of the sub-tasks for turning

Tabelle F-17 Automatisierungsstufen für die Bauteilbearbeitung beim Drehen
Level of automation for component machining for turning

Stufe	Mechanisierung	Kognitive Unterstützung
1	Das Fertigungsmittel wird während der Bauteilbearbeitung von einem Mitarbeiter bedient.	Alle Informationsflüsse sowie die Steuerung des Bearbeitungsvorgangs werden vom Mitarbeiter abgewickelt.
2		Der Mitarbeiter erhält Anweisungen zur Bauteilbearbeitung.
3		Eine Checkliste gibt vor, wie die Bauteilbearbeitung ablaufen soll.
4		

5		Das Fertigungsmittel erfordert den Input des Mitarbeiters (z. B. Start es Bearbeitungsvorgangs).
6		Das Fertigungsmittel führt die Steuerung des Bearbeitungsvorgangs eigenständig durch. Der Mitarbeiter greift bei Störungen ein.
7	Das Fertigungsmittel führt die Bauteilbearbeitung eigenständig und prozessstabil durch.	Das Fertigungsmittel führt die Steuerung des Bearbeitungsvorgangs eigenständig durch. Ein Eingreifen des Mitarbeiters ist nicht vorgesehen.

Tabelle F-18 Automatisierungsstufen für den Werkzeugwechsel beim Drehen

Level of automation for tool change for turning

Stufe	Mechanisierung	Kognitive Unterstützung
1	Der Mitarbeiter führt den Werkzeugwechsel manuell durch. Die Werkzeugaufnahme verbleibt im Fertigungsmittel.	Der Mitarbeiter entscheidet aus eigener Erfahrung und eigenem Wissen über die Durchführung des Werkzeugwechsels.
2	Der Mitarbeiter führt den Werkzeugwechsel manuell durch. Die Werkzeugaufnahme wird hauptzeitparallel vorbereitet.	Der Mitarbeiter erhält Anweisungen zur Durchführung des Werkzeugwechsels.
3		Eine Checkliste gibt dem Mitarbeiter Informationen zur Durchführung des Werkzeugwechsels.
4		
5	Ein integriertes Werkzeugwechselsystem führt den Werkzeugwechsel vollautomatisiert durch. Es stehen dafür weniger als 10 Werkzeugwechslerplätze zur Verfügung.	Der Mitarbeiter überwacht den Werkzeugwechsel, um bei Störungen eingreifen zu können.
6	Ein integriertes Werkzeugwechselsystem führt den Werkzeugwechsel vollautomatisiert durch. Es stehen dafür mehr als 10 Werkzeugwechslerplätze zur Verfügung.	Das System steuert alle Informationsflüsse sowie die Steuerung. Der Mitarbeiter greift nur im Störfall ein.
7	Ein integriertes Werkzeugwechselsystem führt den Werkzeugwechsel vollautomatisiert durch. Es stehen dafür mehr als 20 Werkzeugwechslerplätze zur Verfügung.	Das System steuert alle Informationsflüsse sowie die Steuerung. Der Mitarbeiter ist nicht eingebunden.

Tabelle F-19 Automatisierungsstufen für den Späneförderer beim Drehen

Level of automation for the chip conveyor for turning

Stufe	Mechanisierung	Kognitive Unterstützung
1	Späne werde von einem Mitarbeiter in einem zusätzlichen Arbeitsschritt entfernt.	Der Mitarbeiter entscheidet nach eigenem Ermessen, wann Späne entfernt werden müssen.
2		Der Mitarbeiter erhält Informationen darüber, wann Späne entfernt werden sollen.
3	Die Späne werden in einem Behälter gesammelt, der von einem Mitarbeiter geleert werden muss.	Eine Checkliste legt fest, wann die Maschine von Spänen zu reinigen ist.
4		
5		Das Fertigungsmittel verfügt über ein Warnsystem, wann der Mitarbeiter eingreifen und Späne entfernen soll.

6	Ein Spanfördersystem sorgt dafür, dass Späne abtransportiert werden.	
7	Ein Spanfördersystem entsorgt Späne und kann Kühlflüssigkeit zurückgewinnen.	Das System arbeitet durchgängig während der Bauteilbearbeitung.

Tabelle F-20 Automatisierungsstufen für das Werkzeugvermessen beim Drehen

Level of automation for tool measurement for turning

Stufe	Mechanisierung	Kognitive Unterstützung
1	Der Mitarbeiter nimmt eine Sichtprüfung vor, ob das Werkzeug beeinträchtigt ist.	Der Mitarbeiter entscheidet eigenständig über die Vorgehensweise zum Messen des Werkzeugs.
2	Der Mitarbeiter nimmt unter Zuhilfenahme von Messmitteln die Messung des Werkzeuges vor.	Der Mitarbeiter erhält Informationen zum Messen des Werkzeugs.
3		Der Mitarbeiter erhält Anweisungen zum Ablauf des Messens (z. B. über Messpunkte).
4		
5	Das Messen wird auf einem externen Peripheriesystem zum Messen hauptzeitparallel durch einen Mitarbeiter durchgeführt.	Der Messvorgang wird vom Mitarbeiter gestartet und überwacht, sodass er bei Störungen eingreifen kann.
6		Die Vorgehensweise für das Messen wird vom System vorgegeben. Der Mitarbeiter greift bei Störungen ein.
7	Ein in das Fertigungsmittel integriertes Werkzeugmesssystem führt die Messung vollautomatisiert durch.	Die Vorgehensweise für das Messen wird vom System gesteuert. Ein Eingreifen des Mitarbeiters ist nicht vorgesehen.

Tabelle F-21 Automatisierungsstufen für die KSS-Zufuhr beim Drehen

Level of automation for coolant supply for turning

Stufe	Mechanisierung	Kognitive Unterstützung
1	Es ist keine KSS-Zufuhr am Fertigungsmittel vorgesehen.	Der Mitarbeiter entschiedet nach eigenem Ermessen über die Kühlschmierstoffzufuhr.
2	Der Kühlschmierstoff wird manuell durch einen Mitarbeiter hinzugegeben.	
3		Der Mitarbeiter erhält Anweisungen über die Kühlschmierstoffzufuhr.
4		
5		Der Mitarbeiter wird über ein Warnsignal auf die Kühlschmierstoffzufuhr aufmerksam gemacht.
6		
7	Das Fertigungsmittel verfügt über eine automatische Kühlschmierstoffzufuhr.	Die Kühlschmierstoffzufuhr wird automatisch gesteuert. Der Mitarbeiter greift dabei nicht ein.

Tabelle F-22 Automatisierungsstufen für den Stangenförderer beim Drehen

Level of automation for the bar feeder for turning

Stufe	Mechanisierung	Kognitive Unterstützung
1	Stangenmaterial wird von einem Mitarbeiter zugeführt.	Der Mitarbeiter muss eigenständig über die Zuführung von Stangenmaterial entscheiden.
2		Dem Mitarbeiter liegen Informationen vor, wann Stangenmaterial zugeführt werden soll.
3	Der Mitarbeiter wird beim Zuführen des Stangenmaterials physisch unterstützt (z. B. durch Hallenkran).	Anhand von Arbeitsanweisungen (z. B. einer Check-Liste) weiß der Mitarbeiter, wann Stangenmaterial zuzuführen ist.
4		
5		Der Mitarbeiter wird durch eine Technologie (z. B. Signal von der Maschine) darauf hingewiesen, dass neues Stangenmaterial zugeführt werden muss.
6		Die Zuführung des Stangenmaterials wird durch eine technologische Lösung gesteuert. Der Mitarbeiter muss bei Störungen eingreifen.
7	Ein Stangenförderer übernimmt vollautomatisiert das Zuführen von Stangenmaterial.	Die Zuführung des Stangenmaterials wird vollständig durch eine technologische Lösung gesteuert. Der Mitarbeiter ist nicht beteiligt.

F.6 Meißeln

Chiseling

Meißeln	Gewichtung [%]	Fördern	Speichern	Zuführen	Spannen	Bauteilbearbeitung	Entspannen	Abführen	
Mannlose Nutzung	25%	◔	◔	◑	◕	●	◕	◑	
Hauptzeiten	30%	●	●	●	●	●	●	●	
Rüst- und Nebenzeiten	20%	◑	◔	◔	◕	◔	◑	◔	
Mitarbeiterbez. Größen	25%	●	◑	◑	◔	◑	◔	◑	
Gewichtungsfaktor [%]		12,4%	7,4%	11,9%	15,8%	26,7%	13,9%	11,9%	

Abbildung F-5: Gewichtung der Sub-Tasks für das Meißeln
Weighting of the sub-tasks for chiseling

Tabelle F-23 Automatisierungsstufen für die Bauteilbearbeitung beim Meißeln
Level of automation for the component processing for chiseling

Stufe	Mechanisierung	Kognitive Unterstützung
1	Die Bauteilbearbeitung wird vom Mitarbeiter manuell unter Zuhilfenahme von Hammer und Meißel durchgeführt.	Die Steuerung der Bauteilbearbeitung wird vom Mitarbeiter durchgeführt. Dazu entscheidet er eigenständig über die Dauer und Art der Durchführung.
2	Für die Bauteilbearbeitung setzt der Mitarbeiter ein angetriebenes Werkzeug ein.	Der Mitarbeiter erhält Anweisungen zur Bauteilbearbeitung.
3		Eine Checkliste gibt dem Mitarbeiter die einzelnen Schritte der Bauteilbearbeitung vor.
4		
5		Das Fertigungsmittel erfordert den Input des Mitarbeiters (z. B. Start es Bearbeitungsvorgangs).
6		Das Fertigungsmittel führt die Steuerung des Bearbeitungsvorgangs eigenständig durch. Der Mitarbeiter greift bei Störungen ein.
7	Die Bauteilbearbeitung wird automatisiert, bspw. mittels Roboter, durchgeführt und ist prozessstabil.	Das Fertigungsmittel führt die Steuerung des Bearbeitungsvorgangs eigenständig durch. Ein Eingreifen des Mitarbeiters ist nicht vorgesehen.

F.7 Koordinatenschleifen

Coordinate grinding

Koordinatenschleifen (I/II)	Gewichtung [%]	Fördern	Speichern	Zuführen	Spannen	Position messen	Bauteilbearbeitung	Werkzeugwechsel	Umspannen
Mannlose Nutzung	25%	◔	◔	◑	◕	◑	●	◑	◑
Hauptzeiten	30%	●	●	●	●	◑	●	●	◔
Rüst- und Nebenzeiten	20%	◑	◔	◔	●	◑	◑	●	◔
Mitarbeiterbez. Größen	25%	●	◑	◕	◔	◔	◑	◔	◔
Gewichtungsfaktor [%]		7,0%	4,2%	8,1%	10,0%	7,5%	15,0%	8,6%	7,0%

Koordinatenschleifen (II/II)	Gewichtung [%]	Entspannen	Abführen	Abrichten	Werkzeug messen	KSS zuführen			
Mannlose Nutzung	25%	◕	◑	◑	◑	◑			
Hauptzeiten	30%	●	●	●	●	●			
Rüst- und Nebenzeiten	20%	◑	◔	◕	◑	●			
Mitarbeiterbez. Größen	25%	◔	◕	◔	◔	◔			
Gewichtungsfaktor [%]		7,8%	8,1%	7,5%	6,4%	2,8%			

Abbildung F-6: Gewichtung der Sub-Tasks für das Koordinatenschleifen
Weighting of the sub-tasks for coordinate grinding

Tabelle F-24 Automatisierungsstufen für die Bauteilbearbeitung beim Koordinatenschleifen
Level of automation for component machining for coordinate grinding

Stufe	Mechanisierung	Kognitive Unterstützung
1	Das Fertigungsmittel wird während der Bauteilbearbeitung von einem Mitarbeiter bedient.	Alle Informationsflüsse sowie die Steuerung des Bearbeitungsvorgangs werden vom Mitarbeiter abgewickelt.
2		Der Mitarbeiter erhält Anweisungen zur Bauteilbearbeitung.
3		Eine Checkliste gibt vor, wie die Bauteilbearbeitung ablaufen soll.
4		

5		Das Fertigungsmittel erfordert den Input des Mitarbeiters (z. B. Start es Bearbeitungsvorgangs).
6		Das Fertigungsmittel führt die Steuerung des Bearbeitungsvorgangs eigenständig durch. Der Mitarbeiter greift bei Störungen ein.
7	Das Fertigungsmittel führt die Bauteilbearbeitung eigenständig und prozessstabil durch.	Das Fertigungsmittel führt die Steuerung des Bearbeitungsvorgangs eigenständig durch. Ein Eingreifen des Mitarbeiters ist nicht vorgesehen.

Tabelle F-25 Automatisierungsstufen für den Werkzeugwechsel beim Koordinatenschleifen

Level of automation for tool change for coordinate grinding

Stufe	Mechanisierung	Kognitive Unterstützung
1	Der Mitarbeiter führt den Werkzeugwechsel manuell durch. Die Werkzeugaufnahme verbleibt im Fertigungsmittel.	Der Mitarbeiter entscheidet aus eigener Erfahrung und eigenem Wissen über die Durchführung des Schleifscheibenwechsels.
2	Der Mitarbeiter führt den Werkzeugwechsel manuell durch. Die Werkzeugaufnahme wird hauptzeitparallel vorbereitet.	Der Mitarbeiter erhält Anweisungen zur Durchführung des Schleifscheibenwechsels.
3		Eine Checkliste gibt dem Mitarbeiter Informationen zur Durchführung des Schleifscheibenwechsels.
4		
5	Ein integriertes Bearbeitungswerkzeugwechselsystem führt den Werkzeugwechsel vollautomatisiert durch. Es stehen dafür weniger als 10 Bearbeitungswerkzeugwechslerplätze zur Verfügung.	Der Mitarbeiter überwacht den Schleifscheibenwechsel, um bei Störungen eingreifen zu können.
6	Ein integriertes Bearbeitungswerkzeugwechselsystem führt den Werkzeugwechsel vollautomatisiert durch. Es stehen dafür mehr als 10 Bearbeitungswerkzeugwechslerplätze zur Verfügung.	Das System steuert alle Informationsflüsse sowie die Steuerung. Der Mitarbeiter greift nur im Störfall ein.
7	Ein integriertes Bearbeitungswerkzeugwechselsystem führt den Werkzeugwechsel vollautomatisiert durch. Es stehen dafür mehr als 30 Bearbeitungswerkzeugwechslerplätze zur Verfügung.	Das System steuert alle Informationsflüsse sowie die Steuerung. Der Mitarbeiter ist nicht eingebunden.

Tabelle F-26 Automatisierungsstufen für das Abrichten beim Koordinatenschleifen

Level of automation for dressing for coordinate grinding

Stufe	Mechanisierung	Kognitive Unterstützung
1	Das Abrichten wird vom Mitarbeiter unter Zuhilfenahme von Werkzeugen durchgeführt.	Der Mitarbeiter entscheidet eigenständig zur Vorgehensweise des Abrichtens.
2		Dem Mitarbeiter liegen Informationen zur Durchführung des Abrichtens vor.
3	Das Profilieren des Bearbeitungswerkzeugs wird automatisiert durchgeführt. Ein Mitarbeiter schärft das Bearbeitungswerkzeug unter Zuhilfenahme von Werkzeugen.	Durch Arbeitsanweisungen (z. B. Checkliste) wird der Mitarbeiter zur Durchführung des Abrichtens angewiesen.
4		

5	Ein Mitarbeiter profiliert das Bearbeitungswerkzeug unter Zuhilfenahme von Werkzeugen. Das Schärfen des Bearbeitungswerkzeugs wird automatisiert durchgeführt.	Der Mitarbeiter wird durch Signale von der Technologie auf anstehende Aufgaben des Abrichtens (z. B. profilieren oder schärfen) hingewiesen.
6		Das System gibt die notwendigen Informationen vor und steuert das Abrichten. Der Mitarbeiter greift bei Störungen ein.
7	Eine automatische Abrichteinheit übernimmt das Abrichten des Bearbeitungswerkzeuges.	Das System gibt die notwendigen Informationen vor und steuert das Abrichten. Der Mitarbeiter ist nicht beteiligt.

Tabelle F-27 Automatisierungsstufen für die Werkzeugvermessung beim Koordinatenschleifen

Level of automation for tool measurement for coordinate grinding

Stufe	Mechanisierung	Kognitive Unterstützung
1	Der Mitarbeiter nimmt eine Sichtprüfung vor, ob das Werkzeug beeinträchtigt ist.	Der Mitarbeiter entscheidet eigenständig über die Vorgehensweise zum Messen des Werkzeugs.
2	Der Mitarbeiter nimmt unter Zuhilfenahme von Messmitteln die Messung des Werkzeuges vor.	Der Mitarbeiter erhält Informationen zum Messen des Werkzeugs.
3		Der Mitarbeiter erhält Anweisungen zum Ablauf des Messens (z. B. über Messpunkte).
4		
5	Das Messen wird auf einem externen Peripheriesystem zum Messen hauptzeitparallel durch einen Mitarbeiter durchgeführt.	Der Messvorgang wird vom Mitarbeiter gestartet und überwacht, sodass er bei Störungen eingreifen kann.
6		Die Vorgehensweise für das Messen wird vom System vorgegeben. Der Mitarbeiter greift bei Störungen ein.
7	Ein in das Fertigungsmittel integriertes Werkzeugmesssystem führt die Messung vollautomatisiert durch.	Die Vorgehensweise für das Messen wird vom System gesteuert. Ein Eingreifen des Mitarbeiters ist nicht vorgesehen.

Tabelle F-28 Automatisierungsstufen für die KSS-Zufuhr beim Koordinatenschleifen

Level of automation for the coolant supply for coordinate grinding

Stufe	Mechanisierung	Kognitive Unterstützung
1	Es ist keine KSS-Zufuhr am Fertigungsmittel vorgesehen.	Der Mitarbeiter entschiedet nach eigenem Ermessen über die Kühlschmierstoffzufuhr.
2	Der Kühlschmierstoff wird manuell durch einen Mitarbeiter hinzugegeben.	
3		Der Mitarbeiter erhält Anweisungen über die Kühlschmierstoffzufuhr.
4		
5		Der Mitarbeiter wird über ein Warnsignal auf die Kühlschmierstoffzufuhr aufmerksam gemacht.

6		
7	Das Fertigungsmittel verfügt über eine automatische Kühlschmierstoffzufuhr.	Die Kühlschmierstoffzufuhr wird automatisch gesteuert. Der Mitarbeiter greift dabei nicht ein.

F.8 Flach- und Rundschleifen

Flat and cylindrical grinding

Plan- / Rundschleifen (I/II)	Gewichtung [%]	Fördern	Speichern	Zuführen	Spannen	Position messen	Bauteilbearbeitung	Werkzeugwechsel	Umspannen
Mannlose Nutzung	25%	◔	◔	◑	◕	◑	●	◑	◑
Hauptzeiten	30%	●	●	●	●	◑	●	●	◔
Rüst- und Nebenzeiten	20%	◑	◔	◔	●	◑	◑	●	◔
Mitarbeiterbez. Größen	25%	●	◑	◕	◔	◔	◑	◔	◔
Gewichtungsfaktor [%]		6,5%	3,9%	7,6%	9,5%	7,1%	14,2%	8,1%	6,5%

Plan- / Rundschleifen (II/II)	Gewichtung [%]	Entspannen	Abführen	Abrichten	Werkzeug messen	KSS zuführen	Auswuchten		
Mannlose Nutzung	25%	◕	◑	◑	◑	◑	◑		
Hauptzeiten	30%	●	●	●	●	●	●		
Rüst- und Nebenzeiten	20%	◑	◔	◕	◑	●	◑		
Mitarbeiterbez. Größen	25%	◔	◕	◔	◔	◔	◔		
Gewichtungsfaktor [%]		7,3%	7,6%	7,1%	6,0%	2,6%	6,0%		

Abbildung F-7: Gewichtung der Sub-Tasks für das Plan-/ Rundschleifen
Weighting of the sub-tasks for flat and cylindrical grinding

Tabelle F-29 Automatisierungsstufen für die Bauteilbearbeitung beim Plan- und Rundschleifen
Level of automation for component machining for flat and cylindrical grinding

Stufe	Mechanisierung	Kognitive Unterstützung
1	Der Mitarbeiter nutzt eine Handschleifmaschine.	Alle Informationsflüsse sowie die Steuerung des Bearbeitungsvorgangs werden vom Mitarbeiter abgewickelt.
2	Die statische Schleifmaschine wird während der Bauteilbearbeitung von einem Mitarbeiter bedient.	Der Mitarbeiter erhält Anweisungen zur Bauteilbearbeitung.
3		Eine Checkliste gibt vor, wie die Bauteilbearbeitung ablaufen soll.

4		
5		Das Fertigungsmittel erfordert den Input des Mitarbeiters (z. B. Start des Bearbeitungsvorgangs).
6		Das Fertigungsmittel führt die Steuerung des Bearbeitungsvorgangs eigenständig durch. Der Mitarbeiter greift bei Störungen ein.
7	Das Fertigungsmittel führt die Bauteilbearbeitung eigenständig und prozessstabil durch.	Das Fertigungsmittel führt die Steuerung des Bearbeitungsvorgangs eigenständig durch. Ein Eingreifen des Mitarbeiters ist nicht vorgesehen.

Tabelle F-30 Automatisierungsstufen für den Werkzeugwechsel beim Plan- und Rundschleifen

Level of automation for tool change for flat and cylindrical grinding

Stufe	Mechanisierung	Kognitive Unterstützung
1	Der Mitarbeiter führt den Werkzeugwechsel ausschließlich manuell durch.	Der Mitarbeiter entscheidet aus eigener Erfahrung und eigenem Wissen über die Durchführung des Werkzeugwechsels.
2	Der Mitarbeiter führt den Werkzeugwechsel eigenständig unter Einsatz von Werkzeugen durch.	Der Mitarbeiter erhält Anweisungen zur Durchführung des Werkzeugwechsels.
3		Eine Checkliste gibt dem Mitarbeiter Informationen zur Durchführung des Werkzeugwechsels.
4		
5		Der Mitarbeiter überwacht den Werkzeugwechsel, um bei Störungen eingreifen zu können.
6	Ein integriertes Werkzeugwechselsystem führt den Werkzeugwechsel vollautomatisiert durch. Es stehen dafür weniger als 8 Werkzeugwechslerplätze zur Verfügung.	Das System steuert alle Informationsflüsse sowie die Steuerung. Der Mitarbeiter greift nur im Störfall ein.
7	Ein integriertes Werkzeugwechselsystem führt den Werkzeugwechsel vollautomatisiert durch. Es stehen dafür mehr als 8 Werkzeugwechslerplätze zur Verfügung.	Das System steuert alle Informationsflüsse sowie die Steuerung. Der Mitarbeiter ist nicht eingebunden.

Tabelle F-31 Automatisierungsstufen für das Auswuchten beim Plan- und Rundschleifen

Level of automation for balancing for flat and cylindrical grinding

Stufe	Mechanisierung	Kognitive Unterstützung
1	Der Mitarbeiter nimmt das Auswuchten unter Zuhilfenahme von Werkzeugen vor.	Der Mitarbeiter entscheidet eigenständig zur Vorgehensweise des Auswuchtens.
2		Dem Mitarbeiter liegen Informationen zur Durchführung des Auswuchtens vor.
3		Durch Arbeitsanweisungen (z. B. Checkliste) wird der Mitarbeiter zur Durchführung des Auswuchtens angewiesen.
4		

5		Der Mitarbeiter wird durch Signale von der Technologie auf anstehende Aufgaben des Auswuchtens (z. B. profilieren oder schärfen) hingewiesen.
6		Das System gibt die notwendigen Informationen vor und steuert das Auswuchten. Der Mitarbeiter greift bei Störungen ein.
7	Eine automatische Auswuchteinheit übernimmt das Auswuchten des Bearbeitungswerkzeuges.	Das System gibt die notwendigen Informationen vor und steuert das Auswuchten. Der Mitarbeiter ist nicht beteiligt.

Tabelle F-32 Automatisierungsstufen für das Werkzeug messen beim Plan- und Rundschleifen

Level of automation for tool measurement for flat and cylindrical grinding

Stufe	Mechanisierung	Kognitive Unterstützung
1	Der Mitarbeiter nimmt eine Sichtprüfung vor, ob das Werkzeug beeinträchtigt ist.	Der Mitarbeiter entscheidet eigenständig über die Vorgehensweise zum Messen des Werkzeugs.
2	Der Mitarbeiter nimmt unter Zuhilfenahme von Messmitteln die Messung des Werkzeuges vor.	Der Mitarbeiter erhält Anweisungen zum Messen des Werkzeugs.
3		Der Mitarbeiter erhält Informationen über den Ablauf des Messens (z. B. über Messpunkte).
4		
5	Das Messen wird auf einer externen Messmaschine hauptzeitparallel durch einen Mitarbeiter durchgeführt.	Der Messvorgang wird vom Mitarbeiter gestartet und überwacht, sodass er bei Störungen eingreifen kann.
6		Die Vorgehensweise für das Messen wird vom System vorgegeben. Der Mitarbeiter greift bei Störungen ein.
7	Ein in das Fertigungsmittel integriertes Werkzeugmesssystem führt die Messung vollautomatisiert durch.	Die Vorgehensweise für das Messen wird vom System vorgegeben. Ein Eingreifen des Mitarbeiters ist nicht vorgesehen.

Tabelle F-33 Automatisierungsstufen für die KSS-Zufuhr beim Plan- und Rundschleifen

Level of automation for the coolant supply for flat and cylindrical grinding

Stufe	Mechanisierung	Kognitive Unterstützung
1	Es ist keine KSS-Zufuhr am Fertigungsmittel vorgesehen.	Der Mitarbeiter entschiedet nach eigenem Ermessen über die Kühlschmierstoffzufuhr.
2	Der Kühlschmierstoff wird manuell durch einen Mitarbeiter hinzugegeben.	
3		Der Mitarbeiter erhält Anweisungen über die Kühlschmierstoffzufuhr.
4		
5		Der Mitarbeiter wird über ein Warnsignal auf die Kühlschmierstoffzufuhr aufmerksam gemacht.
6		

7	Das Fertigungsmittel verfügt über eine automatische Kühlschmierstoffzufuhr.	Die Kühlschmierstoffzufuhr wird automatisch gesteuert. Der Mitarbeiter greift dabei nicht ein.

F.9 Gleitschleifen

Barrel finishing

Gleitschleifen	Gewichtung [%]	Fördern	Speichern	Zuführen	Bauteilbearbeitung	Abführen	Handhabung Prozessmedien		
Mannlose Nutzung	25%	◔	◔	◑	◑	◕	◕		
Hauptzeiten	30%	●	●	●	●	◑	●		
Rüst- und Nebenzeiten	20%	◑	◔	◔	◔	◔	◔		
Mitarbeiterbez. Größen	25%	●	◑	◔	◑	◑	◔		
Gewichtungsfaktor [%]		16,4%	9,9%	12,5%	28,9%	19,1%	13,2%		

Abbildung F-8: Gewichtung der Sub-Tasks für Gleitschleifen
Weighting of the sub-tasks for barrel finishing

Tabelle F-34 Automatisierungsstufen für die Bauteilbearbeitung beim Gleitschleifen
Level of automation for component machining for barrel finishing

Stufe	Mechanisierung	Kognitive Unterstützung
1	Das Fertigungsmittel wird während der Bauteilbearbeitung von einem Mitarbeiter bedient.	Alle Informationsflüsse sowie die Steuerung des Bearbeitungsvorgangs werden vom Mitarbeiter abgewickelt.
2		Der Mitarbeiter erhält Anweisungen zur Bauteilbearbeitung.
3	Die Bauteilbearbeitung erfolgt automatisiert. Die Position der Werkstücke wird während der Bearbeitung durch einen Mitarbeiter variiert.	Eine Checkliste gibt den Ablauf der Bauteilbearbeitung vor.
4		
5		Das Fertigungsmittel erfordert den Input des Mitarbeiters (z. B. Start es Bearbeitungsvorgangs).
6		Das Fertigungsmittel führt die Steuerung des Bearbeitungsvorgangs eigenständig durch. Der Mitarbeiter greift bei Störungen ein.
7	Das Fertigungsmittel führt die Bauteilbearbeitung eigenständig und prozessstabil durch.	Das Fertigungsmittel führt die Steuerung des Bearbeitungsvorgangs eigenständig durch. Ein Eingreifen des Mitarbeiters ist nicht vorgesehen.

Tabelle F-35 Automatisierungsstufen für das Zuführen beim Gleitschleifen
Level of automation for feeding for barrel finishing

Stufe	Mechanisierung	Kognitive Unterstützung
1	Werkstücke werden manuell von Mitarbeiter zugeführt.	Der Mitarbeiter entscheidet selbstständig, wie er das Werkstück zuführt.
2		Der Mitarbeiter verfügt über Anweisungen, wie er das Werkstück zuführen soll.
3		Der Mitarbeiter verfügt über eine Checkliste, wie die Zuführung des Werkstücks ausgeführt werden soll.
4		
5	Eine Kippvorrichtung wird genutzt, um Werkstücke bzw. mehrere Werkstücke zuzuführen.	Die Technologie gibt durch Signale Hinweise an den Mitarbeiter über das Zuführen des Werkstücks.
6		Das Handhabungssystem übernimmt alle Informations- und Steuerungsflüsse. Bei Abweichungen oder Störungen greift der Mitarbeiter ein.
7	Ein Vibrationsbunker fördert kontinuierlich Werkstücke Alternativ kommt auch eine andere automatisierte Zuführung der Werkstücke in Frage.	Das Handhabungssystem übernimmt alle Informations- und Steuerungsflüsse, auch wenn es zu Abweichungen kommt. Der Mitarbeiter ist nicht beteiligt.

Bemerkung: Die für das Gleitschleifen verwendeten Skalen für das Zuführen weichen von der allgemeinen Definition der Skalen für die Handhabungsfunktionen ab.

Tabelle F-36 Automatisierungsstufen für das Abführen beim Gleitschleifen
Level of automation for the discharge for barrel finishing

Stufe	Mechanisierung	Kognitive Unterstützung
1	Die Werkstücke werden manuell von Mitarbeiter abgeführt.	Der Mitarbeiter entscheidet selbstständig, wie er das Werkstück abführt.
2		
3	Der Mitarbeiter wird beim Abführen des Werkstücks physisch unterstützt (z. B. durch Hallenkran).	Der Mitarbeiter verfügt über Anweisungen, wie er das Werkstück abführen soll.
4		
5		
6		Das Handhabungssystem übernimmt alle Informations- und Steuerungsflüsse. Bei Abweichungen oder Störungen greift der Mitarbeiter ein.
7	Die Abführung des Werkstücks erfolgt vollautomatisiert durch ein Abführsystem (z. B. Separiersystem oder Siebsystem). Dabei werden die Schleifkörper von Werkstücken getrennt.	Das Handhabungssystem übernimmt alle Informations- und Steuerungsflüsse, auch wenn es zu Abweichungen kommt. Der Mitarbeiter ist nicht beteiligt.

Bemerkung: Die für das Gleitschleifen verwendeten Skalen für das Abführen weichen von der allgemeinen Definition der Skalen für die Handhabungsfunktionen ab.

Tabelle F-37 Automatisierungsstufen für die Handhabung von Prozessmedien beim Gleitschleifen

Level of automation for the handling of process media for barrel finishing

Stufe	Mechanisierung	Kognitive Unterstützung
1	Wasser und Compound werden vom Mitarbeiter hinzugegeben. Das Abwasser wird durch den Mitarbeiter abgeführt.	Der Mitarbeiter entscheidet eigenständig über die Vorgehensweise zum Zugeben von Wasser und Compound.
2		
3		Der Mitarbeiter erhält Informationen zum Hinzugeben von Wasser und Compound.
4	Ein Dosiersystem übernimmt die Zufuhr von Waser und Compound. Das Abwasser wird durch den Mitarbeiter abgeführt.	
5		Der Mitarbeit wird durch ein Signal auf das Hinzugeben von Wasser und Compound hingewiesen.
6		
7	Die Zufuhr von Wasser und Compound wird durch ein Dosiersystem übernommen. Das Abwasser wird automatisch abgeführt.	Die Zufuhr von Wasser und Compound wird durch die Automatisierungstechnologie gesteuert. Ein Eingreifen des Mitarbeiters ist nicht vorgesehen.

F.10 Drahterosion

Wire erosion

Drahterosion (I/II)	Gewichtung [%]	Fördern	Speichern	Zuführen	Spannen	Position messen	Bauteilbearbeitung	Drahteinfädelung	Umspannen
Mannlose Nutzung	25%	◔	◔	◑	◕	◑	●	◑	◑
Hauptzeiten	30%	●	●	●	●	◑	●	●	◔
Rüst- und Nebenzeiten	20%	◑	◔	◔	●	◑	◑	◑	◔
Mitarbeiterbez. Größen	25%	●	◑	◕	◔	◔	◑	◔	◔
Gewichtungsfaktor [%]		7,1%	4,3%	8,3%	10,2%	7,7%	15,3%	6,6%	7,1%

Drahterosion (II/II)	Gewichtung [%]	Entspannen	Abführen	Aufbereitung Dielektrikum	Tankhandhabung	Drahtentsorgung			
Mannlose Nutzung	25%	◕	◑	◔	◑	◑			
Hauptzeiten	30%	●	●	●	●	●			
Rüst- und Nebenzeiten	20%	◑	◔	●	●	◑			
Mitarbeiterbez. Größen	25%	◔	◕	◔	◔	◔			
Gewichtungsfaktor [%]		8,0%	8,3%	7,4%	4,6%	5,1%			

Abbildung F-9: Gewichtung der Sub-Tasks für die Drahterosion
Weighting of the sub-tasks for wire-erosion

Tabelle F-38 Automatisierungsstufen für die Bauteilbearbeitung bei der Drahterosion
Level of automation for component machining for wire erosion

Stufe	Mechanisierung	Kognitive Unterstützung
1	Das Fertigungsmittel wird während der Bauteilbearbeitung von einem Mitarbeiter bedient.	Alle Informationsflüsse sowie die Steuerung des Bearbeitungsvorgangs werden vom Mitarbeiter abgewickelt.
2		Der Mitarbeiter erhält Anweisungen zur Bauteilbearbeitung.
3		Eine Checkliste gibt vor, wie die Bauteilbearbeitung ablaufen soll.
4		

5		Das Fertigungsmittel erfordert den Input des Mitarbeiters (z. B. Start es Bearbeitungsvorgangs).
6		Das Fertigungsmittel führt die Steuerung des Bearbeitungsvorgangs eigenständig durch. Der Mitarbeiter greift bei Störungen ein.
7	Das Fertigungsmittel führt die Bauteilbearbeitung eigenständig und prozessstabil durch.	Das Fertigungsmittel führt die Steuerung des Bearbeitungsvorgangs eigenständig durch. Ein Eingreifen des Mitarbeiters ist nicht vorgesehen.

Tabelle F-39 Automatisierungsstufen für die Drahteinfädelung bei der Drahterosion

Level of automation for wire threading for wire erosion

Stufe	Mechanisierung	Kognitive Unterstützung
1	Der Mitarbeiter führt die Drahteinfädelung ausschließlich manuell durch.	Der Mitarbeiter entscheidet aus eigener Erfahrung und eigenem Wissen über die Durchführung des Elektrodenwechsels.
2		Der Mitarbeiter erhält Anweisungen zur Durchführung des Elektrodenwechsels.
3		Eine Checkliste gibt dem Mitarbeiter Informationen zur Durchführung des Elektrodenwechsels.
4		
5		Der Mitarbeiter überwacht den Elektrodenwechsel, um bei Störungen eingreifen zu können.
6		Das System steuert alle Informationsflüsse sowie die Steuerung. Der Mitarbeiter greift nur im Störfall ein.
7	Das Fertigungsmittel verfügt über eine automatische Drahteinfädelung	Das System steuert alle Informationsflüsse sowie die Steuerung. Der Mitarbeiter ist nicht eingebunden.

Tabelle F-40 Automatisierungsstufen für die Drahtentsorgung bei der Drahterosion

Level of automation for wire disposal for wire erosion

Stufe	Mechanisierung	Kognitive Unterstützung
1	Die Drahtentsorgung wird manuelle durch den Mitarbeiter ausgeführt.	Der Mitarbeiter entscheiden eigenständig über die Drahtentsorgung.
2		Es liegen Informationen zur Drahtentsorgung vor.
3		Eine Arbeitsanweisung (z. B. Checkliste) gibt dem Mitarbeiter vor, wie die Drahtentsorgung durchzuführen ist.
4	Eine integrierte Vorrichtung zur Drahtzerkleinerung vereinfacht die Entsorgung.	
5		Durch eine Technologie wird dem Mitarbeiter ein Signal gegeben, das auf die Drahtentsorgung hinweist.
6		

7	Das Fertigungsmittel verfügt über eine Entsorgungseinrichtung für den Draht.	Die Technologie übernimmt die Steuerung der Drahtentsorgung vollständig. Der Mitarbeiter ist nicht beteiligt.

Tabelle F-41 Automatisierungsstufen für die Aufbereitung des Dielektrikums bei der Drahterosion

Level of automation for the preparation of the dielectric for wire erosion

Stufe	Mechanisierung	Kognitive Unterstützung
1	Es findet keine Aufbereitung des Dielektrikums in der Maschine statt.	Der Mitarbeiter entscheidet nach eigenem Ermessen, bei welcher Leitfähigkeit das Dielektrikum ausgetauscht wird.
2		Eine Anzeige der Leitfähigkeit gibt Auskunft darüber, wann eine kritische Leitfähigkeit erreicht ist und das Dielektrikum ausgetauscht werden muss.
3		
4	Das Fertigungsmittel verfügt über eine (integrierte) Deionisierung oder Filterung des Dielektrikums.	Eine Regelelektronik sorgt für die regelmäßige Zufuhr von frischem Dielektrikum.
5		
6		Das Dielektrikum wird während des Betriebs kontinuierlich gefiltert oder deionisiert.
7	Das Fertigungsmittel verfügt über eine (integrierte) Deionisierung und Filterung des Dielektrikums.	Das Dielektrikum wird während des Betriebs kontinuierlich gefiltert und deionisiert.

Tabelle F-42 Automatisierungsstufen für die Tankhandhabung bei der Drahterosion

Level of automation for tank handling for wire erosion

Stufe	Mechanisierung	Kognitive Unterstützung
1	Das Dielektrikum muss zwischen jeder Bearbeitung ab- und hineingepumpt werden.	Der Mitarbeiter entscheidet eigenständig, wann Dielektrikum aus dem Arbeitstank ab- oder hineingepumpt wird.
2		Es liegen Informationen zum Ab- oder Hineinpumpen des Dielektrikums vor.
3		Anhand von Arbeitsanweisungen (z. B. Checkliste) weiß der Mitarbeiter, wann Dielektrikum ab- oder hineingepumpt werden muss.
4		
5		Durch eine Technologie wird dem Mitarbeiter ein Signal gegeben, das auf das Ab- oder Hineinpumpen des Dielektrikums aufmerksam macht.
6		
7	Das Fertigungsmittel verfügt über einen absenkbaren Arbeitstank, sodass zwischen Bearbeitungen kein Ab- und Hineinpumpen des Dielektrikums stattfinden muss.	Die Technologie übernimmt die Steuerung des Ab- und Hineinpumpens des Dielektrikums vollständig. Der Mitarbeiter ist nicht beteiligt.

F.11 Senkerosion

Sink erosion

Senkerosion (I/II)	Gewichtung [%]	Fördern	Speichern	Zuführen	Spannen	Position messen	Bauteilbearbeitung	Elektrodenwechsel	Umspannen
Mannlose Nutzung	25%	◔	◔	◑	◕	◑	●	◑	◑
Hauptzeiten	30%	●	●	●	●	◑	●	●	◔
Rüst- und Nebenzeiten	20%	◑	◔	◔	●	◑	◑	◕	◔
Mitarbeiterbez. Größen	25%	●	◑	◕	◔	◔	◑	◔	◔
Gewichtungsfaktor [%]		7,4%	4,5%	8,6%	10,7%	8,0%	16,1%	8,0%	7,4%

Senkerosion (II/II)	Gewichtung [%]	Entspannen	Abführen	Aufbereitung Dielektrikum	Tankhandhabung				
Mannlose Nutzung	25%	◕	◑	◔	◑				
Hauptzeiten	30%	●	●	●	●				
Rüst- und Nebenzeiten	20%	◑	◔	●	●				
Mitarbeiterbez. Größen	25%	◔	◕	◔	◔				
Gewichtungsfaktor [%]		8,3%	8,6%	7,7%	4,7%				

Abbildung F-10: Gewichtung der Sub-Tasks für die Senkerosion
Weighting of the sub-tasks for sink erosion

Tabelle F-43 Automatisierungsstufen für die Bauteilbearbeitung bei der Senkerosion
Level of automation for component machining for sink erosion

Stufe	Mechanisierung	Kognitive Unterstützung
1	Das Fertigungsmittel wird während der Bauteilbearbeitung von einem Mitarbeiter bedient.	Alle Informationsflüsse sowie die Steuerung des Bearbeitungsvorgangs werden vom Mitarbeiter abgewickelt.
2		Der Mitarbeiter erhält Anweisungen zur Bauteilbearbeitung.
3		Eine Checkliste gibt vor, wie die Bauteilbearbeitung ablaufen soll.

4		
5		Das Fertigungsmittel erfordert den Input des Mitarbeiters (z. B. Start es Bearbeitungsvorgangs).
6		Das Fertigungsmittel führt die Steuerung des Bearbeitungsvorgangs eigenständig durch. Der Mitarbeiter greift bei Störungen ein.
7	Das Fertigungsmittel führt die Bauteilbearbeitung eigenständig und prozessstabil durch.	Das Fertigungsmittel führt die Steuerung des Bearbeitungsvorgangs eigenständig durch. Ein Eingreifen des Mitarbeiters ist nicht vorgesehen.

Tabelle F-44 Automatisierungsstufen für den Elektrodenwechsel bei der Senkerosion

Level of automation for the electrode change for sink erosion

Stufe	Mechanisierung	Kognitive Unterstützung
1	Der Mitarbeiter führt den Werkzeugwechsel manuell durch. Die Werkzeugaufnahme verbleibt im Fertigungsmittel.	Der Mitarbeiter entscheidet aus eigener Erfahrung und eigenem Wissen über die Durchführung des Elektrodenwechsels.
2	Der Mitarbeiter führt den Werkzeugwechsel manuell durch. Die Werkzeugaufnahme wird hauptzeitparallel vorbereitet.	Der Mitarbeiter erhält Anweisungen zur Durchführung des Elektrodenwechsels.
3		Eine Checkliste gibt dem Mitarbeiter Informationen zur Durchführung des Elektrodenwechsels.
4		
5	Ein Elektrodenwechselsystem führt den Elektrodenwechsel vollautomatisiert durch. Es stehen dafür weniger als 20 Elektrodenwechslerplätze zur Verfügung.	Der Mitarbeiter überwacht den Elektrodenwechsel, um bei Störungen eingreifen zu können.
6	Ein Elektrodenwechselsystem führt den Elektrodenwechsel vollautomatisiert durch. Es stehen dafür mehr als 20 Elektrodenwechslerplätze zur Verfügung.	Das System steuert alle Informationsflüsse sowie die Steuerung. Der Mitarbeiter greift nur im Störfall ein.
7	Ein Elektrodenwechselsystem führt den Elektrodenwechsel vollautomatisiert durch. Es stehen dafür mehr als 60 Elektrodenwechslerplätze zur Verfügung.	Das System steuert alle Informationsflüsse sowie die Steuerung. Der Mitarbeiter ist nicht eingebunden.

Tabelle F-45 Automatisierungsstufen für die Aufbereitung des Dielektrikums bei der Senkerosion

Level of automation for the preparation of the dielectric for sink erosion

Stufe	Mechanisierung	Kognitive Unterstützung
1	Es findet keine Aufbereitung des Dielektrikums im Fertigungsmittel statt.	Der Mitarbeiter entscheidet nach eigenem Ermessen, bei welcher Leitfähigkeit das Dielektrikum ausgetauscht wird.
2		Eine Anzeige der Leitfähigkeit gibt Auskunft darüber, wann eine kritische Leitfähigkeit erreicht ist und das Dielektrikum ausgetauscht werden muss.
3		

4	Das Fertigungsmittel verfügt über eine (integrierte) Deionisierung oder Filterung des Dielektrikums.	Eine Regelelektronik sorgt für die regelmäßige Zufuhr von frischem Dielektrikum.
5		
6		Das Dielektrikum wird während des Betriebs kontinuierlich gefiltert oder deionisiert.
7	Das Fertigungsmittel verfügt über eine (integrierte) Deionisierung und Filterung des Dielektrikums.	Das Dielektrikum wird während des Betriebs kontinuierlich gefiltert und deionisiert.

Tabelle F-46 Automatisierungsstufen für die Tankhandhabung bei der Senkerosion

Level of automation for tank handling for sink erosion

Stufe	Mechanisierung	Kognitive Unterstützung
1	Das Dielektrikum muss zwischen jeder Bearbeitung ab- und hineingepumpt werden.	Der Mitarbeiter entscheidet eigenständig, wann Dielektrikum aus dem Arbeitstank ab- oder hineingepumpt wird.
2		Es liegen Informationen zum Ab- oder Hineinpumpen des Dielektrikums vor.
3		Anhand von Arbeitsanweisungen (z. B. Checkliste) weiß der Mitarbeiter, wann Dielektrikum ab- oder hineingepumpt werden muss.
4		
5		Durch eine Technologie wird dem Mitarbeiter ein Signal gegeben, das auf das Ab- oder Hineinpumpen des Dielektrikums aufmerksam macht.
6		
7	Das Fertigungsmittel verfügt über einen absenkbaren Arbeitstank, sodass zwischen Bearbeitungen kein Ab- und Einpumpten des Dielektrikums stattfinden muss.	Die Technologie übernimmt die Steuerung des Ab- und Hineinpumpens des Dielektrikums vollständig. Der Mitarbeiter ist nicht beteiligt.

F.12 Wärmebehandlung

Heat treatment

Wärmebehandlung mittels Ofen	Gewichtung [%]	Fördern	Speichern	Werkstückträger beladen	Zuführen	Wärmebehandlung	Abführen		
Mannlose Nutzung	25%	◔	◔	◑	◑	◑	◑		
Hauptzeiten	30%	●	●	●	●	●	●		
Rüst- und Nebenzeiten	20%	◑	◔	◔	◔	◑	◔		
Mitarbeiterbez. Größen	25%	●	◑	◑	◕	◑	◕		
Gewichtungsfaktor [%]		16,0%	9,6%	15,4%	18,6%	21,8%	18,6%		

Abbildung F-11: Gewichtung der Sub-Tasks für die Wärmebehandlung

Weighting of the sub-tasks for heat treatment

Tabelle F-47 Automatisierungsstufen für die Beladung des Werkstückträgers bei der Wärmebehandlung

Level of automation for loading the workpiece pallet for heat treatment

Stufe	Mechanisierung	Kognitive Unterstützung
1	Ein Mitarbeiter belädt den Werkzeugträger manuell.	Der Mitarbeiter entscheidet eigenständig, wo das Werkstück gelagert werden soll.
2		
3	Ein Mitarbeiter belädt den Werkzeugträger und nutzt dabei Hilfsmittel (z. B. Hallenkran).	Dem Mitarbeiter liegen Informationen darüber vor, die den Speicherbereich des Werkstücks vorgeben.
4		
5		Dem Mitarbeiter liegen Informationen darüber vor, die die genaue Speicherposition des Werkstücks vorgeben.
6		
7	Der Werkstückträger wird automatisiert beladen.	Ein Identifikationssystem sorgt dafür, dass die Lagerposition des Werkstücks eindeutig zugeordnet werden kann.

Tabelle F-48 Automatisierungsstufen für die Wärmebehandlung mittels Ofen

Level of automation for heat treatment using furnace

Stufe	Mechanisierung	Kognitive Unterstützung
1	Der Mitarbeiter bedient den Ofen zur Wärmebehandlung.	Alle Informationsflüsse sowie die Steuerung des Bearbeitungsvorgangs werden vom Mitarbeiter abgewickelt.
2		Der Mitarbeiter erhält Anweisungen zur Bauteilbearbeitung.
3		Eine Checkliste gibt vor, wie die Bauteilbearbeitung ablaufen soll.
4		
5		Das Fertigungsmittel erfordert den Input des Mitarbeiters (z. B. Start es Bearbeitungsvorgangs).
6		Das Fertigungsmittel führt die Steuerung des Bearbeitungsvorgangs eigenständig durch. Der Mitarbeiter greift bei Störungen ein.
7	Der Ofen führt die Wärmebehandlung vollautomatisiert und prozessstabil durch.	Das Fertigungsmittel führt die Steuerung des Bearbeitungsvorgangs eigenständig durch. Ein Eingreifen des Mitarbeiters ist nicht vorgesehen.

F.13 Abrasivstrahlen

Abrasive blasting

Abrasivstrahlen	Gewichtung [%]	Fördern	Speichern	Werkstückträger beladen	Zuführen	Bauteilbearbeitung	Abführen	Handhabung Abrasivmittel	
Mannlose Nutzung	25%	◔	◔	◑	◑	●	◑	◑	
Hauptzeiten	30%	●	●	●	●	●	●	●	
Rüst- und Nebenzeiten	20%	◑	◔	◔	◔	◔	◔	◔	
Mitarbeiterbez. Größen	25%	●	◑	◔	◕	◑	◕	◔	
Gewichtungsfaktor [%]		13,8%	8,3%	10,5%	16,0%	29,8%	16,0%	5,6%	

Abbildung F-12: Gewichtung der Sub-Tasks für das Abrasivstrahlen

Weighting of the sub-tasks for abrasive blasting

Tabelle F-49 Automatisierungsstufen für die Beladung des Werkstückträgers beim Abrasivstrahlen

Level of automation for loading the workpiece pallet for abrasive blasting

Stufe	Mechanisierung	Kognitive Unterstützung
1	Ein Mitarbeiter belädt den Werkzeugträger manuell.	Der Mitarbeiter entscheidet eigenständig, wo das Werkstück gelagert werden soll.
2		
3	Ein Mitarbeiter belädt den Werkzeugträger und nutzt dabei Hilfsmittel (z. B. Hallenkran).	Dem Mitarbeiter liegen Informationen darüber vor, die den Speicherbereich des Werkstücks vorgeben.
4		
5		Dem Mitarbeiter liegen Informationen darüber vor, die die genaue Speicherposition des Werkstücks vorgeben.
6		
7	Der Werkstückträger wird automatisiert beladen.	Ein Identifikationssystem sorgt dafür, dass die Lagerposition des Werkstücks eindeutig zugeordnet werden kann.

Tabelle F-50 Automatisierungsstufen für die Bauteilbearbeitung beim Abrasivstrahlen

Level of automation for component machining for abrasive blasting

Stufe	Mechanisierung	Kognitive Unterstützung
1	Das Fertigungsmittel wird während der Bauteilbearbeitung von einem Mitarbeiter bedient.	Alle Informationsflüsse sowie die Steuerung des Bearbeitungsvorgangs werden vom Mitarbeiter abgewickelt.
2		Der Mitarbeiter erhält Anweisungen zur Bauteilbearbeitung.
3	Die Bauteilbearbeitung erfolgt automatisiert. Die Position der Werkstücke wird während der Bearbeitung durch einen Mitarbeiter variiert.	Eine Checkliste gibt vor, wie die Bauteilbearbeitung ablaufen soll.
4		
5		Das Fertigungsmittel erfordert den Input des Mitarbeiters (z. B. Start es Bearbeitungsvorgangs).
6		Das Fertigungsmittel führt die Steuerung des Bearbeitungsvorgangs eigenständig durch. Der Mitarbeiter greift bei Störungen ein.
7	Das Fertigungsmittel führt die Bauteilbearbeitung eigenständig und prozessstabil durch.	Das Fertigungsmittel führt die Steuerung des Bearbeitungsvorgangs eigenständig durch. Ein Eingreifen des Mitarbeiters ist nicht vorgesehen.

Tabelle F-51 Automatisierungsstufen für die Handhabung vom Abrasivmedium beim Abrasivstrahlen

Level of automation for the handling of abrasive medium for abrasive blasting

Stufe	Mechanisierung	Kognitive Unterstützung
1	Der Mitarbeit führt das Abrasivmedium eigenständig zu.	Der Mitarbeiter entscheidet eigenständig über die Vorgehensweise zum Zugeben von Abrasivmedium.
2		
3		Der Mitarbeiter erhält Informationen zum Hinzugeben von Abrasivmedium.
4		
5		Der Mitarbeit wird durch ein Signal auf das Hinzugeben von Abrasivmedium hingewiesen.
6		
7	Die Zufuhr von Abrasivmedium wird durch eine Zuführung übernommen.	Die Zufuhr von Abrasivmedium wird durch die Automatisierungstechnologie gesteuert. Ein Eingreifen des Mitarbeiters ist nicht vorgesehen.

F.14 Polieren

Polishing

Polieren (I/II)	Gewichtung [%]	Fördern	Speichern	Zuführen	Spannen	Position messen	Bauteilbearbeitung	Werkzeugwechsel	Umspannen
Mannlose Nutzung	25%	◔	◔	◑	◕	◑	●	◑	◑
Hauptzeiten	30%	●	●	●	●	◑	●	●	◔
Rüst- und Nebenzeiten	20%	◑	◔	◔	●	◑	◑	●	◔
Mitarbeiterbez. Größen	25%	●	◑	◕	◔	◔	◑	◔	◔
Gewichtungsfaktor [%]		7,7%	4,6%	9,0%	11,1%	8,3%	16,7%	9,6%	7,7%

Polieren (II/II)	Gewichtung [%]	Entspannen	Abführen	Handhabung Prozessmedien					
Mannlose Nutzung	25%	◕	◑	●					
Hauptzeiten	30%	●	●	●					
Rüst- und Nebenzeiten	20%	◑	◔	◕					
Mitarbeiterbez. Größen	25%	◔	◕	◔					
Gewichtungsfaktor [%]		8,6%	9,0%	7,7%					

Abbildung F-13: Gewichtung der Sub-Tasks für das Polieren
Weighting of the sub-tasks for polishing

Tabelle F-52 Automatisierungsstufen für die Bauteilbearbeitung beim Polieren
Level of automation for component machining for polishing

Stufe	Mechanisierung	Kognitive Unterstützung
1	Die Bauteilbearbeitung erfolgt manuell. Dabei bestimmt der Mitarbeiter über den angewendeten Druck und die Drehzahl.	Alle Informationsflüsse sowie die Steuerung des Bearbeitungsvorgangs werden vom Mitarbeiter abgewickelt.
2		Der Mitarbeiter erhält Anweisungen zur Bauteilbearbeitung.
3	Das Fertigungsmittel wird während der Bauteilbearbeitung von einem Mitarbeiter bedient. Dabei kann der Mitarbeiter bei gegebener Drehzahl den Druck variieren.	Eine Checkliste gibt vor, wie die Bauteilbearbeitung ablaufen soll.

4		
5		Das Fertigungsmittel erfordert den Input des Mitarbeiters (z. B. Start es Bearbeitungsvorgangs).
6		Das Fertigungsmittel führt die Steuerung des Bearbeitungsvorgangs eigenständig durch. Der Mitarbeiter greift bei Störungen ein.
7	Das Fertigungsmittel führt die Bauteilbearbeitung eigenständig und prozessstabil durch.	Das Fertigungsmittel führt die Steuerung des Bearbeitungsvorgangs eigenständig durch. Ein Eingreifen des Mitarbeiters ist nicht vorgesehen.

Tabelle F-53 Automatisierungsstufen für den Werkzeugwechsel beim Polieren
Level of automation for tool change for polishing

Stufe	Mechanisierung	Kognitive Unterstützung
1	Der Mitarbeiter führt den Werkzeugwechsel manuell durch. Die Werkzeugaufnahme verbleibt im Fertigungsmittel.	Der Mitarbeiter entscheidet aus eigener Erfahrung und eigenem Wissen über die Durchführung des Werkzeugwechsels.
2	Der Mitarbeiter führt den Werkzeugwechsel manuell durch. Die Werkzeugaufnahme wird hauptzeitparallel vorbereitet.	Der Mitarbeiter erhält Anweisungen zur Durchführung des Werkzeugwechsels.
3		Eine Checkliste gibt dem Mitarbeiter Informationen zur Durchführung des Werkzeugwechsels.
4		
5	Ein integriertes Bearbeitungswerkzeugwechselsystem führt den Werkzeugwechsel vollautomatisiert durch. Es stehen dafür weniger als 10 Bearbeitungswerkzeugwechslerplätze zur Verfügung.	Der Mitarbeiter überwacht den Werkzeugwechsel, um bei Störungen eingreifen zu können.
6	Ein integriertes Bearbeitungswerkzeugwechselsystem führt den Werkzeugwechsel vollautomatisiert durch. Es stehen dafür mehr als 10 Bearbeitungswerkzeugwechslerplätze zur Verfügung.	Das System steuert alle Informationsflüsse sowie die Steuerung. Der Mitarbeiter greift nur im Störfall ein.
7	Ein integriertes Bearbeitungswerkzeugwechselsystem führt den Werkzeugwechsel vollautomatisiert durch. Es stehen dafür mehr als 30 Bearbeitungswerkzeugwechslerplätze zur Verfügung.	Das System steuert alle Informationsflüsse sowie die Steuerung. Der Mitarbeiter ist nicht eingebunden.

Tabelle F-54 Automatisierungsstufen für die Handhabung der Prozessmedien beim Polieren
Level of automation for handling the process media for polishing

Stufe	Mechanisierung	Kognitive Unterstützung
1	Der Mitarbeit führt Prozessmedien (z. B. Polierpaste) eigenständig zu.	Der Mitarbeiter entscheidet eigenständig über die Vorgehensweise zum Zugeben von Prozessmedien.
2		
3		Der Mitarbeiter erhält Informationen zum Hinzugeben von Prozessmedien.
4		

5		Der Mitarbeit wird durch ein Signal auf das Hinzugeben von Prozessmedien hingewiesen.
6		
7	Die Zufuhr von Prozessmedien wird durch eine Zuführung übernommen.	Die Zufuhr von Prozessmedien wird durch die Automatisierungstechnologie gesteuert. Ein Eingreifen des Mitarbeiters ist nicht vorgesehen.

F.15 Kinematische Entpulverung

Kinematic depowdering

Kinematische Entpulverung	Gewichtung [%]	Fördern	Speichern	Zuführen	Spannen	Pulverentfernung	Entspannen	Abführen	
Mannlose Nutzung	25%	◔	◔	◑	◕	●	◕	◑	
Hauptzeiten	30%	●	●	●	●	●	●	●	
Rüst- und Nebenzeiten	20%	◑	◔	◔	●	◔	◑	◔	
Mitarbeiterbez. Größen	25%	●	◑	◕	◔	◑	◔	◕	
Gewichtungsfaktor [%]		11,6%	6,9%	13,4%	16,7%	25,0%	13,0%	13,4%	

Abbildung F-14: Gewichtung der Sub-Tasks für die kinematische Entpulverung
Weighting of the sub-tasks for kinematic depowdering

Tabelle F-55 Automatisierungsstufen für die Pulverentfernung bei der kinematischen Entpulverung
Level of automation for powder removal for kinematic depowdering

Stufe	Mechanisierung	Kognitive Unterstützung
1	Ein Mitarbeiter führt die Pulverentfernung mit einem Handwerkzeug (z. B. Bürste) durch.	Alle Informationsflüsse sowie die Steuerung der Pulverentfernung werden vom Mitarbeiter abgewickelt.
2		Der Mitarbeiter erhält Anweisungen zur Pulverentfernung.
3	Eine Rüttelplatte wird zur Pulverentfernung eingesetzt. Überschüssiges Pulver entfernt ein Mitarbeiter.	Eine Checkliste gibt vor, wie die Pulverentfernung ablaufen soll.
4		
5	Eine mehrachsige Vorrichtung sorgt für die Pulverentfernung. Mitarbeiter können bei Bedarf mit einem Handwerkzeug die Pulverentfernung unterstützen.	Das Fertigungsmittel erfordert den Input des Mitarbeiters.
6	Eine mehrachsige Vorrichtung sorgt für die Pulverentfernung. Mitarbeiter können bei Bedarf mit	

	Inertgas oder Druckluft die Pulverentfernung unterstützen.	
7	Die Pulverentfernung wird vollautomatisiert und prozessstabil durchgeführt.	Das Fertigungsmittel führt die Steuerung der Pulverentfernung eigenständig durch. Ein Eingreifen des Mitarbeiters ist nicht vorgesehen.

F.16 Vakuumreinigung

Vacuum cleaning

Vakuumreinigung	Gewichtung [%]	Fördern	Speichern	Zuführen	Reinigung	Abführen			
Mannlose Nutzung	25%	◔	◔	◔	●	◔			
Hauptzeiten	30%	●	●	●	●	●			
Rüst- und Nebenzeiten	20%	◑	◔	◔	●	◔			
Mitarbeiterbez. Größen	25%	●	◑	◔	◑	◔			
Gewichtungsfaktor [%]		20,7%	11,6%	11,6%	44,5%	11,6%			

Abbildung F-15: Gewichtung der Sub-Tasks für die Vakuumreinigung
Weighting of the sub-tasks for vacuum cleaning

Tabelle F-56 Automatisierungsstufen für die Reinigung bei der Vakuumreinigung
Level of automation for cleaning for vacuum cleaning

Stufe	Mechanisierung	Kognitive Unterstützung
1	Ein Mitarbeiter entfernt mit einer Saugvorrichtung das überschüssige Pulver vom Bauteil.	Alle Informationsflüsse sowie die Steuerung der Pulverentfernung werden vom Mitarbeiter abgewickelt.
2		Der Mitarbeiter erhält Anweisungen zur Pulverentfernung.
3		Eine Checkliste gibt vor, wie die Pulverentfernung ablaufen soll.
4	Eine teilautomatisierte Saugvorrichtung entfernt einen Teil des Pulvers. Das verbleibende Pulver wird in einem weiteren Schritt von einem Mitarbeiter entfernt.	
5		Das Fertigungsmittel erfordert den Input des Mitarbeiters.
6		
7	Eine automatisierte Saugvorrichtung übernimmt die prozessstabile Entfernung von überschüssigem Pulver.	Das Fertigungsmittel führt die Steuerung der Pulverentfernung eigenständig durch. Ein Eingreifen des Mitarbeiters ist nicht vorgesehen.

G Mathematische Beschreibung der Technologien

Mathematical description of the technologies

G.1 LPBF

LPBF

Mathematische Berechnung der mechanischen Automatisierungsstufe für LPBF:

$LOA_{m,lpbf} = g_{lpbf,f} * LOA_{m,lpbf,f} + g_{lpbf,sp} * LOA_{m,lpbf,sp} + g_{lpbf,z} * LOA_{m,lpbf,z} + g_{lpbf,spa} * LOA_{m,lpbf,spa} + g_{lpbf,pa} * LOA_{m,lpbf,pa} + g_{lpbf,ap} * LOA_{m,lpbf,ap} + g_{lpbf,ps} * LOA_{m,lpbf,ps} + g_{lpbf,br} * LOA_{m,lpbf,br} + g_{lpbf,e} * LOA_{m,lpbf,e} + g_{lpbf,a} * LOA_{m,lpbf,a} + g_{lpbf,hpm} * LOA_{m,lpbf,hpm}$

Mathematische Berechnung der kognitiven Automatisierungsstufe für LPBF:

$LOA_{k,lpbf} = g_{lpbf,f} * LOA_{k,lpbf,f} + g_{lpbf,sp} * LOA_{k,lpbf,sp} + g_{lpbf,z} * LOA_{k,lpbf,z} + g_{lpbf,spa} * LOA_{k,lpbf,spa} + g_{lpbf,pa} * LOA_{k,lpbf,pa} + g_{lpbf,ap} * LOA_{k,lpbf,ap} + g_{lpbf,ps} * LOA_{k,lpbf,ps} + g_{lpbf,br} * LOA_{k,lpbf,br} + g_{lpbf,e} * LOA_{k,lpbf,e} + g_{lpbf,a} * LOA_{k,lpbf,a} + g_{lpbf,hpm} * LOA_{k,lpbf,hpm}$

Gewichtungsfaktoren der Sub-Tasks $g_{lpbf,i}$ (vgl. Abbildung F-1):

$g_{lpbf,f} = 0{,}065$ $g_{lpbf,sp} = 0{,}039$ $g_{lpbf,z} = 0{,}076$ $g_{lpbf,spa} = 0{,}094$

$g_{lpbf,pa} = 0{,}123$ $g_{lpbf,ap} = 0{,}128$ $g_{lpbf,ps} = 0{,}133$ $g_{lpbf,br} = 0{,}107$

$g_{lpbf,e} = 0{,}073$ $g_{lpbf,a} = 0{,}076$ $g_{lpbf,hpm} = 0{,}086$

Definitionsmengen für mechanische Automatisierungsstufen $D_{LOA_{m,lpbf,i}}$:

$D_{LOA_{m,lpbf,f}} = \{LOA_{m,lpbf,f} \in \mathbb{N} \mid 1;2;4;5;7\}$ $D_{LOA_{m,lpbf,sp}} = \{LOA_{m,lpbf,sp} \in \mathbb{N} \mid 1;2;3;4;5;6;7\}$

$D_{LOA_{m,lpbf,z}} = \{LOA_{m,lpbf,z} \in \mathbb{N} \mid 1;3;4;7\}$ $D_{LOA_{m,lpbf,spa}} = \{LOA_{m,lpbf,spa} \in \mathbb{N} \mid 1;2;4;5;7\}$

$D_{LOA_{m,lpbf,pa}} = \{LOA_{m,lpbf,pa} \in \mathbb{N} \mid 1;3;7\}$ $D_{LOA_{m,lpbf,ap}} = \{LOA_{m,lpbf,ap} \in \mathbb{N} \mid 1;7\}$

$D_{LOA_{m,lpbf,ps}} = \{LOA_{m,lpbf,ps} \in \mathbb{N} \mid 1;3;5;7\}$ $D_{LOA_{m,lpbf,br}} = \{LOA_{m,lpbf,br} \in \mathbb{N} \mid 1;3;7\}$

$D_{LOA_{m,lpbf,e}} = \{LOA_{m,lpbf,e} \in \mathbb{N} \mid 1;2;4;5;7\}$ $D_{LOA_{m,lpbf,a}} = \{LOA_{m,lpbf,a} \in \mathbb{N} \mid 1;3;4;7\}$

$D_{LOA_{m,lpbf,hpm}} = \{LOA_{m,lpbf,hpm} \in \mathbb{N} \mid 1;4;7\}$

Definitionsmengen für kognitive Automatisierungsstufen $D_{LOA_{k,lpbf,i}}$:

$D_{LOA_{k,lpbf,f}} = \{LOA_{k,lpbf,f} \in \mathbb{N} \mid 1;2;3;5;6;7\}$ $D_{LOA_{klpbf,sp}} = \{LOA_{k,lpbf,sp} \in \mathbb{N} \mid 1;3;5;7\}$

$D_{LOA_{k,lpbf,z}} = \{LOA_{k,lpbf,z} \in \mathbb{N} \mid 1;2;3;5;6;7\}$ $D_{LOA_{k,lpbf,spa}} = \{LOA_{k,lpbf,spa} \in \mathbb{N} \mid 1;2;3;5;6;7\}$

$D_{LOA_{k,lpbf,pa}} = \{LOA_{k,lpbf,pa} \in \mathbb{N} \mid 1;2;3;5;6;7\}$ $D_{LOA_{k,lpbf,ap}} = \{LOA_{k,lpbf,ap} \in \mathbb{N} \mid 1;3;5;7\}$

$D_{LOA_{k,lpbf,ps}} = \{LOA_{k,lpbf,ps} \in \mathbb{N} \mid 1;2;3;5;6;7\}$ $D_{LOA_{k,lpbf,br}} = \{LOA_{k,lpbf,br} \in \mathbb{N} \mid 1;3;5;6;7\}$

$D_{LOA_{k,lpbf,e}} = \{LOA_{k,lpbf,e} \in \mathbb{N} \mid 1;2;3;5;6;7\}$ $D_{LOA_{k,lpbf,a}} = \{LOA_{k,lpbf,a} \in \mathbb{N} \mid 1;2;3;5;6;7\}$

$D_{LOA_{k,lpbf,hpm}} = \{LOA_{k,lpbf,hpm} \in \mathbb{N} \mid 1;3;5;7\}$

Benennung der Indizes:

f → Fördern ; sp → Speichern; z → Zuführen; spa → Spannen; pa → Pulveraufbereitung

ap → Additiver Prozess; ps → Pulverabsaugung; br → Bauraumreinigung

e → Entspannen; a → Abführen; hpm → Prozessmedien handhaben

G.2 Sägen

Sawing

Mathematische Berechnung der mechanischen Automatisierungsstufe für das Sägen (s):

$LOA_{m,s} = g_{s,f} * LOA_{m,s,f} + g_{s,sp} * LOA_{m,s,sp} + g_{s,z} * LOA_{m,s,z} + g_{s,spa} * LOA_{m,s,spa} + g_{s,b} * LOA_{m,s,b} + g_{s,e} * LOA_{m,s,e} + g_{s,a} * LOA_{m,s,a} + g_{s,abs} * LOA_{m,s,abs}$

Mathematische Berechnung der kognitiven Automatisierungsstufe für das Sägen:

$LOA_{m,s} = g_{s,f} * LOA_{k,s,f} + g_{s,sp} * LOA_{k,s,sp} + g_{s,z} * LOA_{k,s,z} + g_{s,spa} * LOA_{k,s,spa} + g_{s,b} * LOA_{k,s,b} + g_{s,e} * LOA_{k,s,e} + g_{s,a} * LOA_{k,s,a} + g_{s,abs} * LOA_{k,s,abs}$

Gewichtungsfaktoren der Sub-Tasks $g_{s,i}$ (vgl. Abbildung F-2):

$g_{s,f} = 0{,}107$ $g_{s,sp} = 0{,}064$ $g_{s,z} = 0{,}124$ $g_{s,spa} = 0{,}132$

$g_{s,b} = 0{,}231$ $g_{s,e} = 0{,}098$ $g_{s,a} = 0{,}124$ $g_{s,abs} = 0{,}12$

Definitionsmengen für mechanische Automatisierungsstufen $D_{LOA_{m,s,i}}$:

$D_{LOA_{m,s,f}} = \{LOA_{m,s,f} \in \mathbb{N} \mid 1;2;4;5;7\}$ $D_{LOA_{m,s,sp}} = \{LOA_{m,s,sp} \in \mathbb{N} \mid 1;2;3;4;5;6;7\}$

$D_{LOA_{m,s,z}} = \{LOA_{m,s,z} \in \mathbb{N} \mid 1;3;4;7\}$ $D_{LOA_{m,s,spa}} = \{LOA_{m,s,spa} \in \mathbb{N} \mid 1;2;4;5;7\}$

$D_{LOA_{m,s,b}} = \{LOA_{m,s,b} \in \mathbb{N} \mid 1;7\}$ $D_{LOA_{m,s,e}} = \{LOA_{m,s,e} \in \mathbb{N} \mid 1;2;4;5;7\}$

$D_{LOA_{m,s,a}} = \{LOA_{m,s,a} \in \mathbb{N} \mid 1;3;4;7\}$ $D_{LOA_{m,s,abs}} = \{LOA_{m,s,abs} \in \mathbb{N} \mid 1;3;7\}$

Definitionsmengen für kognitive Automatisierungsstufen $D_{LOA_{k,s,i}}$:

$D_{LOA_{k,s,f}} = \{LOA_{k,s,f} \in \mathbb{N} \mid 1;2;3;5;6;7\}$ $D_{LOA_{k,s,sp}} = \{LOA_{k,s,sp} \in \mathbb{N} \mid 1;3;5;7\}$

$D_{LOA_{k,s,z}} = \{LOA_{k,s,z} \in \mathbb{N} \mid 1;2;3;5;6;7\}$ $D_{LOA_{k,s,spa}} = \{LOA_{k,s,spa} \in \mathbb{N} \mid 1;2;3;5;6;7\}$

$D_{LOA_{k,s,b}} = \{LOA_{k,s,b} \in \mathbb{N} \mid 1;2;3;5;6;7\}$ $D_{LOA_{k,s,e}} = \{LOA_{k,s,e} \in \mathbb{N} \mid 1;2;3;5;6;7\}$

$D_{LOA_{k,s,a}} = \{LOA_{k,s,a} \in \mathbb{N} \mid 1;2;3;5;6;7\}$ $D_{LOA_{k,s,abs}} = \{LOA_{k,s,abs} \in \mathbb{N} \mid 1;2;3;5;7\}$

Benennung der Indizes:

f → Fördern ; sp → Speichern; z → Zuführen; spa → Spannen

b → Werkstückbearbeitung; e → Entspannen; a → Abführen; abs → Absaugen

G.3 Fräsen

Milling

Mathematische Berechnung der mechanischen Automatisierungsstufe für das Fräsen (f):

$$LOA_{m,f} = g_{f,f} * LOA_{m,f,f} + g_{f,sp} * LOA_{m,f,sp} + g_{f,z} * LOA_{m,f,z} + g_{f,spa} * LOA_{m,f,spa} + g_{f,pm} * LOA_{m,f,pm} + g_{f,b} * LOA_{m,f,b} + g_{f,w} * LOA_{m,f,w} + g_{f,um} * LOA_{m,f,um} + g_{f,spf} * LOA_{m,f,spf} + g_{f,wm} * LOA_{m,f,wm} + g_{f,kss} * LOA_{m,f,kss} + g_{f,e} * LOA_{m,f,e} + g_{f,a} * LOA_{m,f,a}$$

Mathematische Berechnung der kognitiven Automatisierungsstufe für das Fräsen:

$$LOA_{k,f} = g_{f,f} * LOA_{k,f,f} + g_{f,sp} * LOA_{k,f,sp} + g_{f,z} * LOA_{k,f,z} + g_{f,spa} * LOA_{k,f,spa} + g_{f,pm} * LOA_{k,f,pm} + g_{f,b} * LOA_{k,f,b} + g_{f,w} * LOA_{k,f,w} + g_{f,um} * LOA_{k,f,um} + g_{f,spf} * LOA_{k,f,spf} + g_{f,wm} * LOA_{k,f,wm} + g_{f,kss} * LOA_{k,f,kss} + g_{f,e} * LOA_{k,f,e} + g_{f,a} * LOA_{k,f,a}$$

Gewichtungsfaktoren der Sub-Tasks $g_{f,i}$ (vgl. Abbildung F-3):

$g_{f,f} = 0{,}068$ $g_{f,sp} = 0{,}041$ $g_{f,z} = 0{,}079$ $g_{f,spa} = 0{,}100$

$g_{f,pm} = 0{,}074$ $g_{f,b} = 0{,}149$ $g_{f,w} = 0{,}085$ $g_{f,um} = 0{,}068$

$g_{f,spf} = 0{,}090$ $g_{f,wm} = 0{,}063$ $g_{f,kss} = 0{,}027$ $g_{f,e} = 0{,}077$

$g_{f,a} = 0{,}079$

Definitionsmengen für mechanische Automatisierungsstufen $D_{LOA_{m,f,i}}$:

$D_{LOA_{m,f,f}} = \{LOA_{m,f,f} \in \mathbb{N} \mid 1;2;4;5;7\}$ $D_{LOA_{m,f,sp}} = \{LOA_{m,f,sp} \in \mathbb{N} \mid 1;2;3;4;5;6;7\}$

$D_{LOA_{m,f,z}} = \{LOA_{m,f,z} \in \mathbb{N} \mid 1;3;4;7\}$ $D_{LOA_{m,f,spa}} = \{LOA_{m,f,spa} \in \mathbb{N} \mid 1;2;4;5;7\}$

$D_{LOA_{m,f,pm}} = \{LOA_{m,f,pm} \in \mathbb{N} \mid 1;2;5;7\}$ $D_{LOA_{m,f,b}} = \{LOA_{m,f,b} \in \mathbb{N} \mid 1;7\}$

$D_{LOA_{m,f,w}} = \{LOA_{m,f,w} \in \mathbb{N} \mid 1;2;5;6;7\}$ $D_{LOA_{m,f,um}} = \{LOA_{m,f,um} \in \mathbb{N} \mid 1;2;4;5;7\}$

$D_{LOA_{m,f,spf}} = \{LOA_{m,f,spf} \in \mathbb{N} \mid 1;3;6;7\}$ $D_{LOA_{m,f,wm}} = \{LOA_{m,f,wm} \in \mathbb{N} \mid 1;2;5;7\}$

$D_{LOA_{m,f,kss}} = \{LOA_{m,f,kss} \in \mathbb{N} \mid 1;2;7\}$ $D_{LOA_{m,f,e}} = \{LOA_{m,f,e} \in \mathbb{N} \mid 1;2;4;5;7\}$

$D_{LOA_{m,f,a}} = \{LOA_{m,f,a} \in \mathbb{N} \mid 1;3;4;7\}$

Definitionsmengen für kognitive Automatisierungsstufen $D_{LOA_{k,f,i}}$:

$D_{LOA_{k,f,f}} = \{LOA_{k,f,f} \in \mathbb{N} \mid 1;2;3;5;6;7\}$ $D_{LOA_{k,f,sp}} = \{LOA_{k,f,sp} \in \mathbb{N} \mid 1;3;5;7\}$

$D_{LOA_{k,f,z}} = \{LOA_{k,f,z} \in \mathbb{N} \mid 1;2;3;5;6;7\}$ $D_{LOA_{k,f,spa}} = \{LOA_{k,f,spa} \in \mathbb{N} \mid 1;2;3;5;6;7\}$

$D_{LOA_{k,f,pm}} = \{LOA_{k,f,pm} \in \mathbb{N} \mid 1;2;3;5;6;7\}$ $D_{LOA_{k,f,b}} = \{LOA_{k,f,b} \in \mathbb{N} \mid 1;2;3;5;6;7\}$

$D_{LOA_{k,f,w}} = \{LOA_{k,f,w} \in \mathbb{N} \mid 1;2;3;5;6;7\}$ $D_{LOA_{k,f,um}} = \{LOA_{k,f,um} \in \mathbb{N} \mid 1;2;3;5;6;7\}$

$D_{LOA_{k,f,spf}} = \{LOA_{k,f,spf} \in \mathbb{N} \mid 1;2;3;5;7\}$ $D_{LOA_{k,f,wm}} = \{LOA_{k,f,wm} \in \mathbb{N} \mid 1;2;3;5;6;7\}$

$D_{LOA_{k,f,kss}} = \{LOA_{k,f,kss} \in \mathbb{N} \mid 1;3;5;7\}$ $D_{LOA_{k,f,e}} = \{LOA_{k,f,e} \in \mathbb{N} \mid 1;2;3;5;6;7\}$

$D_{LOA_{k,f,a}} = \{LOA_{k,f,a} \in \mathbb{N} \mid 1;2;3;5;6;7\}$

Benennung der Indizes:

f → Fördern ; sp → Speichern; z → Zuführen; spa → Spannen; pm → Position messen

b → Werkstückbearbeitung; w → Werkzeugwechsel; um → Umspannen

spf → Späneförderer; wm → Werkzeug messen; kss → Kühlschmierstoff zuführen

e → Entspannen; a → Abführen

G.4 Drehen

Turning

Mathematische Berechnung der mechanischen Automatisierungsstufe für das Drehen (d):

$LOA_{m,d} = g_{d,f} * LOA_{m,d,f} + g_{d,sp} * LOA_{m,d,sp} + g_{d,z} * LOA_{m,d,z} + g_{d,spa} * LOA_{m,d,spa} + g_{d,pm} * LOA_{m,d,pm} + g_{d,b} * LOA_{m,d,b} + g_{d,w} * LOA_{m,d,w} + g_{d,um} * LOA_{m,d,um} + g_{d,spf} * LOA_{m,d,spf} + g_{d,stf} * LOA_{m,d,stf} + g_{d,wm} * LOA_{m,d,wm} + g_{d,kss} * LOA_{m,d,kss} + g_{d,e} * LOA_{m,d,e} + g_{d,a} * LOA_{m,d,a}$

Mathematische Berechnung der kognitiven Automatisierungsstufe für das Drehen:

$LOA_{k,d} = g_{d,f} * LOA_{k,d,f} + g_{d,sp} * LOA_{k,d,sp} + g_{d,z} * LOA_{k,d,z} + g_{d,spa} * LOA_{k,d,spa} + g_{d,pm} * LOA_{k,d,pm} + g_{d,b} * LOA_{k,d,b} + g_{d,w} * LOA_{k,d,w} + g_{d,um} * LOA_{k,d,um} + g_{d,spf} * LOA_{k,d,spf} + g_{d,stf} * LOA_{k,d,stf} + g_{d,wm} * LOA_{k,d,wm} + g_{d,kss} * LOA_{k,d,kss} + g_{d,e} * LOA_{k,d,e} + g_{d,a} * LOA_{k,d,a}$

Gewichtungsfaktoren der Sub-Tasks $g_{w,i}$ (vgl. Abbildung F-4):

$g_{d,f} = 0{,}068$ $g_{d,sp} = 0{,}041$ $g_{d,z} = 0{,}079$ $g_{d,spa} = 0{,}100$

$g_{d,pm} = 0{,}074$ $g_{d,b} = 0{,}149$ $g_{d,w} = 0{,}074$ $g_{d,um} = 0{,}052$

$g_{d,spf} = 0{,}090$ $g_{d,stf} = 0{,}027$ $g_{d,wm} = 0{,}063$ $g_{d,kss} = 0{,}027$

$g_{d,e} = 0{,}077$ $g_{d,a} = 0{,}079$

Definitionsmengen für mechanische Automatisierungsstufen $D_{LOA_{m,d,i}}$:

$D_{LOA_{m,d,f}} = \{LOA_{m,d,f} \in \mathbb{N} \mid 1;2;4;5;7\}$ $D_{LOA_{m,d,sp}} = \{LOA_{m,d,sp} \in \mathbb{N} \mid 1;2;3;4;5;6;7\}$

$D_{LOA_{m,d,z}} = \{LOA_{m,d,z} \in \mathbb{N} \mid 1;3;4;7\}$ $D_{LOA_{m,d,spa}} = \{LOA_{m,d,spa} \in \mathbb{N} \mid 1;2;4;5;7\}$

$D_{LOA_{m,d,pm}} = \{LOA_{m,d,pm} \in \mathbb{N} \mid 1;2;5;7\}$ $D_{LOA_{m,d,b}} = \{LOA_{m,d,b} \in \mathbb{N} \mid 1;7\}$

$D_{LOA_{m,d,w}} = \{LOA_{m,d,w} \in \mathbb{N} \mid 1;2;5;6;7\}$ $D_{LOA_{m,d,um}} = \{LOA_{m,d,um} \in \mathbb{N} \mid 1;2;4;5;7\}$

$D_{LOA_{m,d,spf}} = \{LOA_{m,d,spf} \in \mathbb{N} \mid 1;3;6;7\}$ $D_{LOA_{m,d,stf}} = \{LOA_{m,d,stf} \in \mathbb{N} \mid 1;3;7\}$

$D_{LOA_{m,d,wm}} = \{LOA_{m,d,wm} \in \mathbb{N} \mid 1;2;5;7\}$ $D_{LOA_{m,d,kss}} = \{LOA_{m,d,kss} \in \mathbb{N} \mid 1;2;7\}$

$D_{LOA_{m,d,e}} = \{LOA_{m,d,e} \in \mathbb{N} \mid 1;2;4;5;7\}$ $D_{LOA_{m,d,a}} = \{LOA_{m,d,a} \in \mathbb{N} \mid 1;3;4;7\}$

Definitionsmengen für kognitive Automatisierungsstufen $D_{LOA_{k,d,i}}$:

$D_{LOA_{k,d,f}} = \{LOA_{k,d,f} \in \mathbb{N} \mid 1;2;3;5;6;7\}$ $D_{LOA_{k,d,sp}} = \{LOA_{k,d,sp} \in \mathbb{N} \mid 1;3;5;7\}$

$D_{LOA_{k,d,z}} = \{LOA_{k,d,z} \in \mathbb{N} \mid 1;2;3;5;6;7\}$ $D_{LOA_{k,d,spa}} = \{LOA_{k,d,spa} \in \mathbb{N} \mid 1;2;3;5;6;7\}$

$D_{LOA_{k,d,pm}} = \{LOA_{k,d,pm} \in \mathbb{N} \mid 1;2;3;5;6;7\}$ $D_{LOA_{k,d,b}} = \{LOA_{k,d,b} \in \mathbb{N} \mid 1;2;3;5;6;7\}$

$D_{LOA_{k,d,w}} = \{LOA_{k,d,w} \in \mathbb{N} \mid 1;2;3;5;6;7\}$ $D_{LOA_{k,d,um}} = \{LOA_{k,d,um} \in \mathbb{N} \mid 1;2;3;5;6;7\}$

$D_{LOA_{k,d,spf}} = \{LOA_{k,d,spf} \in \mathbb{N} \mid 1;2;3;5;7\}$ $D_{LOA_{k,d,stf}} = \{LOA_{k,d,stf} \in \mathbb{N} \mid 1;2;3;5;6;7\}$

$D_{LOA_{k,d,wm}} = \{LOA_{k,d,wm} \in \mathbb{N} \mid 1;2;3;5;6;7\}$ $D_{LOA_{k,d,kss}} = \{LOA_{k,d,kss} \in \mathbb{N} \mid 1;3;5;7\}$

$D_{LOA_{k,d,e}} = \{LOA_{k,d,e} \in \mathbb{N} \mid 1;2;3;5;6;7\}$ $D_{LOA_{k,d,a}} = \{LOA_{k,d,a} \in \mathbb{N} \mid 1;2;3;5;6;7\}$

Benennung der Indizes:

f → Fördern ; sp → Speichern; z → Zuführen; spa → Spannen; pm → Position messen

b → Werkstückbearbeitung; w → Werkzeugwechsel; um → Umspannen

spf → Späneförderer; stf → Stangenförderer; wm → Werkzeug messen

kss → Kühlschmierstoff zuführen; e → Entspannen; a → Abführen

G.5 Meißeln

Chiseling

Mathematische Berechnung der mechanischen Automatisierungsstufe für das Meißeln (m):

$LOA_{m,m} = g_{m,f} * LOA_{m,m,f} + g_{m,sp} * LOA_{m,m,sp} + g_{m,z} * LOA_{m,m,z} + g_{m,spa} * LOA_{m,m,spa} + g_{m,b} * LOA_{m,m,b} + g_{m,e} * LOA_{m,m,e} + g_{m,a} * LOA_{m,m,a}$

Mathematische Berechnung der kognitiven Automatisierungsstufe für das Meißeln:

$LOA_{k,m} = g_{m,f} * LOA_{k,m,f} + g_{m,sp} * LOA_{k,m,sp} + g_{m,z} * LOA_{k,m,z} + g_{m,spa} * LOA_{k,m,spa} + g_{m,b} * LOA_{k,m,b} + g_{m,e} * LOA_{k,m,e} + g_{m,a} * LOA_{k,m,a}$

Gewichtungsfaktoren der Sub-Tasks $g_{m,i}$ (vgl. Abbildung F-5):

$g_{m,f} = 0{,}124$ $g_{m,sp} = 0{,}074$ $g_{m,z} = 0{,}119$ $g_{m,spa} = 0{,}158$

$g_{m,b} = 0{,}267$ $g_{m,e} = 0{,}139$ $g_{m,a} = 0{,}119$

Definitionsmengen für mechanische Automatisierungsstufen $D_{LOA_{m,m,i}}$:

$D_{LOA_{m,m,f}} = \{LOA_{m,m,f} \in \mathbb{N} \mid 1;2;4;5;7\}$ $D_{LOA_{m,m,sp}} = \{LOA_{m,m,sp} \in \mathbb{N} \mid 1;2;3;4;5;6;7\}$

$D_{LOA_{m,m,z}} = \{LOA_{m,m,z} \in \mathbb{N} \mid 1;3;4;7\}$ $D_{LOA_{m,m,spa}} = \{LOA_{m,m,spa} \in \mathbb{N} \mid 1;2;4;5;7\}$

$D_{LOA_{m,m,b}} = \{LOA_{m,m,b} \in \mathbb{N} \mid 1;2;7\}$ $D_{LOA_{m,m,e}} = \{LOA_{m,m,e} \in \mathbb{N} \mid 1;2;4;5;7\}$

$D_{LOA_{m,m,a}} = \{LOA_{m,m,a} \in \mathbb{N} \mid 1;3;4;7\}$

Definitionsmengen für kognitive Automatisierungsstufen $D_{LOA_{k,m,i}}$:

$D_{LOA_{k,m,f}} = \{LOA_{k,m,f} \in \mathbb{N} \mid 1;2;3;5;6;7\}$ $D_{LOA_{k,m,sp}} = \{LOA_{k,m,sp} \in \mathbb{N} \mid 1;3;5;7\}$

$D_{LOA_{k,m,z}} = \{LOA_{k,m,z} \in \mathbb{N} \mid 1;2;3;5;6;7\}$ $D_{LOA_{k,m,spa}} = \{LOA_{k,m,spa} \in \mathbb{N} \mid 1;2;3;5;6;7\}$

$D_{LOA_{k,m,b}} = \{LOA_{k,m,b} \in \mathbb{N} \mid 1;2;3;5;6;7\}$ $D_{LOA_{k,m,e}} = \{LOA_{k,m,e} \in \mathbb{N} \mid 1;2;3;5;6;7\}$

$D_{LOA_{k,m,a}} = \{LOA_{k,m,a} \in \mathbb{N} \mid 1;2;3;5;6;7\}$

Benennung der Indizes:

f → Fördern ; sp → Speichern; z → Zuführen; spa → Spannen

b → Werkstückbearbeitung; e → Entspannen; a → Abführen

G.6 Koordinatenschleifen

Coordinate grinding

Mathematische Berechnung der mechanischen Automatisierungsstufe für das Koordinatenschleifen (ks):

$LOA_{m,ks} = g_{ks,f} * LOA_{m,ks,f} + g_{ks,sp} * LOA_{m,ks,sp} + g_{ks,z} * LOA_{m,ks,z} + g_{ks,spa} * LOA_{m,ks,spa} + g_{ks,pm} * LOA_{m,ks,pm} + g_{ks,b} * LOA_{m,ks,b} + g_{ks,w} * LOA_{m,ks,w} + g_{ks,um} * LOA_{m,ks,um} + g_{ks,e} * LOA_{m,ks,e} + g_{ks,a} * LOA_{m,ks,a} + g_{ks,ab} * LOA_{m,ks,ab} + g_{ks,wm} * LOA_{m,ks,wm} + g_{ks,kss} * LOA_{m,ks,kss}$

Mathematische Berechnung der kognitiven Automatisierungsstufe für das Koordinatenschleifen:

$LOA_{k,ks} = g_{ks,f} * LOA_{k,ks,f} + g_{ks,sp} * LOA_{k,ks,sp} + g_{ks,z} * LOA_{k,ks,z} + g_{ks,spa} * LOA_{k,ks,spa} + g_{ks,pm} * LOA_{k,ks,pm} + g_{ks,b} * LOA_{k,ks,b} + g_{ks,w} * LOA_{k,ks,w} + g_{ks,um} * LOA_{k,ks,um} + g_{ks,e} * LOA_{k,ks,e} + g_{ks,a} * LOA_{k,ks,a} + g_{ks,ab} * LOA_{k,ks,ab} + g_{ks,wm} * LOA_{k,ks,wm} + g_{ks,kss} * LOA_{k,ks,kss}$

Gewichtungsfaktoren der Sub-Tasks $g_{ks,i}$ (vgl. Abbildung F-6):

$g_{ks,f} = 0{,}070$ $g_{ks,sp} = 0{,}042$ $g_{ks,z} = 0{,}081$ $g_{ks,spa} = 0{,}100$

$g_{ks,pm} = 0{,}075$ $g_{ks,b} = 0{,}150$ $g_{ks,w} = 0{,}086$ $g_{ks,um} = 0{,}070$

$g_{ks,e} = 0{,}078$ $g_{ks,a} = 0{,}081$ $g_{ks,ab} = 0{,}075$ $g_{ks,wm} = 0{,}064$

$g_{ks,kss} = 0{,}028$

Definitionsmengen für mechanische Automatisierungsstufen $D_{LOA_{m,ks,i}}$:

$D_{LOA_{m,ks,f}} = \{LOA_{m,ks,f} \in \mathbb{N} \mid 1;2;4;5;7\}$ $D_{LOA_{m,ks,sp}} = \{LOA_{m,ks,sp} \in \mathbb{N} \mid 1;2;3;4;5;6;7\}$

$D_{LOA_{m,ks,z}} = \{LOA_{m,ks,z} \in \mathbb{N} \mid 1;3;4;7\}$ $D_{LOA_{m,ks,spa}} = \{LOA_{m,ks,spa} \in \mathbb{N} \mid 1;2;4;5;7\}$

$D_{LOA_{m,ks,pm}} = \{LOA_{m,ks,pm} \in \mathbb{N} \mid 1;2;3;5;6;7\}$ $D_{LOA_{m,ks,b}} = \{LOA_{m,ks,b} \in \mathbb{N} \mid 1;7\}$

$D_{LOA_{m,ks,w}} = \{LOA_{m,ks,w} \in \mathbb{N} \mid 1;2;5;6;7\}$ $D_{LOA_{m,ks,um}} = \{LOA_{m,ks,um} \in \mathbb{N} \mid 1;2;4;5;7\}$

$D_{LOA_{m,ks,e}} = \{LOA_{m,ks,e} \in \mathbb{N} \mid 1;2;4;5;7\}$ $D_{LOA_{m,ks,a}} = \{LOA_{m,ks,a} \in \mathbb{N} \mid 1;3;4;7\}$

$D_{LOA_{m,ks,ab}} = \{LOA_{m,ks,ab} \in \mathbb{N} \mid 1;3;5;7\}$ $D_{LOA_{m,ks,wm}} = \{LOA_{m,ks,wm} \in \mathbb{N} \mid 1;2;5;7\}$

$D_{LOA_{m,ks,kss}} = \{LOA_{m,ks,kss} \in \mathbb{N} \mid 1;2;7\}$

Definitionsmengen für kognitive Automatisierungsstufen $D_{LOA_{k,ks,i}}$:

$D_{LOA_{k,ks,f}} = \{LOA_{k,ks,f} \in \mathbb{N} \mid 1;2;3;5;6;7\}$

$D_{LOA_{k,ks,z}} = \{LOA_{k,ks,z} \in \mathbb{N} \mid 1;2;3;5;6;7\}$

$D_{LOA_{k,ks,pm}} = \{LOA_{k,ks,pm} \in \mathbb{N} \mid 1;2;3;5;6;7\}$

$D_{LOA_{k,ks,w}} = \{LOA_{k,ks,w} \in \mathbb{N} \mid 1;2;3;5;6;7\}$

$D_{LOA_{k,ks,e}} = \{LOA_{k,ks,e} \in \mathbb{N} \mid 1;2;4;5;6;7\}$

$D_{LOA_{k,ks,ab}} = \{LOA_{k,ks,ab} \in \mathbb{N} \mid 1;2;3;5;6;7\}$

$D_{LOA_{k,ks,kss}} = \{LOA_{k,ks,kss} \in \mathbb{N} \mid 1;3;5;7\}$

$D_{LOA_{k,ks,sp}} = \{LOA_{k,ks,sp} \in \mathbb{N} \mid 1;3;5;7\}$

$D_{LOA_{k,ks,spa}} = \{LOA_{k,ks,spa} \in \mathbb{N} \mid 1;2;4;5;6;7\}$

$D_{LOA_{k,ks,b}} = \{LOA_{k,ks,b} \in \mathbb{N} \mid 1;2;3;5;6;7\}$

$D_{LOA_{k,ks,um}} = \{LOA_{k,ks,um} \in \mathbb{N} \mid 1;2;4;5;6;7\}$

$D_{LOA_{k,ks,a}} = \{LOA_{k,ks,a} \in \mathbb{N} \mid 1;2;3;5;6;7\}$

$D_{LOA_{k,ks,wm}} = \{LOA_{k,ks,wm} \in \mathbb{N} \mid 1;2;3;5;6;7\}$

Benennung der Indizes:

f → Fördern ; sp → Speichern; z → Zuführen; spa → Spannen; pm → Position messen

b → Werkstückbearbeitung; w → Werkzeugwechsel; um → Umspannen

e → Entspannen; a → Abführen; ab → Abrichten; wm → Werkzeug messen

kss → KSS zuführen

G.7 Flach- und Rundschleifen

Flat and cylindrical grinding

Mathematische Berechnung der mechanischen Automatisierungsstufe für das Flach- und Rundschleifen (prs):

$LOA_{m,prs} = g_{prs,f} * LOA_{m,prs,f} + g_{prs,sp} * LOA_{m,prs,sp} + g_{prs,z} * LOA_{m,prs,z} + g_{prs,spa} * LOA_{m,prs,spa} + g_{prs,pm} * LOA_{m,prs,pm} + g_{prs,b} * LOA_{m,prs,b} + g_{prs,w} * LOA_{m,prs,w} + g_{prs,um} * LOA_{m,prs,um} + g_{prs,e} * LOA_{m,prs,e} + g_{prs,a} * LOA_{m,prs,a} + g_{prs,ab} * LOA_{m,prs,ab} + g_{prs,wm} * LOA_{m,prs,wm} + g_{prs,kss} * LOA_{m,prs,kss} + g_{prs,aw} * LOA_{m,prs,aw}$

Mathematische Berechnung der kognitiven Automatisierungsstufe für das Flach- und Rundschleifen:

$LOA_{k,prs} = g_{prs,f} * LOA_{k,prs,f} + g_{prs,sp} * LOA_{k,prs,sp} + g_{prs,z} * LOA_{k,prs,z} + g_{prs,spa} * LOA_{k,prs,spa} + g_{prs,pm} * LOA_{k,prs,pm} + g_{prs,b} * LOA_{k,prs,b} + g_{prs,w} * LOA_{k,prs,w} + g_{prs,um} * LOA_{k,prs,um} + g_{prs,e} * LOA_{k,prs,e} + g_{prs,a} * LOA_{k,prs,a} + g_{prs,ab} * LOA_{k,prs,ab} + g_{prs,wm} * LOA_{k,prs,wm} + g_{prs,kss} * LOA_{k,prs,kss} + g_{prs,aw} * LOA_{k,prs,aw}$

Gewichtungsfaktoren der Sub-Tasks $g_{ks,i}$ (vgl. Abbildung F-7):

$g_{prs,f} = 0{,}065$ $g_{prs,sp} = 0{,}039$ $g_{prs,z} = 0{,}076$ $g_{prs,spa} = 0{,}095$

$g_{prs,pm} = 0{,}071$ $g_{prs,b} = 0{,}142$ $g_{prs,w} = 0{,}081$ $g_{prs,um} = 0{,}065$

$g_{prs,e} = 0{,}073$ $g_{prs,a} = 0{,}076$ $g_{prs,ab} = 0{,}071$ $g_{prs,wm} = 0{,}060$

$g_{prs,kss} = 0{,}026$ $g_{prs,aw} = 0{,}060$

Definitionsmengen für mechanische Automatisierungsstufen $D_{LOA_{m,ks,i}}$:

$D_{LOA_{m,prs,f}} = \{LOA_{m,prs,f} \in \mathbb{N} \mid 1;2;4;5;7\}$ $D_{LOA_{m,prs,sp}} = \{LOA_{m,prs,sp} \in \mathbb{N} \mid 1;2;3;4;5;6;7\}$

$D_{LOA_{m,prs,z}} = \{LOA_{m,prs,z} \in \mathbb{N} \mid 1;3;4;7\}$ $D_{LOA_{m,prs,spa}} = \{LOA_{m,prs,spa} \in \mathbb{N} \mid 1;2;4;5;7\}$

$D_{LOA_{m,prs,pm}} = \{LOA_{m,prs,pm} \in \mathbb{N} \mid 1;2;5;7\}$ $D_{LOA_{m,prs,b}} = \{LOA_{m,prs,b} \in \mathbb{N} \mid 1;2;7\}$

$D_{LOA_{m,prs,w}} = \{LOA_{m,prs,w} \in \mathbb{N} \mid 1;2;6;7\}$ $D_{LOA_{m,prs,um}} = \{LOA_{m,prs,um} \in \mathbb{N} \mid 1;2;4;5;7\}$

$D_{LOA_{m,prs,e}} = \{LOA_{m,prs,e} \in \mathbb{N} \mid 1;2;4;5;7\}$ $D_{LOA_{m,prs,a}} = \{LOA_{m,prs,a} \in \mathbb{N} \mid 1;3;4;7\}$

$D_{LOA_{m,prs,ab}} = \{LOA_{m,prs,ab} \in \mathbb{N} \mid 1;3;7\}$ $D_{LOA_{m,prs,wm}} = \{LOA_{m,prs,wm} \in \mathbb{N} \mid 1;2;5;7\}$

$D_{LOA_{m,prs,kss}} = \{LOA_{m,prs,kss} \in \mathbb{N} \mid 1;2;7\}$ $D_{LOA_{k,prs,aw}} = \{LOA_{k,prs,aw} \in \mathbb{N} \mid 1;7\}$

Definitionsmengen für kognitive Automatisierungsstufen $D_{LOA_{k,prs,i}}$:

$D_{LOA_{k,prs,f}} = \{LOA_{k,prs,f} \in N \mid 1;2;3;5;6;7\}$ $D_{LOA_{k,prs,sp}} = \{LOA_{k,prs,sp} \in N \mid 1;3;5;7\}$

$D_{LOA_{k,prs,z}} = \{LOA_{k,prs,z} \in N \mid 1;2;3;5;6;7\}$ $D_{LOA_{k,prs,spa}} = \{LOA_{k,prs,spa} \in N \mid 1;2;3;5;6;7\}$

$D_{LOA_{k,prs,pm}} = \{LOA_{k,prs,pm} \in N \mid 1;2;3;5;6;7\}$ $D_{LOA_{k,prs,b}} = \{LOA_{k,prs,b} \in N \mid 1;2;3;5;6;7\}$

$D_{LOA_{k,prs,w}} = \{LOA_{k,prs,w} \in N \mid 1;2;3;5;6;7\}$ $D_{LOA_{k,prs,um}} = \{LOA_{k,prs,um} \in N \mid 1;2;3;5;6;7\}$

$D_{LOA_{k,prs,e}} = \{LOA_{k,prs,e} \in N \mid 1;2;3;5;7\}$ $D_{LOA_{k,prs,a}} = \{LOA_{k,prs,a} \in N \mid 1;2;3;5;6;7\}$

$D_{LOA_{k,prs,ab}} = \{LOA_{k,prs,ab} \in N \mid 1;2;3;5;6;7\}$ $D_{LOA_{k,prs,wm}} = \{LOA_{k,prs,wm} \in N \mid 1;2;3;5;6;7\}$

$D_{LOA_{k,prs,kss}} = \{LOA_{k,prs,kss} \in N \mid 1;3;5;7\}$ $D_{LOA_{k,prs,aw}} = \{LOA_{k,prs,aw} \in N \mid 1;2;3;5;7\}$

Benennung der Indizes:

f → Fördern ; sp → Speichern; z → Zuführen; spa → Spannen; pm → Position messen

b → Werkstückbearbeitung; w → Werkzeugwechsel; um → Umspannen e → Entspannen; a → Abführen; ab → Abrichten; wm → Werkzeug messen

kss → KSS zuführen; aw → Auswuchten

G.8 Gleitschleifen

Barrel finishing

Mathematische Berechnung der mechanischen Automatisierungsstufe für das Gleitschleifen (g):

$LOA_{m,g} = g_{g,f} * LOA_{m,g,f} + g_{g,sp} * LOA_{m,g,sp} + g_{g,z} * LOA_{m,g,z} + g_{g,b} * LOA_{m,g,b} + g_{g,a} * LOA_{m,g,a} + g_{g,hpm} * LOA_{m,g,hpm}$

Mathematische Berechnung der kognitiven Automatisierungsstufe für das Gleitschleifen:

$LOA_{k,g} = g_{g,f} * LOA_{k,g,f} + g_{g,sp} * LOA_{k,g,sp} + g_{g,z} * LOA_{k,g,z} + g_{g,b} * LOA_{k,g,b} + g_{g,a} * LOA_{k,g,a} + g_{g,hpm} * LOA_{k,g,hpm}$

Gewichtungsfaktoren der Sub-Tasks $g_{g,i}$ (vgl. Abbildung F-8):

$g_{g,f} = 0{,}164$ $g_{g,sp} = 0{,}099$ $g_{g,z} = 0{,}125$ $g_{g,b} = 0{,}289$

$g_{g,a} = 0{,}191$ $g_{g,hpm} = 0{,}132$

Definitionsmengen für mechanische Automatisierungsstufen $D_{LOA_{m,g,i}}$:

$D_{LOA_{m,g,f}} = \{LOA_{m,g,f} \in \mathbb{N} \mid 1;2;4;5;7\}$ $D_{LOA_{m,g,sp}} = \{LOA_{m,g,sp} \in \mathbb{N} \mid 1;2;3;4;5;6;7\}$

$D_{LOA_{m,g,z}} = \{LOA_{m,g,z} \in \mathbb{N} \mid 1;5;7\}$ $D_{LOA_{m,g,b}} = \{LOA_{m,g,b} \in \mathbb{N} \mid 1;3;7\}$

$D_{LOA_{m,g,a}} = \{LOA_{m,g,a} \in \mathbb{N} \mid 1;3;7\}$ $D_{LOA_{m,g,hpm}} = \{LOA_{m,g,hpm} \in \mathbb{N} \mid 1;4;7\}$

Definitionsmengen für kognitive Automatisierungsstufen $D_{LOA_{k,g,i}}$:

$D_{LOA_{k,g,f}} = \{LOA_{k,g,f} \in \mathbb{N} \mid 1;2;3;5;6;7\}$ $D_{LOA_{k,g,sp}} = \{LOA_{k,g,sp} \in \mathbb{N} \mid 1;3;5;7\}$

$D_{LOA_{k,g,z}} = \{LOA_{k,g,z} \in \mathbb{N} \mid 1;3;7\}$ $D_{LOA_{k,g,b}} = \{LOA_{k,g,b} \in \mathbb{N} \mid 1;2;3;5;6;7\}$

$D_{LOA_{k,g,a}} = \{LOA_{k,g,a} \in \mathbb{N} \mid 1;3;6;7\}$ $D_{LOA_{k,g,hpm}} = \{LOA_{k,g,hpm} \in \mathbb{N} \mid 1;3;5;7\}$

Benennung der Indizes:

f → Fördern; sp → Speichern; z → Zuführen; b → Werkstückbearbeitung

a → Abführen; hpm → Prozessmedien handhaben

G.9 Drahterosion

Wire erosion

Mathematische Berechnung der mechanischen Automatisierungsstufe für die Drahterosion (de):

$LOA_{m,de} = g_{de,f} * LOA_{m,de,f} + g_{de,sp} * LOA_{m,de,sp} + g_{de,z} * LOA_{m,de,z} + g_{de,spa} * LOA_{m,de,spa} + g_{de,pm} * LOA_{m,de,pm} + g_{de,b} * LOA_{m,de,b} + g_{de,df} * LOA_{m,de,df} + g_{de,um} * LOA_{m,de,um} + g_{de,ad} * LOA_{m,de,ad} + g_{de,t} * LOA_{m,de,t} + g_{de,de} * LOA_{m,de,de} + g_{de,e} * LOA_{m,de,e} + g_{de,a} * LOA_{m,de,a}$

Mathematische Berechnung der kognitiven Automatisierungsstufe für die Drahterosion:

$LOA_{k,de} = g_{de,f} * LOA_{k,de,f} + g_{de,sp} * LOA_{k,de,sp} + g_{de,z} * LOA_{k,de,z} + g_{de,spa} * LOA_{k,de,spa} + g_{de,pm} * LOA_{k,de,pm} + g_{de,b} * LOA_{k,de,b} + g_{de,df} * LOA_{k,de,df} + g_{de,um} * LOA_{k,de,um} + g_{de,ad} * LOA_{k,de,ad} + g_{de,t} * LOA_{k,de,t} + g_{de,de} * LOA_{k,de,de} + g_{de,e} * LOA_{k,de,e} + g_{de,a} * LOA_{k,de,a}$

Gewichtungsfaktoren der Sub-Tasks $g_{de,i}$ (vgl. Abbildung F-9):

$g_{de,f} = 0{,}071$ $g_{de,sp} = 0{,}043$ $g_{de,z} = 0{,}083$ $g_{de,spa} = 0{,}102$

$g_{de,pm} = 0{,}077$ $g_{de,b} = 0{,}153$ $g_{de,df} = 0{,}066$ $g_{de,um} = 0{,}071$

$g_{de,ad} = 0{,}074$ $g_{de,t} = 0{,}046$ $g_{de,de} = 0{,}051$ $g_{de,e} = 0{,}080$

$g_{de,a} = 0{,}083$

Definitionsmengen für mechanische Automatisierungsstufen $D_{LOA_{m,de,i}}$:

$D_{LOA_{m,de,f}} = \{LOA_{m,de,f} \in \mathbb{N} \mid 1;2;4;5;7\}$ $D_{LOA_{m,de,sp}} = \{LOA_{m,de,sp} \in \mathbb{N} \mid 1;2;3;4;5;6;7\}$

$D_{LOA_{m,de,z}} = \{LOA_{m,de,z} \in \mathbb{N} \mid 1;3;4;7\}$ $D_{LOA_{m,de,spa}} = \{LOA_{m,de,spa} \in \mathbb{N} \mid 1;2;4;5;7\}$

$D_{LOA_{m,de,pm}} = \{LOA_{m,de,pm} \in \mathbb{N} \mid 1;2;5;7\}$ $D_{LOA_{m,de,b}} = \{LOA_{m,de,b} \in \mathbb{N} \mid 1;7\}$

$D_{LOA_{m,de,df}} = \{LOA_{m,de,df} \in \mathbb{N} \mid 1;7\}$ $D_{LOA_{m,de,um}} = \{LOA_{m,de,um} \in \mathbb{N} \mid 1;2;4;5;7\}$

$D_{LOA_{m,de,ad}} = \{LOA_{m,de,ad} \in \mathbb{N} \mid 1;4;7\}$ $D_{LOA_{m,de,t}} = \{LOA_{m,de,t} \in \mathbb{N} \mid 1;7\}$

$D_{LOA_{m,de,de}} = \{LOA_{m,de,de} \in \mathbb{N} \mid 1;4;7\}$ $D_{LOA_{m,de,e}} = \{LOA_{m,de,e} \in \mathbb{N} \mid 1;2;4;5;7\}$

$D_{LOA_{m,de,a}} = \{LOA_{m,de,a} \in \mathbb{N} \mid 1;3;4;7\}$

Definitionsmengen für kognitive Automatisierungsstufen $D_{LOA_{k,de,i}}$:

$D_{LOA_{k,de,f}} = \{LOA_{k,de,f} \in \mathbb{N} \mid 1;2;3;5;6;7\}$ $D_{LOA_{k,de,sp}} = \{LOA_{k,de,sp} \in \mathbb{N} \mid 1;3;5;7\}$

$D_{LOA_{k,de,z}} = \{LOA_{k,de,z} \in \mathbb{N} \mid 1;2;3;5;6;7\}$ $D_{LOA_{k,de,spa}} = \{LOA_{k,de,spa} \in \mathbb{N} \mid 1;2;3;5;6;7\}$

$D_{LOA_{k,de,pm}} = \{LOA_{k,de,pm} \in \mathbb{N} \mid 1;2;3;5;6;7\}$ $D_{LOA_{k,de,b}} = \{LOA_{k,de,b} \in \mathbb{N} \mid 1;2;3;5;6;7\}$

$D_{LOA_{k,de,df}} = \{LOA_{k,de,df} \in \mathbb{N} \mid 1;2;3;5;6;7\}$ $D_{LOA_{k,de,um}} = \{LOA_{k,de,um} \in \mathbb{N} \mid 1;2;3;5;6;7\}$

$D_{LOA_{k,de,ad}} = \{LOA_{k,de,ad} \in \mathbb{N} \mid 1;2;4;6;7\}$ $D_{LOA_{k,de,t}} = \{LOA_{k,de,t} \in \mathbb{N} \mid 1;2;3;5;7\}$

$D_{LOA_{k,de,de}} = \{LOA_{k,de,de} \in \mathbb{N} \mid 1;2;3;5;7\}$ $D_{LOA_{k,de,e}} = \{LOA_{k,de,e} \in \mathbb{N} \mid 1;2;3;5;6;7\}$

$D_{LOA_{k,de,a}} = \{LOA_{k,de,a} \in \mathbb{N} \mid 1;2;3;5;6;7\}$

Benennung der Indizes:

f → Fördern; sp → Speichern; z → Zuführen; spa → Spannen; pm → Position messen

b → Werkstückbearbeitung; df → Drahteinfädelung; um → Umspannen

ad → Aufbereitung Dielektrium; t → Tank Handhabung; de → Drahtentsorgung

e → Entspannen; a → Abführen

G.10 Senkerosion

Sink erosion

Mathematische Berechnung der mechanischen Automatisierungsstufe für die Senkerosion (se):

$LOA_{m,se} = g_{se,f} * LOA_{m,se,f} + g_{se,sp} * LOA_{m,se,sp} + g_{se,z} * LOA_{m,se,z} + g_{se,spa} * LOA_{m,se,spa} + g_{se,pm} * LOA_{m,se,pm} + g_{se,b} * LOA_{m,se,b} + g_{se,ew} * LOA_{m,se,ew} + g_{se,um} * LOA_{m,se,um} + g_{se,ad} * LOA_{m,se,ad} + g_{se,t} * LOA_{m,se,t} + g_{se,e} * LOA_{m,se,e} + g_{se,a} * LOA_{m,se,a}$

Mathematische Berechnung der kognitiven Automatisierungsstufe für die Senkerosion:

$LOA_{k,se} = g_{se,f} * LOA_{k,se,f} + g_{se,sp} * LOA_{k,se,sp} + g_{se,z} * LOA_{k,se,z} + g_{se,spa} * LOA_{k,se,spa} + g_{se,pm} * LOA_{k,se,pm} + g_{se,b} * LOA_{k,se,b} + g_{se,ew} * LOA_{k,se,ew} + g_{se,um} * LOA_{k,se,um} + g_{se,ad} * LOA_{k,se,ad} + g_{se,t} * LOA_{k,se,t} + g_{se,e} * LOA_{k,se,e} + g_{se,a} * LOA_{k,se,a}$

Gewichtungsfaktoren der Sub-Tasks $g_{se,i}$ (vgl. Abbildung F-10):

$g_{se,f} = 0{,}074$ $g_{se,sp} = 0{,}045$ $g_{se,z} = 0{,}086$ $g_{se,spa} = 0{,}107$

$g_{se,pm} = 0{,}080$ $g_{se,b} = 0{,}161$ $g_{se,ew} = 0{,}080$ $g_{se,um} = 0{,}074$

$g_{se,ad} = 0{,}077$ $g_{se,t} = 0{,}047$ $g_{se,e} = 0{,}083$ $g_{se,a} = 0{,}086$

Definitionsmengen für mechanische Automatisierungsstufen $D_{LOA_{m,se,i}}$:

$D_{LOA_{m,se,f}} = \{LOA_{m,se,f} \in \mathbb{N} \mid 1;2;4;5;7\}$ $D_{LOA_{m,se,sp}} = \{LOA_{m,se,sp} \in \mathbb{N} \mid 1;2;3;4;5;6;7\}$

$D_{LOA_{m,se,z}} = \{LOA_{m,se,z} \in \mathbb{N} \mid 1;3;4;7\}$ $D_{LOA_{m,se,spa}} = \{LOA_{m,se,spa} \in \mathbb{N} \mid 1;2;4;5;7\}$

$D_{LOA_{m,se,pm}} = \{LOA_{m,se,pm} \in \mathbb{N} \mid 1;2;5;7\}$ $D_{LOA_{m,se,b}} = \{LOA_{m,se,b} \in \mathbb{N} \mid 1;2;3;5;6;7\}$

$D_{LOA_{m,se,ew}} = \{LOA_{m,se,df} \in \mathbb{N} \mid 1;2;5;6;7\}$ $D_{LOA_{m,se,um}} = \{LOA_{m,se,um} \in \mathbb{N} \mid 1;2;4;5;7\}$

$D_{LOA_{m,se,ad}} = \{LOA_{m,se,ad} \in \mathbb{N} \mid 1;4;7\}$ $D_{LOA_{m,se,t}} = \{LOA_{m,se,t} \in \mathbb{N} \mid 1;7\}$

$D_{LOA_{m,se,e}} = \{LOA_{m,se,e} \in \mathbb{N} \mid 1;2;4;5;7\}$ $D_{LOA_{m,se,a}} = \{LOA_{m,se,a} \in \mathbb{N} \mid 1;3;4;7\}$

Definitionsmengen für kognitive Automatisierungsstufen $D_{LOA_{k,se,i}}$:

$D_{LOA_{k,se,f}} = \{LOA_{k,se,f} \in \mathbb{N} \mid 1;2;3;5;6;7\}$ $D_{LOA_{k,se,sp}} = \{LOA_{k,se,sp} \in \mathbb{N} \mid 1;3;5;7\}$

$D_{LOA_{k,se,z}} = \{LOA_{k,se,z} \in \mathbb{N} \mid 1;2;3;5;6;7\}$ $D_{LOA_{k,se,spa}} = \{LOA_{k,se,spa} \in \mathbb{N} \mid 1;2;3;5;6;7\}$

$D_{LOA_{k,se,pm}} = \{LOA_{k,se,pm} \in \mathbb{N} \mid 1;2;3;5;6;7\}$ $D_{LOA_{k,se,b}} = \{LOA_{k,se,b} \in \mathbb{N} \mid 1;2;3;5;6;7\}$

$D_{LOA_{k,se,ew}} = \{LOA_{k,se,df} \in \mathbb{N} \mid 1;2;3;5;6;7\}$ $D_{LOA_{k,se,um}} = \{LOA_{k,se,um} \in \mathbb{N} \mid 1;2;3;5;6;7\}$

$D_{LOA_{k,se,ad}} = \{LOA_{k,se,ad} \in \mathbb{N} \mid 1;2;4;6;7\}$ $D_{LOA_{k,se,t}} = \{LOA_{k,se,t} \in \mathbb{N} \mid 1;2;3;5;7\}$

$D_{LOA_{k,se,e}} = \{LOA_{k,se,e} \in \mathbb{N} \mid 1;2;3;5;6;7\}$ $D_{LOA_{k,se,a}} = \{LOA_{k,se,a} \in \mathbb{N} \mid 1;2;3;5;6;7\}$

Benennung der Indizes:

f → Fördern ; sp → Speichern; z → Zuführen; spa → Spannen; pm → Position messen

b → Werkstückbearbeitung; ew → Elektrodenwechsel; um → Umspannen

ad → Aufbereitung Dielektrium; t → Tank Handhabung

e → Entspannen; a → Abführen

G.11 Wärmebehandlung

Heat treatment

Mathematische Berechnung der mechanischen Automatisierungsstufe für die Wärmebehandlung (w):

$LOA_{m,w} = g_{w,f} * LOA_{m,w,f} + g_{w,sp} * LOA_{m,w,sp} + g_{w,wb} * LOA_{m,w,wb} + g_{w,z} * LOA_{m,w,z} + g_{w,wrb} * LOA_{m,w,wrb} + g_{w,a} * LOA_{m,w,a}$

Mathematische Berechnung der kognitiven Automatisierungsstufe für die Wärmebehandlung:

$LOA_{k,w} = g_{w,f} * LOA_{k,w,f} + g_{w,sp} * LOA_{k,w,sp} + g_{w,wb} * LOA_{k,w,wb} + g_{w,z} * LOA_{k,w,z} + g_{w,wrb} * LOA_{k,w,wrb} + g_{w,a} * LOA_{k,w,a}$

Gewichtungsfaktoren der Sub-Tasks $g_{w,i}$ (vgl. Abbildung F-11):

$g_{w,f} = 0{,}16$ $g_{w,sp} = 0{,}096$ $g_{w,wb} = 0{,}154$ $g_{w,z} = 0{,}186$

$g_{w,wrb} = 0{,}218$ $g_{w,a} = 0{,}186$

Definitionsmengen für mechanische Automatisierungsstufen $D_{LOA_{m,w,i}}$:

$D_{LOA_{m,w,f}} = \{LOA_{m,w,f} \in \mathbb{N} \mid 1;2;4;5;7\}$ $D_{LOA_{m,w,sp}} = \{LOA_{m,w,sp} \in \mathbb{N} \mid 1;2;3;4;5;6;7\}$

$D_{LOA_{m,w,wb}} = \{LOA_{m,w,wb} \in \mathbb{N} \mid 1;3;7\}$ $D_{LOA_{m,w,z}} = \{LOA_{m,w,z} \in \mathbb{N} \mid 1;3;4;7\}$

$D_{LOA_{m,w,wrb}} = \{LOA_{m,w,wrb} \in \mathbb{N} \mid 1;7\}$ $D_{LOA_{m,w,a}} = \{LOA_{m,w,a} \in \mathbb{N} \mid 1;3;4;7\}$

Definitionsmengen für kognitive Automatisierungsstufen $D_{LOA_{k,w,i}}$:

$D_{LOA_{k,w,f}} = \{LOA_{k,w,f} \in \mathbb{N} \mid 1;2;3;5;6;7\}$ $D_{LOA_{k,w,sp}} = \{LOA_{k,w,sp} \in \mathbb{N} \mid 1;3;5;7\}$

$D_{LOA_{k,w,wb}} = \{LOA_{k,w,wb} \in \mathbb{N} \mid 1;3;5;7\}$ $D_{LOA_{k,w,z}} = \{LOA_{k,w,z} \in \mathbb{N} \mid 1;2;3;5;6;7\}$

$D_{LOA_{k,w,wrb}} = \{LOA_{k,w,wrb} \in \mathbb{N} \mid 1;2;3;5;6;7\}$ $D_{LOA_{k,w,a}} = \{LOA_{k,w,a} \in \mathbb{N} \mid 1;2;3;5;6;7\}$

Benennung der Indizes:

f → Fördern ; sp → Speichern; wb → Werkstückträger beladen; z → Zuführen

wrb → Wärmebehandlung; a → Abführen

G.12 Abrasivstrahlen

Abrasive blasting

Mathematische Berechnung der mechanischen Automatisierungsstufe für das Abrasivstrahlen (as):

$LOA_{m,as} = g_{as,f} * LOA_{m,as,f} + g_{as,sp} * LOA_{m,as,sp} + g_{as,wb} * LOA_{m,as,wb} + g_{as,z} * LOA_{m,as,z} + g_{as,b} * LOA_{m,as,b} + g_{as,a} * LOA_{m,as,a} + g_{as,ham} * LOA_{m,as,ham}$

Mathematische Berechnung der kognitiven Automatisierungsstufe für das Abrasivstrahlen:

$LOA_{k,as} = g_{as,f} * LOA_{k,as,f} + g_{as,sp} * LOA_{k,as,sp} + g_{as,wb} * LOA_{k,as,wb} + g_{as,z} * LOA_{k,as,z} + g_{as,b} * LOA_{k,as,b} + g_{as,a} * LOA_{k,as,a} + g_{as,ham} * LOA_{k,as,ham}$

Gewichtungsfaktoren der Sub-Tasks $g_{as,i}$ (vgl. Abbildung F-12):

$g_{as,f} = 0{,}138$ $g_{as,sp} = 0{,}083$ $g_{as,wb} = 0{,}105$ $g_{as,z} = 0{,}160$

$g_{as,b} = 0{,}298$ $g_{as,a} = 0{,}160$ $g_{as,ham} = 0{,}056$

Definitionsmengen für mechanische Automatisierungsstufen $D_{LOA_{m,as,i}}$:

$D_{LOA_{m,as,f}} = \{LOA_{m,as,f} \in \mathbb{N} \mid 1;2;4;5;7\}$ $D_{LOA_{m,as,sp}} = \{LOA_{m,as,sp} \in \mathbb{N} \mid 1;2;3;4;5;6;7\}$

$D_{LOA_{m,as,wb}} = \{LOA_{m,as,wb} \in \mathbb{N} \mid 1;3;7\}$ $D_{LOA_{m,as,z}} = \{LOA_{m,as,z} \in \mathbb{N} \mid 1;3;4;7\}$

$D_{LOA_{m,as,b}} = \{LOA_{m,as,b} \in \mathbb{N} \mid 1;3;7\}$ $D_{LOA_{m,as,a}} = \{LOA_{m,as,a} \in \mathbb{N} \mid 1;3;4;7\}$

$D_{LOA_{m,as,ham}} = \{LOA_{m,as,ham} \in \mathbb{N} \mid 1;7\}$

Definitionsmengen für kognitive Automatisierungsstufen $D_{LOA_{k,as,i}}$:

$D_{LOA_{k,as,f}} = \{LOA_{k,as,f} \in \mathbb{N} \mid 1;2;3;5;6;7\}$ $D_{LOA_{k,as,sp}} = \{LOA_{k,as,sp} \in \mathbb{N} \mid 1;3;5;7\}$

$D_{LOA_{k,as,wb}} = \{LOA_{k,as,wb} \in \mathbb{N} \mid 1;3;5;7\}$ $D_{LOA_{k,as,z}} = \{LOA_{k,as,z} \in \mathbb{N} \mid 1;2;3;5;6;7\}$

$D_{LOA_{k,as,b}} = \{LOA_{k,as,b} \in \mathbb{N} \mid 1;2;3;5;6;7\}$ $D_{LOA_{k,as,a}} = \{LOA_{k,as,a} \in \mathbb{N} \mid 1;2;3;4;5;6;7\}$

$D_{LOA_{k,as,ham}} = \{LOA_{k,as,ham} \in \mathbb{N} \mid 1;3;5;7\}$

Benennung der Indizes:

f → Fördern ; sp → Speichern; wb → Werkstückträger beladen; z → Zuführen

b → Werkstückbearbeitung; a → Abführen; ham → Handhabung Abrasivmedium

G.13 Polieren

Polishing

Mathematische Berechnung der mechanischen Automatisierungsstufe für das Polieren (p):

$LOA_{m,p} = g_{p,f} * LOA_{m,p,f} + g_{p,sp} * LOA_{m,p,sp} + g_{p,z} * LOA_{m,p,z} + g_{p,spa} * LOA_{m,p,spa} + g_{p,pm} * LOA_{m,p,pm} + g_{p,b} * LOA_{m,p,b} + g_{p,w} * LOA_{m,p,w} + g_{p,um} * LOA_{m,p,um} + g_{p,e} * LOA_{m,p,e} + g_{p,a} * LOA_{m,p,a} + g_{p,hpm} * LOA_{m,p,hpm}$

Mathematische Berechnung der kognitiven Automatisierungsstufe für das Polieren:

$LOA_{k,p} = g_{p,f} * LOA_{k,p,f} + g_{p,sp} * LOA_{k,p,sp} + g_{p,z} * LOA_{k,p,z} + g_{p,spa} * LOA_{k,p,spa} + g_{p,pm} * LOA_{k,p,pm} + g_{p,b} * LOA_{k,p,b} + g_{p,w} * LOA_{k,p,w} + g_{p,um} * LOA_{k,p,um} + g_{p,e} * LOA_{k,p,e} + g_{p,a} * LOA_{k,p,a} + g_{p,hpm} * LOA_{k,p,hpm}$

Gewichtungsfaktoren der Sub-Tasks $g_{p,i}$ (vgl. Abbildung F-13):

$g_{p,f} = 0{,}077$ $g_{p,sp} = 0{,}046$ $g_{p,z} = 0{,}090$ $g_{p,spa} = 0{,}111$

$g_{p,pm} = 0{,}083$ $g_{p,b} = 0{,}167$ $g_{p,w} = 0{,}096$ $g_{p,um} = 0{,}077$

$g_{p,e} = 0{,}086$ $g_{p,a} = 0{,}090$ $g_{p,hpm} = 0{,}077$

Definitionsmengen für mechanische Automatisierungsstufen $D_{LOA_{m,p,i}}$:

$D_{LOA_{m,p,f}} = \{LOA_{m,p,f} \in \mathbb{N} \mid 1;2;4;5;7\}$ $D_{LOA_{m,p,sp}} = \{LOA_{m,p,sp} \in \mathbb{N} \mid 1;2;3;4;5;6;7\}$

$D_{LOA_{m,p,z}} = \{LOA_{m,p,z} \in \mathbb{N} \mid 1;3;4;7\}$ $D_{LOA_{m,p,spa}} = \{LOA_{m,p,spa} \in \mathbb{N} \mid 1;2;4;5;7\}$

$D_{LOA_{m,p,pm}} = \{LOA_{m,p,pm} \in \mathbb{N} \mid 1;2;5;7\}$ $D_{LOA_{m,p,b}} = \{LOA_{m,p,b} \in \mathbb{N} \mid 1;3;7\}$

$D_{LOA_{m,p,w}} = \{LOA_{m,p,w} \in \mathbb{N} \mid 1;2;5;6;7\}$ $D_{LOA_{m,p,um}} = \{LOA_{m,p,um} \in \mathbb{N} \mid 1;2;4;5;7\}$

$D_{LOA_{m,p,e}} = \{LOA_{m,p,e} \in \mathbb{N} \mid 1;2;4;5;7\}$ $D_{LOA_{m,p,a}} = \{LOA_{m,p,a} \in \mathbb{N} \mid 1;3;4;7\}$

$D_{LOA_{m,p,hpm}} = \{LOA_{m,p,hpm} \in \mathbb{N} \mid 1;7\}$

Definitionsmengen für kognitive Automatisierungsstufen $D_{LOA_{k,p,i}}$:

$D_{LOA_{k,p,f}} = \{LOA_{k,p,f} \in \mathbb{N} \mid 1;2;3;5;6;7\}$ $D_{LOA_{k,p,sp}} = \{LOA_{k,p,sp} \in \mathbb{N} \mid 1;3;5;7\}$

$D_{LOA_{k,p,z}} = \{LOA_{k,p,z} \in \mathbb{N} \mid 1;2;3;5;6;7\}$ $D_{LOA_{k,p,spa}} = \{LOA_{k,p,spa} \in \mathbb{N} \mid 1;2;3;5;6;7\}$

$D_{LOA_{k,p,pm}} = \{LOA_{k,p,pm} \in \mathbb{N} \mid 1;2;3;5;6;7\}$ $D_{LOA_{k,p,b}} = \{LOA_{k,p,b} \in \mathbb{N} \mid 1;2;3;5;6;7\}$

$D_{LOA_{k,p,w}} = \{LOA_{k,p,w} \in \mathbb{N} \mid 1;2;3;5;6;7\}$ $D_{LOA_{k,p,um}} = \{LOA_{k,p,um} \in \mathbb{N} \mid 1;2;3;5;6;7\}$

$D_{LOA_{k,p,e}} = \{LOA_{k,p,e} \in \mathbb{N} \mid 1;2;3;5;6;7\}$ $D_{LOA_{k,p,a}} = \{LOA_{k,p,a} \in \mathbb{N} \mid 1;2;3;5;6;7\}$

$D_{LOA_{k,p,hpm}} = \{LOA_{k,p,hpm} \in \mathbb{N} \mid 1;3;5;7\}$

Benennung der Indizes:

f → Fördern ; sp → Speichern; z → Zuführen; spa → Spannen; pm → Position messen

b → Werkstückbearbeitung; w → Werkzeugwechsel; um → Umspannen

e → Entspannen; a → Abführen; hpm → Prozessmedien handhaben

G.14 Kinematische Entpulverung

Kinematic depowdering

Mathematische Berechnung der mechanischen Automatisierungsstufe für die kinematische Entpulverung (ke):

$LOA_{m,ke} = g_{ke,f} * LOA_{m,ke,f} + g_{ke,sp} * LOA_{m,ke,sp} + g_{ke,z} * LOA_{m,ke,z} + g_{ke,spa} * LOA_{m,ke,spa} + g_{ke,b} * LOA_{m,ke,b} + g_{ke,e} * LOA_{m,ke,e} + g_{ke,a} * LOA_{m,ke,a}$

Mathematische Berechnung der kognitiven Automatisierungsstufe für die kinematische Entpulverung:

$LOA_{k,ke} = g_{ke,f} * LOA_{k,ke,f} + g_{ke,sp} * LOA_{k,ke,sp} + g_{ke,z} * LOA_{k,ke,z} + g_{ke,spa} * LOA_{k,ke,spa} + g_{ke,b} * LOA_{k,ke,b} + g_{ke,e} * LOA_{k,ke,e} + g_{ke,a} * LOA_{k,ke,a}$

Gewichtungsfaktoren der Sub-Tasks $g_{ke,i}$ (vgl. Abbildung F-14):

$g_{ke,f} = 0{,}116$ $g_{ke,sp} = 0{,}069$ $g_{ke,z} = 0{,}134$ $g_{ke,spa} = 0{,}167$

$g_{ke,b} = 0{,}250$ $g_{ke,e} = 0{,}130$ $g_{ke,a} = 0{,}134$

Definitionsmengen für mechanische Automatisierungsstufen $D_{LOA_{m,ke,i}}$:

$D_{LOA_{m,ke,f}} = \{LOA_{m,ke,f} \in \mathbb{N} \mid 1;2;4;5;7\}$ $D_{LOA_{m,ke,sp}} = \{LOA_{m,ke,sp} \in \mathbb{N} \mid 1;2;3;4;5;6;7\}$

$D_{LOA_{m,ke,z}} = \{LOA_{m,ke,z} \in \mathbb{N} \mid 1;3;4;7\}$ $D_{LOA_{m,ke,spa}} = \{LOA_{m,ke,spa} \in \mathbb{N} \mid 1;2;4;5;7\}$

$D_{LOA_{m,ke,b}} = \{LOA_{m,ke,b} \in \mathbb{N} \mid 1;3;5;6;7\}$ $D_{LOA_{m,ke,e}} = \{LOA_{m,ke,e} \in \mathbb{N} \mid 1;2;4;5;7\}$

$D_{LOA_{m,ke,a}} = \{LOA_{m,ke,a} \in \mathbb{N} \mid 1;3;4;7\}$

Definitionsmengen für kognitive Automatisierungsstufen $D_{LOA_{k,ke,i}}$:

$D_{LOA_{k,ke,f}} = \{LOA_{k,ke,f} \in \mathbb{N} \mid 1;2;3;5;6;7\}$ $D_{LOA_{k,ke,sp}} = \{LOA_{k,ke,sp} \in \mathbb{N} \mid 1;3;5;7\}$

$D_{LOA_{k,ke,z}} = \{LOA_{k,ke,z} \in \mathbb{N} \mid 1;2;3;5;6;7\}$ $D_{LOA_{k,ke,spa}} = \{LOA_{k,ke,spa} \in \mathbb{N} \mid 1;2;3;5;6;7\}$

$D_{LOA_{k,ke,b}} = \{LOA_{k,ke,b} \in \mathbb{N} \mid 1;2;3;5;7\}$ $D_{LOA_{k,ke,e}} = \{LOA_{k,ke,e} \in \mathbb{N} \mid 1;2;3;5;6;7\}$

$D_{LOA_{k,ke,a}} = \{LOA_{k,ke,a} \in \mathbb{N} \mid 1;2;3;5;6;7\}$

Benennung der Indizes:

f → Fördern ; sp → Speichern; z → Zuführen; spa → Spannen

b → Werkstückbearbeitung; e → Entspannen; a → Abführen

G.15 Vakuumreinigung

Vacuum cleaning

Mathematische Berechnung der mechanischen Automatisierungsstufe für die Vakuumreinigung (v):

$LOA_{m,v} = g_{v,f} * LOA_{m,v,f} + g_{v,sp} * LOA_{m,v,sp} + g_{v,z} * LOA_{m,v,z} + g_{v,b} * LOA_{m,v,b} + g_{v,a} * LOA_{m,v,a}$

Mathematische Berechnung der kognitiven Automatisierungsstufe für die Vakuumreinigung:

$LOA_{k,v} = g_{v,f} * LOA_{k,v,f} + g_{v,sp} * LOA_{k,v,sp} + g_{v,z} * LOA_{k,v,z} + g_{v,b} * LOA_{k,v,b} + g_{v,a} * LOA_{k,v,a}$

Gewichtungsfaktoren der Sub-Tasks $g_{ke,i}$ (vgl. Abbildung F-15):

$g_{v,f} = 0{,}207$ $g_{v,sp} = 0{,}116$ $g_{v,z} = 0{,}116$ $g_{v,b} = 0{,}445$

$g_{v,a} = 0{,}116$

Definitionsmengen für mechanische Automatisierungsstufen $D_{LOA_{m,v,i}}$:

$D_{LOA_{m,v,f}} = \{LOA_{m,v,f} \in \mathbb{N} \mid 1;2;4;5;7\}$ $D_{LOA_{m,v,sp}} = \{LOA_{m,v,sp} \in \mathbb{N} \mid 1;2;3;4;5;6;7\}$

$D_{LOA_{m,v,z}} = \{LOA_{m,v,z} \in \mathbb{N} \mid 1;3;4;7\}$ $D_{LOA_{m,v,b}} = \{LOA_{m,v,b} \in \mathbb{N} \mid 1;4;7\}$

$D_{LOA_{m,v,a}} = \{LOA_{m,v,a} \in \mathbb{N} \mid 1;3;4;7\}$

Definitionsmengen für kognitive Automatisierungsstufen $D_{LOA_{k,v,i}}$:

$D_{LOA_{k,v,f}} = \{LOA_{k,v,f} \in \mathbb{N} \mid 1;2;3;5;6;7\}$ $D_{LOA_{k,v,sp}} = \{LOA_{k,v,sp} \in \mathbb{N} \mid 1;3;5;7\}$

$D_{LOA_{k,v,z}} = \{LOA_{k,v,z} \in \mathbb{N} \mid 1;2;3;5;6;7\}$ $D_{LOA_{k,v,b}} = \{LOA_{k,v,b} \in \mathbb{N} \mid 1;2;3;5;7\}$

$D_{LOA_{k,v,a}} = \{LOA_{k,v,a} \in \mathbb{N} \mid 1;2;3;5;6;7\}$

Benennung der Indizes:

f $\rightarrow$ Fördern ; sp $\rightarrow$ Speichern; z $\rightarrow$ Zuführen

b $\rightarrow$ Werkstückbearbeitung; a $\rightarrow$ Abführen

H Katalog für Peripheriesysteme

Catalog for peripheral systems

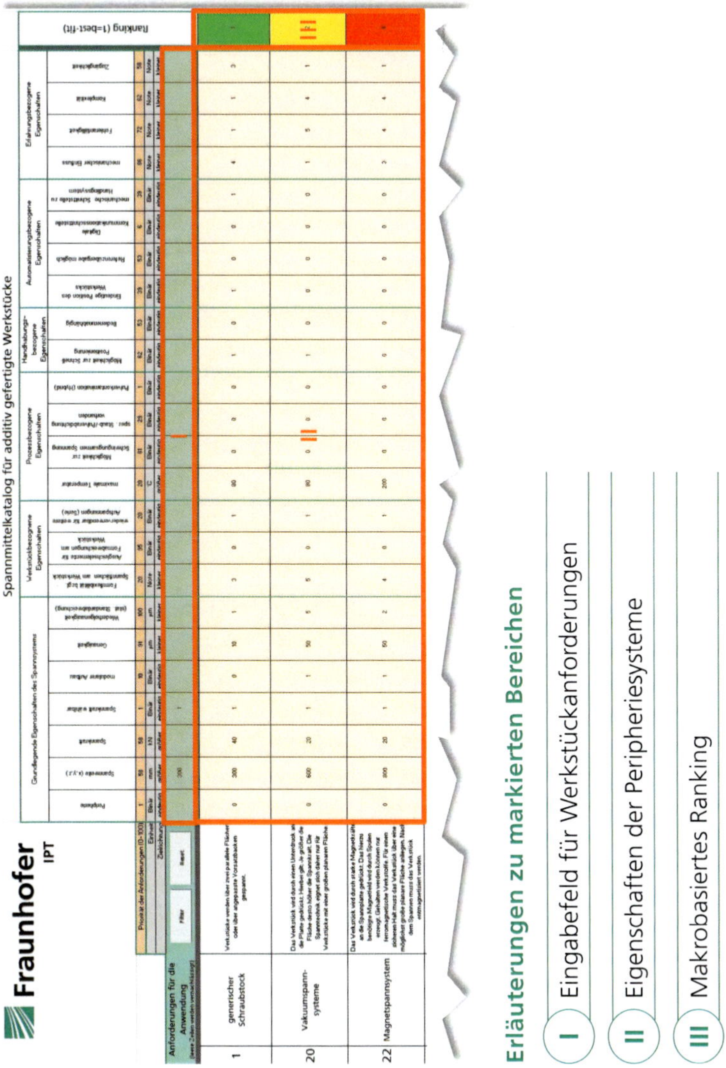

Abbildung H-1: Peripheriesystemkatalog am Beispiel für Spannsysteme

Peripheral system catalog using the example for clamping systems

I Ermittlung der Durchführungszeiten

Determination of processing times

I.1 Ermittlung der Durchführungszeiten bei manuellen Vorgängen

Determination of processing times for manual operations

Wenn bei einem betrachteten Automatisierungskonzept bei einem Sub-Task eine mechanisierte Automatisierungsstufe von eins bis vier vorliegt, wird das Betriebsmittel direkt durch den Menschen geführt. In diesem Fall ist die Nutzung von Systemen vorbestimmter Zeit (SvZ) für die Ermittlung der Soll-Zeiten zu verwenden. SvZ basieren auf der zeitlichen Beschreibung menschlicher Bewegungselemente, sogenannter Planzeitbausteine. Diese sind unternehmensneutral ermittelt und können unter Einbezug von zeitlichen Einflussgrößen, wie bspw. der Wegstrecke bei der Handhabung, zusammengesetzt werden. Die Planzeitbausteine basieren auf umfangreichen Zeitstudien, in denen die jeweiligen Bewegungselemente mit hohem Detailgrad aufgenommen wurden. SvZ sind daher unabhängig vom durchführenden Menschen und somit für die Beschreibung manueller Tätigkeiten geeignet. Die Planzeitbausteine können sogenannten Normzeittabellen entnommen werden. Typischerweise werden in der Praxis das MTM-System (Methods-Time-Measurement), das WF-System (Work-Factor) und MOST (Maynard Operation Sequence Technique) verwendet. [SCHL10, S. 696-699], [LOTT16, S. 188-190], [REFA18, S. 556 ff.]

Im Kontext dieser Dissertation soll für die Ermittlung der Durchführungszeiten bei neuen manuellen Vorgängen das MTM-System genutzt werden. Dieses basiert auf der Klassifizierung von fünf Bewegungselementen des Menschen: Hinlangen, Greifen, Bringen, Fügen und Loslassen. Zusätzlich werden Körper-, Bein- und Fußbewegungen definiert, sodass die meisten Bewegungsabläufe in der Produktion berücksichtigt werden können. Normzeiten werden in TMU (Time Measurement Unit) angegeben. Eine TMU entspricht 0,036 Sekunden. Entsprechend des zu betrachtenden Produktionssystems werden verschiedene Systeme mit unterschiedlichem Detaillierungsgrad bzw. mittleren Zeitbausteingrößen differenziert. Beim MTM-1 System liegt die mittlere Zeitbausteingröße bspw. bei acht TMU, beim MTM-MEK dagegen 100 TMU. Weitere MTM-Systeme sind MTM-SD sowie MTM-UAS. [SCHL10, S. 696-702], [REFA15, S. 241-246], [LOTT16, S. 198-201]

Das MTM-MEK System weist im Vergleich den geringsten Detaillierungsgrad auf und ist für die Rahmenbedingungen einer Einzelfertigung ausgelegt und betrachtet den Gesamtablauf inklusive der Rahmenbedingungen der Prozesse [REFA15, S. 243], [LOTT16, S. 199]. Die benötigten Einflussgrößen umfassen geometrische Informationen der Bauteile und Betriebsmittel sowie deren Gewicht. Somit können die benötigten Daten dem Datenmodell (vgl. Kapitel 5.1.1) entnommen werden. Zusätzlich werden für nicht-stationäre Tätigkeiten, wie bspw. der Zu- und Abführung und dem Transfer von Material, Distanzen benötigt. [REFA15, S. 242-246] Diese können anhand eines groben Layouts der Automatisierungskonzepte mit ungefährer Lage der Betriebsmittel ermittelt werden. Das Layout kann auf bestehenden oder prospektiven Hallen- bzw. Arbeitsplatzlayouts basieren. Distanzen können parametrisiert werden, sodass bei potenziellen Layoutänderungen die Zeiten automatisiert angepasst werden.

I.2 Ermittlung der Durchführungszeiten bei automatisierten Vorgängen

Determination of processing times for automated operations

Liegt bei einem Sub-Task eine mechanisierte Automatisierungsstufe von fünf oder höher vor, wird die Ausführung hauptsächlich durch das Betriebsmittel bestimmt. Somit eignet sich die Verwendung von fertigungstechnologischen Berechnungen sowie Simulationen für dir Prädiktion der Soll-Zeiten. Hierfür ist eine Prozessanalyse notwendig, um die direkt zeitbeeinflussenden Größen zu ermitteln. Diese können einen fixen Zeitanteil einnehmen oder eine Abhängigkeit von weiteren Parametern aufweisen, sodass eine Betrachtung fertigungstechnologischer Gesetzmäßigkeiten von Nöten ist. [LOTT16, S. 200f.], [REFA18, S. 539f.]

Liegt ein Handhabungsvorgang vor, können hauptsächlich kinematische Größen betrachtet werden. So kann die Dauer eines von einem Industrieroboter durchgeführten Handhabungsvorgangs anhand der Kinematik errechnet werden. Für Greif- und Lösevorgänge werden fixe Zeitanteile berücksichtigt und die Bewegung zwischen zwei Punkten wird anhand der Distanz und mittleren Geschwindigkeit berechnet [LOT16, S.159-161]. Analog zur Soll-Zeit-Ermittlung ist auch in diesem Fall die Erstellung eines groben Layouts der Arbeitsplätze bzw. der Roboterzelle sinnvoll. Liegt ein automatisierter Fertigungsprozess vor, kann die Soll-Zeit anhand technologiespezifischer Zusammenhänge ermittelt werden. Für das Fräsen kann bspw. das Zeitspanvolumen sowie das zu zerspanende Materialvolumen berücksichtigt werden. Zusätzlich sind Zeiten für An- und Abfahren des Fräsers an die Kontur zu berücksichtigen. Fischer et al. geben für zerspanende und abtragende Fertigungstechnologien geeignete Formeln zu Berechnung Soll-Zeiten an [GOME20, S. 330ff.]. Für den LPBF-Prozess kann die Prozesszeit anhand einer Methodik von Kopf ermittelt werden [KOPF18, S. 67-70].

I.3 Vorgehen bei der Anwendung von MTM

Procedure for the application of MTM

Schrittweises Vorgehen bei der Durchführung des MTM-Verfahrens [REFA15, S. 243f.]

1) Auswahl des für das Einsatzgebiet anzuwendenden Analyse-Systems entsprechend der von MTM empfohlenen Aggregationsebenen
2) Beschreibung der Arbeitsbedingungen
3) Beobachten (Ausführungsanalyse) oder Vorausdenken (Planungsanalyse) des Arbeitsablaufes
4) Gliederung des Arbeitsablaufes. Die einzelnen Ablaufabschnitte werden in einzelne Grundvorgänge und Bewegungen detailliert. Bei MTM-1 sind dies:
   - Hinlangen (R – Reach): Bewegen der Hand zu einem Gegenstand;
   - Greifen (G – Grasp): Einen Gegenstand unter Kontrolle nehmen;
   - Bringen (M –Move): Bringen eines Gegenstandes mit der Hand;

- Fügen (P – Position): In- oder Aneinanderfügen von Gegenständen;
- Loslassen (RL –Release): Aufgeben der Kontrolle über einen Gegenstand.

Hinzu kommen drei weitere Grundbewegungen der Hand (Drücken, Trennen, Drehen), zwei Blickfunktionen (Blickverschieben, Prüfen) sowie Körper-, Bein- und Fußbewegungen mit und ohne Verschiebung bzw. Neigung der Körperachse.

5) Kodierung der beobachteten bzw. geplanten Ablaufabschnitte nach dem MTM-Datensystem entsprechend den Einflussgrößen des gewählten Analyse-Systems (z. B. Bewegungslängen, Teileabmessungen und -gewichte, Fügetoleranzen)
6) Zeitbestimmung
   - Soll-Einzelzeit aus MTM-Normzeitwerttabelle zum Grundvorgang/Grundbewegung zuordnen
   - Ermittlung der beeinflussbaren Tätigkeitszeit für den Arbeitsablauf durch Summieren der MTM-Einzelzeitwerte

J Zeitarten für Mensch und Betriebsmittel

Time types for people and equipment

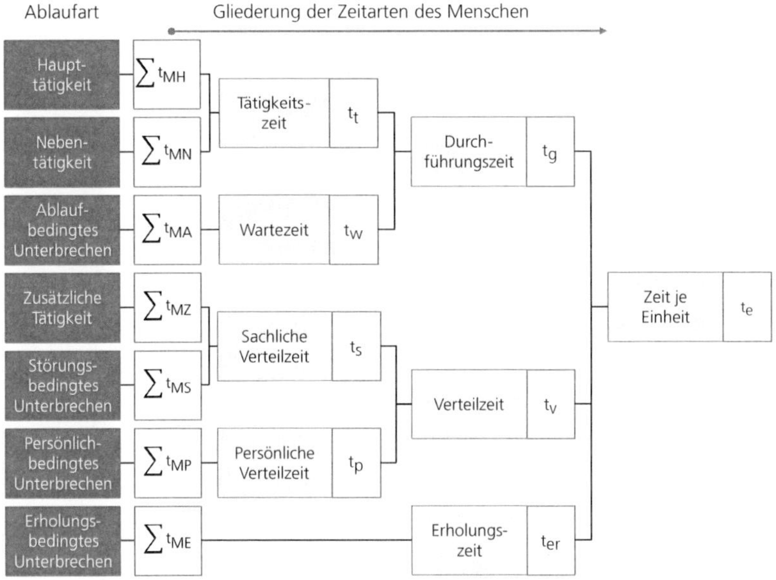

Abbildung J-1: Zeitarten für den Mensch nach REFA [REFA18, S. 170]

Types of time for humans according to REFA

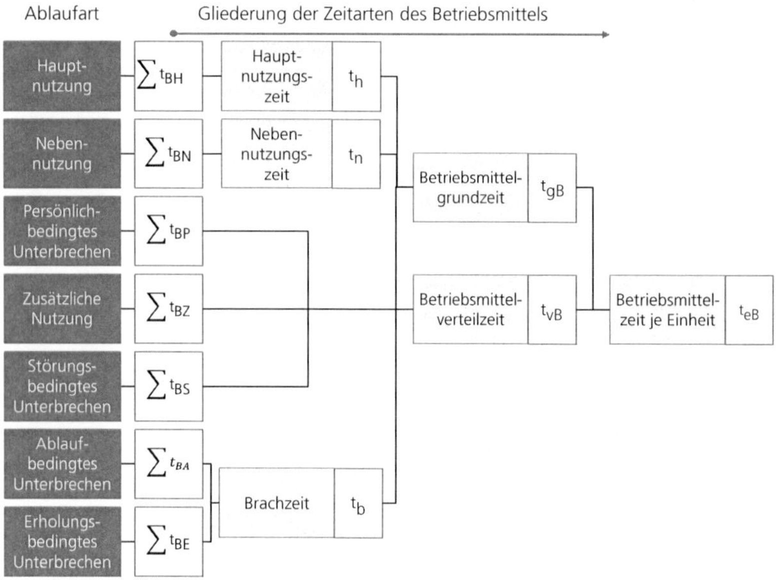

Abbildung J-28: Zeitarten für Betriebsmittel nach REFA [REFA18, S. 170]
Time types for operating resources according to REFA

K Detaillierte Erklärung der Durchlaufzeit

Detailed explanation of the lead time

Die Durchlaufzeit eines Arbeitssystems ist als Summe aller Durchführungs-, Unterbrechungs- sowie Zusatzzeiten definiert und gibt somit Auskunft über die Dauer der Fertigung eines Bauteils. Durchführungszeiten quantifizieren wertschöpfende (sogenannte Hauptdurchführungszeiten) und nicht-wertschöpfende Vorgänge (sogenannte Nebendurchführungszeiten). Unterbrechungszeiten resultieren aus ablauf-, störungs-, persönlich- oder erhohlungsbedingten Auszeiten. Ablaufbedingte Unterbrechungen treten bspw. bei einem Kapazitätsmangel sowie resultierenden Wartezeiten auf. Wenn Betriebsmittel aufgrund einer technischen Störung nicht einsatzfähig sind, liegt eine störungsbedingte Unterbrechung vor. Wenn Mitarbeiter sporadischen persönlichen Bedürfnissen wie bspw. Trinken nachgehen wird von persönlich bedingten Unterbrechungen gesprochen, ist eine Pause notwendig von erholungsbedingten Unterbrechungen. Wenn eine Nacharbeit an fehlerhaften Bauteilen oder anderweitige zusätzliche Tätigkeiten zu verrichten ist, werden die benötigten Zeiten der Zusatzzeit subsummiert. In Abbildung K-1 ist eine Übersicht der Zeitanteile der Durchlaufzeit eines Arbeitssystems inklusive einer Gliederung gegeben. [REFA18, 135-137; S. 158-162]

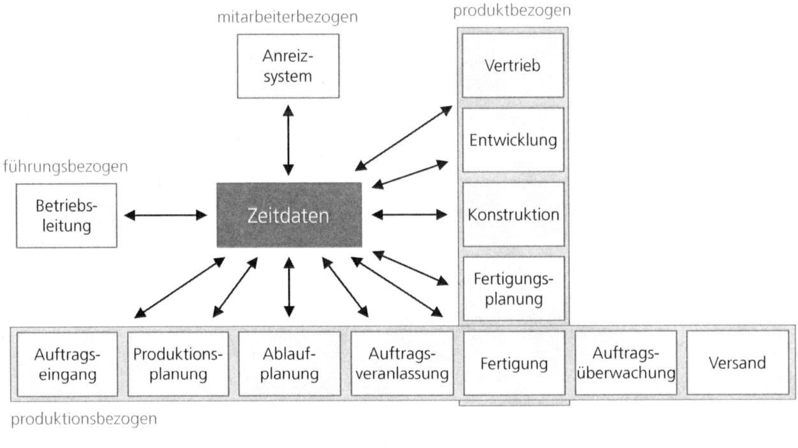

Abbildung K-1: Verwendungszecke von Zeitdaten nach SCHLICK [SCHL10, S. 666]

Purpose of time data according to SCHLICK

Bei der Quantifizierung der Durchlaufzeit bzw. der subsummierten Zeitarten ist zwischen Ist- und Soll-Zeiten zu differenzieren. Erste beschreiben die unter Einbeziehung des Realsystems in der Realität benötigten Zeiten. Soll-Zeiten dagegen beschreiben planmäßige Zeiten, die prospektiv für die Durchführung der Tätigkeiten determiniert werden. Ziel ist im Rahmen der Methodik die Vorhersage von Durchlaufzeiten von nicht in der Realität existierenden Automatisierungskonzepten. Demnach müssen drei Fälle differenziert werden. Zum einen können Ist-Zeiten im Rahmen der Detaillierung verwendet werden, wenn im Rahmen des entwickelten Automatisierungskonzepts bei entsprechenden Vorgängen keine Änderung des Arbeitsablaufs eintritt. Werden neue manuelle Tätigkeiten oder automatisierte Tätigkeiten im Automatisierungskonzept betrachtet, ist eine Prädiktion von Soll-Zeiten notwendig. Für die Ermittlung der Soll-Zeiten existieren entsprechend der wissenschaftlichen Literatur folgende Methoden: Messen und Beurteilen, Zusammensetzen, Schätzen, Berechnen sowie Nutzung von Simulationen. [SCHL10, S. 671 ff.], [REFA18, S. 514-578], [LOTT16, S. 196 ff.]

Ein Vergleich der Soll-Zeit-Ermittlungsverfahren zeigt, dass mit Ausnahme der berechnungs- und simulationsbasierten Methoden eine Ableitung auf Grundlage ermittelter Ist-Zeiten basiert. Für eine Anwendung im Kontext dieser Dissertation kann nur bedingt auf im Unternehmen vorhandene Ist-Zeiten zurückgegriffen werden, da mit den zur Auswahl stehenden Automatisierungskonzepten ggf. neue Handhabungsfunktionen und Tätigkeiten realisiert werden können. Einzig die Methode der Systeme vorbestimmter Zeiten ist neben den berechnungs- und simulationsbasierten Verfahren von Relevanz, da unternehmensneutrale Planzeitbausteine und keine unternehmensindividuellen Ist-Zeiten verwendet werden. Die Anwendung der jeweiligen Soll-Zeit-Ermittlungsverfahren wird in den folgenden zwei Unterkapiteln detailliert, wobei eine Differenzierung zwischen manuellen und automatisierten Vorgängen vorgenommen wird.

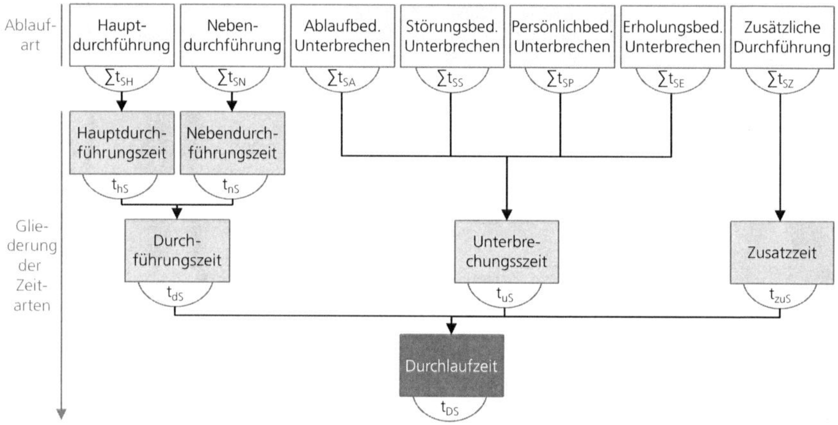

Abbildung K-2: Gliederung der Durchlaufzeit nach REFA [REFA18, S. 161]
Classification of lead time according to REFA

L Detaillierte Darstellung des Simulationmodells

Detailed representation of the flow simulation model

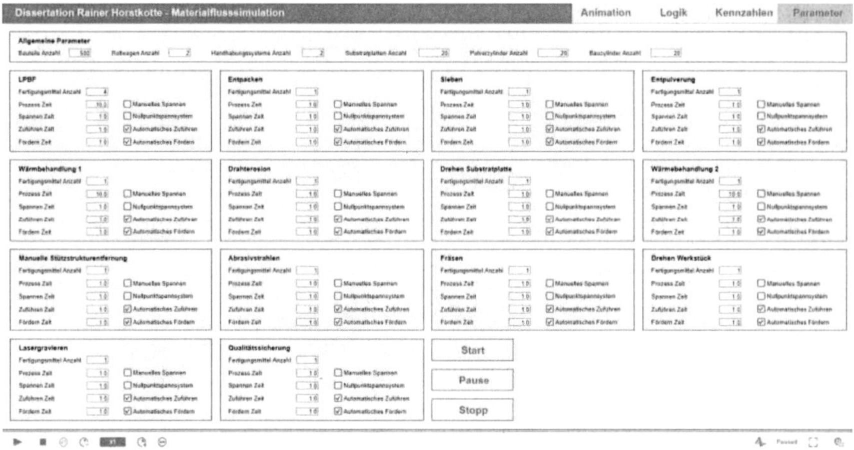

Abbildung L-1: Eingabemaske der Materialflusssimulation

Input mask of material flow simulation

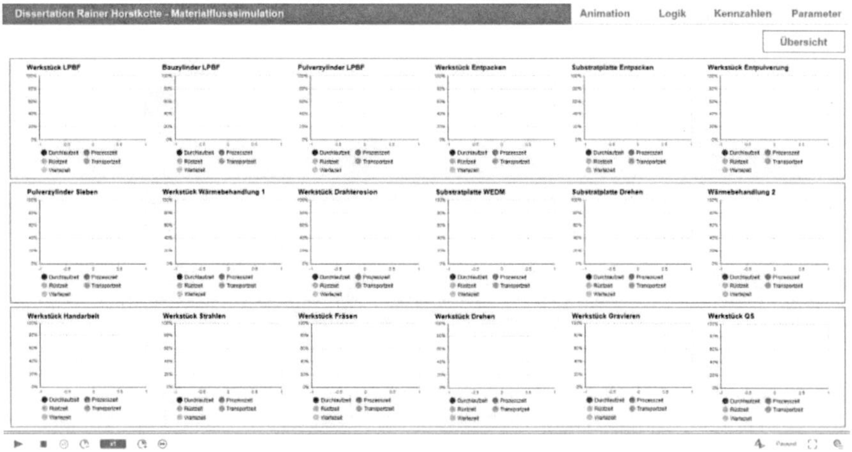

Abbildung L-2: Detailansicht der Materialflusssimulation

Detail-KPI interface of material flow simulation

Abbildung L-3: Detailansicht der Überblickseite der Materialflusssimulation

Detail-KPI interface of overview page of material flow simulation

M Eingabemaske von Investitionsrechnungstool

Input mask of investment calculation tool

Investitionsmodell für Automatisierungskonzepte der additiven Prozesskette

Prozessschritt/Technologie/Eingangsgröße	Einheit	Wert
∑ Fertigungsmittel ↵		
Werkzeugmaschine ↵		
Anschaffungskosten Werkzeugmaschine	€	
*Restwert nach Nutzungsdauer	€	
Energiebedarf der Anlage in kWh	kWh	
Raumbedarf	m^2	
Kosten für bauliche Maßnahmen	€	
Kosten für Einrichtung der Maschine	€	
∑ Kosten für (Maschinen-)Software ↵		
Kosten für Einrichtung der Software	€	
*Kosten für Softwareupdates und -wartung pro Jahr	€/a	
*Kosten für Instandhaltung der Anlage pro Jahr	€	
*Kosten für Reparaturen der Anlage pro Jahr	€	
Verbrauchswerkstoffe bspw. Pulver, Öl, Fette, Kühlschmierstoffe	€	
∑ Werkzeuge/Werkzeugtypen ↵		
Anschaffungskosten des Werkzeugs	€	
*Kosten für Wartung des Werkzeugs pro Jahr	€/a	
*Sonstige Werkzeugkosten pro Jahr	€/a	
∑ Planzeitmodell Werkzeugmaschine ohne Peripheriesysteme ↵		
Produktionszeit pro Woche	h	
Rüstzeit für Arbeiten an der Werkzeugmaschine pro Woche	h/w	
Wartungszeit pro Woche	h/w	
*Techn. Ausfallzeit pro Woche	h/w	
∑ Peripheriesystem innerhalb der Werkezugmaschine (bspw. Spannsysteme) ↵		
Anschaffungskosten Peripheriesystem innerhalb der Werkzeugmaschine	€	
*Restwert nach Nutzungsdauer	€	
Energiebedarf des Peripheriesystems in kWh	kWh	
Kosten für bauliche Maßnahmen des Peripheriesystems	€	
Kosten für Einrichtung des Peripheriesystems	€	
∑ Kosten für (Peripheriesystem-)Software ↵		
Kosten für Einrichtung der Software	€	
*Kosten für Softwareupdates und -wartung pro Jahr	€/a	
*Kosten für Instandhaltung des Peripheriesystems pro Jahr	€/a	
*Kosten für Reparaturen des Peripheriesystems pro Jahr	€/a	
∑ Planzeitmodell Peripheriesystem		
Laufzeit pro Woche	h/w	
Rüstzeit für Arbeiten am Peripheriesystem pro Woche	h/w	
Wartungszeit pro Woche	h/w	
*Techn. Ausfallzeit pro Woche	h/w	

Abbildung M-1: Eingabemaske von Investitionsrechnungstool

Input mask of investment calculation tool

N Rechenregeln für triangulare Fuzzy-Zahlen

Calculation rules for triangular fuzzy numbers

$$(l_1, m_1, u_1) \oplus (l_2, m_2, u_2) = (l_1 + l_2, m_1 + m_2, u_1 + u_2) \quad \text{(N-1)}$$

$$(l_1, m_1, u_1) \odot (l_2, m_2, u_2) \approx (l_1 l_2, m_1 m_2, u_1 u_2) \quad \text{(N-2)}$$

$$(\lambda, \lambda, \lambda) \oplus (l_1, m_1, u_1) = (\lambda\, l_1, \lambda\, m_1, \lambda\, u_1), \lambda > 0, \ \lambda \in \mathbb{R} \quad \text{(N-3)}$$

$$(l_1, m_1, u_1)^{-1} \approx \left(\frac{1}{u_1}, \frac{1}{m_1}, \frac{1}{l_1}\right) \quad \text{(N-4)}$$

Variablenbenennung:

l = Untere Grenze der Fuzzy-Zahl

m = Mittelpunkt der Fuzzy-Zahl

u = Obere Grenze der Fuzzy-Zahl

Rechenregeln nach [CHAN96, S. 650]

In der Reihe **Innovations in Manufacturing Technology** zuletzt erschienen:

Horstkotte, Rainer:
Methodik zur Automatisierung der additiven Prozesskette mit Pulverbettverfahren
ISBN 978-3-98555-258-0
Erscheinungsdatum: 24.03.2025

Holst, Carsten:
Automated Flank Wear Segmentation and Measurement with Deep Learning Image Processing
ISBN 978-3-98555-261-0
Erscheinungsdatum: 10.02.2025

Unterberg, Martin:
Data-driven Indirect Tool Condition Monitoring in Sheet-metal Stamping
ISBN 978-3-98555-259-7
Erscheinungsdatum: 27.01.2025

Edition Wissenschaft
Apprimus

FSC
www.fsc.org
MIX
Papier | Fördert gute Waldnutzung
FSC® C083411

Kolibri 360 GmbH
Ferdinand-Jühlke-Straße 7
99095 Erfurt, Deutschland
produktsicherheit@kolibri360.de